“石油和化工行业专项技能提升培训系列教材”编委会

石油和化工行业专项技能提升培训

系列教材

Production Technology and Safety of Fluoride Chemical Industry

氟化工生产工艺及安全

化学工业职业技能鉴定指导中心 组织编写

化学工业出版社

·北京·

内 容 简 介

《氟化工生产工艺及安全》是“石油和化工行业专项技能提升培训系列教材”分册之一，书中结合生产企业实际情况编写，内容包括氟化学工业发展路径、主要生产工艺，并通过个人安全、工艺安全以及事故案例，详细解读安全生产以及涉及生产安全、人身安全、氟化工企业风险排查等方面的法规制度。

本书适用于氟化学工业企业生产一线员工技能提升、技能等级评价的培训及考核，也可供高等职业院校相关专业师生作为教材使用。

图书在版编目（CIP）数据

氟化工生产工艺及安全/化学工业职业技能鉴定指导中心组织编写. —北京：化学工业出版社，2024.1
ISBN 978-7-122-44339-7

Ⅰ. ①氟… Ⅱ. ①化… Ⅲ. ①氟-生产工艺 Ⅳ. ①TQ124.3

中国国家版本馆 CIP 数据核字（2023）第 190286 号

责任编辑：成荣霞 李玉晖　　文字编辑：毕梅芳 师明远
责任校对：王鹏飞　　装帧设计：王晓宇

出版发行：化学工业出版社（北京市东城区青年湖南街 13 号 邮政编码 100011）
印　　装：北京科印技术咨询服务有限公司数码印刷分部
710mm×1000mm 1/16 印张 14 字数 261 千字 2023 年 11 月北京第 1 版第 1 次印刷

购书咨询：010-64518888　　售后服务：010-64518899
网　　址：http：//www.cip.com.cn
凡购买本书，如有缺损质量问题，本社销售中心负责调换。

定　　价：49.80 元

《氟化工生产工艺及安全》编写人员名单

主要编写成员：孟庆文　何　勇　谢晨龙　雷　宏

技术支持单位：

中国氟硅有机材料工业协会

河南省石油和化学工业协会

上海华谊控股集团有限公司职业技能等级认定中心

浙江巨化股份有限公司

多氟多新材料股份有限公司

衢州学院

南京科技职业学院

湖南石油化工职业技术学院

滨州职业学院

常州工程职业技术学院

上海现代化工职业学院

东方仿真科技（北京）有限公司

前言
FOREWORD

氟化学工业是全球密切关注的高新技术产业，20世纪30年代崛起至今，产品种类层出不穷，已形成了无机氟化物、氟碳化学品、含氟聚合物及含氟精细化学品四大产品系列。氟化工产品具有许多其它化工产品所不具备的卓越的耐化学腐蚀、耐高低温、疏水疏油和生物活性等性能，所以广泛地应用于化工、电子信息、汽车、航空航天、新能源等国民经济多个领域。随着氟化学工业的快速发展，企业对生产一线员工综合处理问题能力的要求不断提高，对员工技能培养、提升的需求不断增强，但针对氟化学工业一线操作人员技术技能培训的资源相对匮乏。

为助力我国石化强国建设，促进氟化学工业高质量发展，化学工业职业技能鉴定指导中心参照国家相关职业技能标准中对技能人员的基本要求、工作要求等内容，组织编写了“石油和化工行业专项技能提升培训系列教材”，《氟化工生产工艺及安全》是其中的一个分册。本书同化学工业职业技能鉴定指导中心开发建设的技能等级评价题库配套，能够满足氟化学工业一线操作员工培训、考核、评价等需要，进一步促进职业技能培训和评价工作规范化开展。根据对当前氟化学工业相关企业发展情况及其员工技能水平的调研，本教材分为四个部分，分别是行业现状、生产工艺、生产安全和法律法规，旨在系统性提高一线操作人员对行业的整体认知。

本书第1章从氟化物到产业链进行了全面介绍，以国际、国内双视角，对氟化学工业的发展情况进行说明，结合当前形势，分析氟化学工业发展方向，帮助从业人员了解氟化工行业发展概况。

考虑到一线操作人员在实际生产中缺乏对整个工艺原理的了解，本书第2章对传统生产工艺、新兴生产工艺以及工艺改革进行了介绍，帮助从业人员全面了解氟化学工业生产工艺演变历程，夯实基础知识。

氟化学工业涉及“两重点，一重大”，存在物料危险性大、工艺过程复杂、高温高压、连续作业等特殊环节，需要较多现场作业，并且在生产过程中存在有毒有害、易燃、易爆等职业性危害因素，虽然有相应的工程控制措施消除或降低作业人员在作业过程中接触到的职业性危害因素，但是一线操作人员在生产工作中仍需要了解相应的风险点位及对其管控的方式方法。本书在第 3、4 章对个人安全、工艺安全、职业性危害因素、风险点位及管控措施进行说明，分析典型事故案例，并介绍了相关安全生产法律法规及操作规范，提升操作人员安全意识及风险管控能力，进一步避免事故的发生。

本书由化学工业职业技能鉴定指导中心组织编写，由孟庆文、何勇、谢晨龙、雷宏等专家组成编写组，完成对内容的编写和审定。在此感谢中国氟硅有机材料工业协会、河南省石油和化学工业协会、上海华谊控股集团有限公司职业技能等级认定中心、浙江巨化股份有限公司、多氟多新材料股份有限公司等单位对本书编写工作的大力支持。

由于编者水平有限，加之时间仓促，书中不妥之处在所难免，敬请专家、读者批评指正。

化学工业职业技能鉴定指导中心

目录

CONTENTS

第1章

行业现状及发展路径

氟是一种很特殊的元素，数目众多的聚合物、液晶材料和其他高性能材料由于分子结构中含氟而产生了相应的独特性质。尽管氟是所有元素中最活泼的，但某些有机含氟化合物具有相当稳定的性质。它们有时所引起的环境问题，并非由于它们的活性，而恰恰是因为缺少活性，从而使它们在自然界能长时间存在。所有这些特殊性质使得氟化学成为一个非常迷人的研究领域。

氟化学工业是全球密切关注的高新技术产业，已形成了无机氟化物、氟碳化学品、含氟聚合物及含氟精细化学品四大产品系列。氟化工产品具有卓越的耐化学腐蚀、耐高低温、疏水疏油性和生物活性等性能，广泛地应用于国民经济各个领域。目前，全世界氟化工产品已达千种以上，随着科学技术的进步，各种性能优异的氟化工新产品还将不断出现，应用领域也会越来越广，市场应用前景广阔。

1.1 氟化物的分类

氟化物可分为无机氟化物、有机氟化物两大类。

1.1.1 无机氟化物

无机氟化物可分为氟化氢、无机氟化盐、无机含氟特种气体和其他无机氟化物四种类型。氟化氢可以分为无水氟化氢和氢氟酸两种；无机氟化盐可分为氟化铝、碱金属和碱土金属氟化盐、稀土氟化盐等；无机含氟特种气体可分为氟气、六氟化硫及其他含氟特种气体；其他无机氟化物包括氟化石墨和含氟电子化学品等。

1.1.1.1 氟化氢

氟化氢包括无水氟化氢和有水氢氟酸，其中无水氟化氢是指含水量在 0.1%（质量分数）以下的氟化氢。

（1）无水氟化氢

① 物理性质　氟化氢（HF）常态下是一种无色、有刺激性气味的有毒气体，易溶于水，与水无限互溶形成氢氟酸。氟化氢有吸湿性，在空气中吸湿后“发烟”，熔点−83.37℃、沸点 19.51℃，气体密度 0.922kg・m^{-3}（标准状态下）。氟化氢由于分子间氢键而具有缔合性质，以缔合分子形式存在。常温常压下，氟化氢分子为$(HF)_2$和$(HF)_3$的混合物，在 82℃以上时，气态 HF 基本上为单分子状态。由于分子间的缔合作用，氟化氢的沸点较其他卤化氢高得多，并表现出一些反常的性质。

② 化学性质　氟化氢的化学反应性强，与许多化合物都可以发生反应。其作为溶质（水溶液中）是弱酸，作为溶剂则是强酸，与无水硫酸相当，能与氧化物和氢氧化物反应生成水。

$$Al_2O_3+6HF \longrightarrow 2AlF_3+3H_2O$$

$$NaOH+HF \longrightarrow NaF+H_2O$$

氟化氢与氯、溴、碘的化合物能发生取代反应。

$$CHCl_3+2HF \longrightarrow CHClF_2+2HCl$$

氟化氢能与大多数金属反应，与有些金属（Fe、Al、Ni、Mg 等）反应会形成不溶于 HF 的氟化物保护膜。在有氧存在时，铜很快被 HF 腐蚀，但无氧化剂时，则不会反应。某些合金如蒙乃尔合金对 HF 有很好的抗腐蚀性，但不锈钢对 HF 的抗腐蚀性很差；在温度不太高时，碳钢对 HF 具有足够的耐蚀能力。

③ 用途　氟化氢是基础化工产品，无水氟化氢是电解制造元素氟的原料；在化学工业中，广泛应用于氟置换卤代烃中氯制取氯氟烃，如二氟二氯甲烷（F12）和二氟一氯甲烷（F22）等；在石化工业中，用作芳烃、脂肪族化合物烷基化制高辛烷值汽油的液态催化剂；在电子工业中，无水氟化氢用作电解合成三氟化氮的原料、半导体制造工艺中的刻蚀剂等。另外，氟化氢还用于生产无机氟化物、铀加工、金属加工，以及用作玻璃工业中的刻蚀剂等。

④ 包装和储运　常使用铜、铁、镍、银、铂或蒙乃尔合金容器，在有压力的情况下使用内衬塑料或氟塑料的钢制压力容器。气瓶采用含硅量低的无缝钢瓶，高温下使用镍或镍基合金、蒙乃尔合金材料。密封材料在常温常压下可用氟橡胶、聚四氟乙烯、聚三氟氯乙烯等，在 250℃以下使用聚四氟乙烯，高于 250℃推荐使用紫铜密封垫。氟化氢的充瓶压力为 2.0MPa，充装系数为 0.83kg・L^{-1}。氟化氢钢瓶储存于阴凉、通风、室内温度不超过 40℃的仓库内；严禁烟火，远离火种、热源，防止阳光直射和雨

淋；气瓶应载有安全保护帽，直立存放并固定；仓库内设置泄漏检测报警装置，备有止漏及紧急处理装置（如自动喷淋装置等），定期检查，做好记录。

（2）氢氟酸

① 物理性质　氢氟酸用 HF（氟化氢）溶于水而得，因为氢原子和氟原子间结合的能力相对较强，氢氟酸在水中不能完全电离。氢氟酸为高度危害毒物。市售通常浓度：质量分数 40%，工业级；质量分数 40%，电子级。最浓时的密度 $1.18g \cdot cm^{-3}$，随着 HF 溶液质量分数的提高，HF 对碳钢的腐蚀速率是先升高后降低。

② 化学性质　氢氟酸能够溶解很多其他酸都不能溶解的玻璃（主要成分为二氧化硅），生成气态的四氟化硅，反应方程式如下：

$$SiO_2(s)+4HF(aq) = SiF_4(g)\uparrow+2H_2O(l)$$

生成的 SiF_4 可以继续和过量的 HF 作用，生成氟硅酸，氟硅酸是一种二元强酸：

$$SiF_4(g)+2HF(aq) = H_2SiF_6(aq)$$

正因如此，它必须储存在塑料（放在聚四氟乙烯做成的容器中会更好）、蜡制或铅制的容器中。如果长期储存，不仅需要一个密封容器，而且容器中应尽可能将空气排尽。氢氟酸与许多金属氧化物、氢氧化物或碳酸盐反应都生成金属氟盐和水。

③ 用途　由于氢氟酸溶解氧化物的能力较强，它在铝和铀的提纯中起着重要作用；氢氟酸也用来蚀刻玻璃，可以雕刻图案、标注刻度和文字；半导体工业用它来除去硅表面的氧化物；在炼油厂它可以用作异丁烷和正丁烯烷基化反应的催化剂；除去不锈钢表面含氧杂质的“浸酸”过程中也会用到氢氟酸；氢氟酸也用于多种含氟有机物的合成，比如聚四氟乙烯和氟利昂制冷剂等。

1.1.1.2　无机氟化盐

无机氟化盐是指以氟与其他元素相结合的无机盐，主要包括氟化铝、氟化钠、氟化钾、氟化铵、氟硅酸盐等。无机氟化盐是无机盐工业中十分重要的一类化工产品，如今已在冶金、电子、机械、轻工、化工、光学仪器、建材、纺织、国防甚至医疗等部门得到广泛应用，与日常生活中人们的衣、食、住、行等息息相关，在国民经济中占有一定地位。

1.1.1.2.1　氟化铝

氟化铝主要用于炼铝工业，是重要的无机氟化盐。氟化铝又可以分为有水和无水两类，有水氟化铝有一水氟化铝（$AlF_3 \cdot H_2O$）、三水氟化铝（$AlF_3 \cdot 3H_2O$）及九水氟化铝（$AlF_3 \cdot 9H_2O$）。

① 性质　氟化铝为白色立方晶体或粉末，通常形成菱面体。难溶于水、酸及碱溶液，不溶于大部分有机溶剂，也不溶于氢氟酸及液化氟化氢，主要物理性质见表 1-1。

表 1-1　氟化铝的主要物理性质

项目	物理常数	项目	物理常数
熔点/℃	1040	饱和蒸气压（1238℃）/kPa	0.13
沸点/℃	1537	介电常数	6
升华温度/℃	1278	急性毒性	工作环境最大限值为 88mg·m^{-3}
密度/g·cm^{-3}	1.91		

无水氟化铝性质非常稳定，与液氨甚至浓硫酸加热至发烟仍不反应，与氢氧化钾共熔无变化，也不被氢气还原。加热不分解，在大气压下氟化铝无液态，由固体直接升华，升华温度为 1278℃。另外，在 300～400℃下，可被水蒸气部分水解为氟化氢和氧化铝。

$$2AlF_3+3H_2O \longrightarrow Al_2O_3+6HF$$

② 用途　在铝的生产中，氟化铝是电解铝生产的必要原料，作为氧化铝熔融电解质的调整剂，可降低电解温度与分子比，有利于氧化铝的电解，可提高电解质的电导率；在酒精生产中，用作副发酵作用的抑制剂；用作陶瓷外层釉彩和搪瓷釉的助熔剂、非铁金属的熔剂；在金属焊接中用于焊接液；用于制造光学透镜；用作有机合成的催化剂及人造冰晶石的原料等；用于生产牙膏、硅酸铝纤维。

③ 规格　2017 年，我国对氟化铝的质量标准进行了重新修订，制定了 GB/T 4292—2017 的行业标准，其化学成分和物理性能见表 1-2。

表 1-2　氟化铝的行业标准

牌号	化学成分								物理性能
	F	Al	Na	SiO_2	Fe_2O_3	SO_4^{2-}	P_2O_5	烧减量	松装密度/g·cm^{-3}
	不小于		不大于						不小于
AF-0	61.0	31.5	0.30	0.10	0.06	0.10	0.03	0.5	1.5
AF-1	60.0	31.0	0.40	0.32	0.10	0.60	0.04	1.0	1.3
AF-2	60.0	31.0	0.60	0.35	0.10	0.60	0.04	2.5	0.7

1.1.1.2.2　碱金属和碱土金属氟化盐

碱金属包括锂、钠、钾、铷、铯和钫，碱土金属包括铍、镁、钙、锶、钡和镭。碱金属和碱土金属的氟化盐是指碱金属元素、碱土金属元素与氟元素形成的无机氟化盐。

（1）氟化钠

① 性质　白色结晶性粉末，易溶于水，水溶液呈碱性，微溶于醇，可溶于氢氟酸，与氢氟酸反应生成氟化氢钠。本品有毒，能腐蚀皮肤，刺激黏膜，长期接触对神经系统有损害。氟化钠的主要物理性质见表 1-3。

表 1-3 氟化钠主要物理性质

项目	物理常数	项目	物理常数
熔点/℃	993	饱和蒸气压（1077℃）/kPa	0.13
沸点/℃	1700	折射率	1.33
密度/g·cm^{-3}	1.02	急性毒性（对鼠的半数致死量）/mg·kg^{-1}	180
水中溶解度（25℃）/%	4.0		

② 用途　氟化钠主要用于制造沸腾钢板的脱氧剂、高碳钢脱气剂、铝冶炼和不锈钢焊接助熔剂组分，是陶瓷、玻璃、珐琅生产过程中的焊剂，是钢铁、金属铝及其他金属的酸洗剂、蚀刻剂；在机械加工中用于酸洗不锈钢、金属热处理盐组分；可用作甜菜、亚麻、蔬菜等农作物的杀虫剂；可作为医药、木材防腐剂的组分和酿造业的杀菌剂；还用于生产氟化物光学玻璃、酪蛋白胶及其他无机氟化物和氟化物和有机氟化物的制造；在搪瓷、医药、造纸等方面也有应用。

③ 规格　氟化钠产品有粉状和粒状两种，密度分别为1.04g·cm^{-3}和1.44g·cm^{-3}，国内市场一般使用粉状，出口产品则大部分要求粒状，表 1-4 为工业用氟化钠的行业标准（YS/T 517—2009）。

表 1-4 工业用氟化钠的行业标准

项目	一级品	二级品	三级品
NaF/%	≥98	≥95	≥84
SiO_2/%	≤0.5	≤1.0	—
Na_2CO_3/%	≤0.37	≤0.74	≤1.49
硫酸盐/%	≤0.3	≤0.5	≤2.0
酸度（以 HF 计）/%	≤0.1	≤0.1	≤0.1
水不溶物/%	≤0.7	≤3.0	≤10
水/%	≤0.5	≤1.0	≤1.5

注：1.表中“—”表示不作规定。
2.表中化学成分按干基计算。

（2）氟化钾

① 性质　无色立方晶体，易溶于水。氟化钾水溶液呈碱性，能腐蚀玻璃及瓷器。可溶于无水氟化氢、液氨，不溶于乙醇，加热至升华温度时有少许分解，但熔融的氟化钾活性较大，能腐蚀耐火材料。固体氟化钾遇空气易潮解，潮解后形成两种水合盐（KF·2H_2O 和 KF·4H_2O），与过氧化氢可形成加成物 KF·H_2O_2。二水盐在室温下较稳定，但在 40℃以上会失去水；四水盐仅在 17.7℃以下才会存在。氟化钾的主要物理性质见表 1-5。

表 1-5 氟化钾的主要物理性质

项目	物理常数	项目	物理常数
熔点/℃	856	熔化热/kJ・mol^{-1}	28.46
沸点/℃	1505	升华焓/kJ・mol^{-1}	241.95
溶解度（18℃）/g	91.5	急性毒性[对鼠（口服）LD_{50}]/mg・kg^{-1}	245
折射率	1.345		

② 用途　可用于玻璃雕刻（磨砂剂）、食物防腐、电镀，也可用于银、铝合金及各种合金焊接助熔剂，除锈剂和木材保护剂；在有机氟化物生产中作为氟化剂，用于生产含氟农药、含氟医药及含氟涂料；氟化钾可作为脱卤化氢、迈克尔加成以及制备聚酯、芳香族聚酰胺等反应的催化剂，也是制取氟化氢钾的原料；高活性无水氟化钾还能够替代氟化反应时使用的价格昂贵的相转移催化剂。

③ 规格　氟化钾分为工业无水氟化钾和高活性无水氟化钾。高活性无水氟化钾一般是指喷雾干燥的氟化钾，颗粒半径小，比表面积大，为 1.3m^2・g^{-1}；普通氟化钾的比表面积在 0.04～0.13m^2・g^{-1}之间。高活性无水氟化钾在动力学反应活性和热力学稳定性方面远高于普通氟化钾。行业标准使用两种包装方式，一种是编织袋包装，内衬两层聚乙烯塑料袋，外套塑料编织袋；另一种是纸板桶包装，内衬两层聚乙烯塑料袋，外套纸板桶。规格有每袋净重 10kg、20kg 和 70kg。工业无水氟化钾（HG/T 2829—2008）和高活性无水氟化钾规格见表 1-6。

表 1-6　工业无水氟化钾和国内某企业高活性无水氟化钾规格

项目	一等品	合格品	高活性无水氟化钾
KF 质量分数/%	≥98.5	≥98.0	≥99.0
KCl 质量分数/%	≤0.5	≤0.7	≤0.05
水分/%	≤0.2	≤0.4	≤0.3
游离酸质量分数（以 HF 计）/%	≤0.05	≤0.1	≤0.1
游离碱质量分数（以 KOH 计）/%	≤0.05	≤0.1	≤0.05
粒径/μm			1～50
比表面积/m^2・g^{-1}			1.3
澄清度试验			合格
假比重/g・cm^{-3}			0.3～0.7

④ 消费　2015 年全球氟化钾产量为 39.61 万吨，2019 年为 43.01 万吨，同比增长 2.45%。目前国内外氟化钾产品需求不断增加，而国内目前氟化钾生产企业大部分位于江浙和中原地带，受环境保护和长江流域生态保护影响，这些企业均无法满负荷

生产，导致市场上氟化钾无法满足需求。同时，由于该产品用途较广，在国内外均有非常好的发展前景。一些特殊含氟有机化合物制备所需的高比表面积活性氟化钾每年均有一定量的进口，高活性无水氟化钾存在着相当大的市场机遇。我国氟化钾进口主要来源于韩国、美国、日本，2019 年进口占比分别为 38.44%、28.55%、21.31%（图 1-1）。

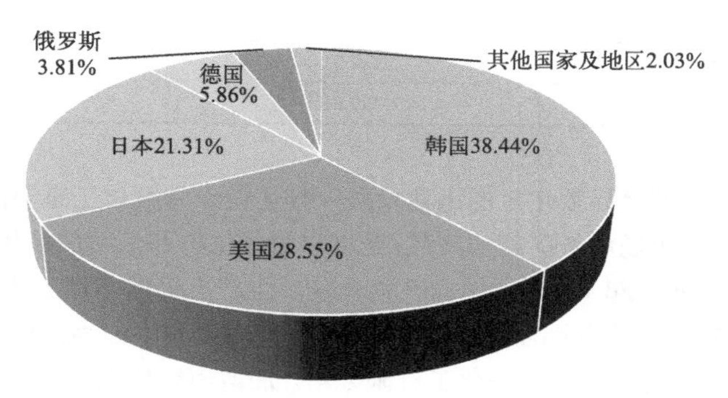

图 1-1　2019 年中国氟化钾进口国家结构分析

（3）氟化镁

① 性质　氟化镁（MgF_2）是一种无色四方晶体或粉末，金红石型晶格，硬度高，力学性能好，化学性质稳定，不易潮解和腐蚀。难溶于水和醇，微溶于稀酸，溶于硝酸，但其与硫酸反应较慢且不完全，故不能用作氟化钙的代用品制备氟化氢。在电光下加热呈弱紫色荧光，其晶体有良好的偏振作用，特别适于紫外和红外光谱，可用作光学材料。氟化镁的主要物理性质见表 1-7。

表 1-7　氟化镁的主要物理性质

项目	物理常数	项目	物理常数
熔点/℃	1248	熔化热/kJ・mol^{-1}	58.2
沸点/℃	2260	溶解度（25℃）/g	0.013
相对密度	3.18	折射率	1.3777
硬度（莫氏）	6	急性毒性（对鼠的 LD_{50} 值）/mg・kg^{-1}	1000

② 用途　氟化镁主要用于制造陶器、玻璃、冶炼镁金属的助熔剂、电解铝的添加剂、光学仪器中镜头及滤光器的涂层。用于阴极射线屏的荧光材料、光学透镜的反折射剂及焊接剂，以及钛颜料的涂着剂。高纯氟化镁还用于光学玻璃、特种军工材料等。

③ 规格　表 1-8 为某企业试剂级氟化镁质量标准。

表 1-8　某企业试剂级氟化镁质量标准

项目	化学纯	分析纯
氟化镁/%	≥95.0	≥97.0
氯化物/%	≤0.02	≤0.005
氮化物（以 N 计）/%	≤0.03	≤0.005
硫酸盐/%	≤0.03	≤0.05
硅/%	≤0.03	≤0.01
铁/%	≤0.01	≤0.004
重金属/%	≤0.01	≤0.003

④ 消费　随着世界氟化工的迅猛发展，氟化镁作为氟化工重要的原材料，是一种具有市场潜力、市场前景广阔的产品。全世界每年生产和消费的氟化镁量逐年增加。中国对氟化镁的研发起步较晚，国内在氟化镁的生产上仍然存在工艺技术瓶颈，不能满足国内相关产业高速发展需求。国内氟化镁生产主要集中在为冶铝配套的氟化盐生产企业，主要企业有常熟市东环化工有限公司、淄博南韩化工有限公司等，年产量目前估计在 8000～12000t。近年来，氟化镁的需求量逐步加大，发展势头迅猛。总的来看，我国氟化镁行业未来具有良好发展前景。

（4）氟硅酸钠

① 性质　白色结晶粉末，无臭无味，有吸湿性，可溶于乙醚等溶剂，不溶于醇。在酸中的溶解度比在水中大，并且在酸中氟硅酸钠水解释放出四氟化硅。在碱性介质中发生分解反应，生成氟化物及二氧化硅。灼烧至 300℃以上，会分解成固体氟化钠和四氟化硅气体。其物理性质见表 1-9。

表 1-9　氟硅酸钠的物理性质

项目	物理常数	项目	物理常数
熔点	300℃以上热分解	溶解度（20℃）/g	0.64
密度/$g \cdot cm^{-3}$	2.68	急性毒性（大鼠经口 LD_{50} 值）/$mg \cdot kg^{-1}$	125
折射率	1.310		

② 用途　氟硅酸钠可用作生产冰晶石的原料；是建筑、建材工业用量最大的氟硅酸盐品种，主要用作搪瓷助熔剂、玻璃乳白剂、耐酸胶泥混凝土凝固剂；用作耐酸水泥吸湿剂，皮革、木材防腐剂，还在水处理和玻璃工业中作磨光剂或蚀刻剂；农业上用作杀虫剂；电镀锌、镍镀层中用作添加剂，还用作塑料添加剂，用于制药和饮用水的氟化处理、陶瓷釉料配制、羊毛制品防蛀；另外，还用于医药、人造大理石中。

③ 规格　目前工业氟硅酸钠执行 GB/T 23936—2018，其质量指标见表 1-10。用铁桶包装（40kg），储存于通风、干燥库房，不可与食品、酸类共储混运。

表 1-10　工业氟硅酸钠质量指标

项目	Ⅰ型		Ⅱ型
	优等品	一等品	
氟硅酸钠/%	≥99.0	≥98.5	≥98.5（以干基计）
氯化物（以 Cl^- 计）/%	≤0.15	≤0.20	≤0.20
游离酸（HCl）/%	≤0.10	≤0.15	≤0.15
干燥减量/%	≤0.30	≤0.40	≤8.00
水不溶物/%	≤0.40	≤0.50	≤0.50
硫酸盐（以 SO_4^{2-} 计）/%	≤0.25	≤0.50	≤0.45
铁/%	≤0.02	—	—
五氧化二磷/%	≤0.01	≤0.02	≤0.02
重金属（以 Pb 计）/%	≤0.01	—	—

注：Ⅰ型为白色粉末；Ⅱ型为白色结晶。

1.1.1.2.3　其他无机氟化盐

因氟元素具有能够与元素周期表中的任何一族元素形成化合物的特性，所以无机氟化盐涉及面广、种类繁多，除了铝用氟化盐、碱金属和碱土金属氟化盐之外，还有过渡金属、稀土元素、硼族、氮族、卤族等无机氟化盐。本节另选了具有一定代表性的无机氟化盐产品——氟化铵、三氟化硼、五氟化锑、三氟化铈、五氟化碘进行阐述。

（1）氟化铵

① 性质　白色易潮解的针状结晶，可不经熔化而升华。可溶于水，微溶于醇，不溶于丙酮。在热水中会分解成为有毒的氨气和氟化氢铵，而加热到更高温度时则分解为氨气和氟化氢。遇酸放出有毒氟化氢气体，能腐蚀玻璃，有毒。氟化铵的主要物理性质见表 1-11。

表 1-11　氟化铵的主要物理性质

项目	物理常数
熔点/℃	98
密度/g·cm^{-3}	1.11
溶解度（质量分数，20℃）/%	45.25
急性毒性（大鼠 LD_{50} 值）/mg·kg^{-1}	31
灭火剂	水
储运特性	库房通风、低温干燥；与酸类、碱类、食用化学品分开存放

② 用途　氟化铵主要用作合成冰晶石的中间体；在冶金工业用于提取稀有金属，

在玻璃工业用作蚀刻剂，在酿造工业用作啤酒消毒的细菌抑制剂，在机械工业用作金属表面化学抛光剂，在木材工业用作防腐剂；化学分析当中用作离子检测的掩蔽剂、含量的点滴试剂、络合滴定铝的沉淀剂，用于配制滴定液和测量铜合金中铅、铜、锌成分以及铁矿石和煤焦油中铅的含量。

③ 规格　对化学试剂用氟化铵执行国家标准 GB/T 1276—1999，对工业用氟化铵执行国家标准 GB/T 28653—2012，具体指标见表 1-12 和表 1-13。

表 1-12　化学试剂用氟化铵的质量标准要求

项目	优级纯	分析纯	化学纯
氟化铵/%	≥96.0	≥96.0	≥95.0
澄清度试验	合格	合格	合格
灼烧残渣/%	≤0.005	≤0.02	≤0.05
游离酸/%	≤0.2	≤0.5	≤1.0
游离碱/%	合格	合格	合格
氯化物/%	≤0.0005	≤0.005	≤0.01
硫酸盐/%	≤0.005	≤0.01	≤0.02
氟硅酸盐/%	≤0.08	≤0.30	≤0.60
铁/%	≤0.0005	≤0.002	≤0.004
重金属（以 Pb 计）/%	≤0.0005	≤0.001	≤0.002

表 1-13　工业用氟化铵的质量标准要求

项目	一等品	合格品
氟化铵/%	≥95.0	≥93.0
游离酸/%	≤1.0	≤1.0
氟硅酸盐/%	≤0.5	≤1.0

（2）三氟化硼

① 性质　三氟化硼在常温下为无色、不燃也不助燃的气体，有刺激性臭味，比空气重 1.3 倍，遇潮湿空气会生成浓密的有毒含氟化物白烟；易溶于浓硫酸和多数有机溶剂，易溶于水而分解成硼酸和氟硼酸，并放出热量；燃烧产生有毒氟化物烟雾。三氟化硼的化学性质非常活泼，很容易与各种无机和有机物反应，主要可分为两类：一类是导致三氟化硼分子分解的反应，如水解、醇解，及与金属元素、氧化物反应等；另一类是三氟化硼分子整个进入新生成的化合物中的反应，如与氨气、水、无机盐和无机酸等。三氟化硼的主要物理性质见表 1-14。

表 1-14　三氟化硼的主要物理性质

项目	物理常数
熔点/℃	–127
沸点/℃	–100
闪点/℃	4
折射率（20℃）	1.38
临界温度/℃	–12.26
临界压力/MPa	4.98
急性毒性（大鼠 LD_{50}）/mg·m^{-3}	1180（4h）
灭火剂	二氧化碳、砂土、泡沫
储运特性	库房通风、低温、干燥；轻装轻卸

② 用途　三氟化硼作为一种路易斯酸，是有机合成和石油化工广泛应用的一种重要酸性催化剂，其乙醚、苯酚配合物在很多有机化学反应如烷基化、聚合、异构化、加成、缩合及分解等过程中都有应用。它之所以在催化反应方面有如此广泛的应用，主要是由于硼电子层结构及三氟化硼分子有生成配合物的强烈倾向，酸性催化作用中产生催化活性结构。三氟化硼及其化合物在环氧树脂中用作固化剂，在聚酯纤维染色、制造醇溶性酚醛树脂中也有着广泛的应用。三氟化硼还可用作焊剂，也可用作钢或其他金属表面硼化处理的组分及铸钢的润滑剂。三氟化硼也是铸镁及合金的防氧化剂，同时也是制备卤化硼、硼烷、硼氢化钠等的主要原料，是电子工业和光纤工业的重要原料之一。

③ 规格　国内有电子工业用气体三氟化硼标准（GB/T 14603—2009），相关质量指标见表 1-15。市场上有普通级、电子级、医药级产品。三氟化硼用钢瓶包装，储存在带篷的库房里，并远离热源，环境温度始终保持在低于 60℃，在用气瓶必须放在强制通风的室内。

表 1-15　电子工业用气体三氟化硼质量标准

项目	指标	
三氟化硼纯度/10^{-2}	≥99.999	≥99.995
氮气/10^{-6}	≤2	≤20
（氧气+氩气）/10^{-6}	≤1	≤10
二氧化碳/10^{-6}	≤1	≤5
四氟化碳/10^{-6}	≤1	≤5
四氟化硅/10^{-6}	≤5	≤10
总杂质/10^{-6}	≤10	≤50
颗粒	供需双方商定	供需双方商定

注：表中纯度和含量为摩尔分数。

④ 消费　近年来，树脂工业发展迅猛，三氟化硼及其配合物在环氧树脂中作为固化剂用量越来越大，在聚酯纤维、醇溶性酚醛树脂中应用也在增加。气态医药级三氟化硼是制造头孢类抗生素必需的催化剂，我国在21世纪初开始进行大规模产业化生产头孢类抗生素，对三氟化硼需求刺激很大，极大地推动了国内三氟化硼的研究和生产。国内目前年消费量350～500t，主要用于生产三氟化硼乙醚等系列配合物。山东淄博市临淄鑫强化工有限公司600t/a三氟化硼装置，生产99.5%～99.9%三氟化硼产品，大连光明化工研究设计院生产少量电子级三氟化硼产品。

（3）五氟化锑

① 性质　化学式为SbF_5，为无色透明液体，溶于水，在空气中发烟，有较强的刺激性。与氟化氢的混合物可迅速地腐蚀镍，而对低碳钢、铝腐蚀不大。五氟化锑是一种缓和的氟化剂和强氧化剂，可自动点燃磷和钠，而对砷是惰性的。五氟化锑可直接由锑粉或三氟化锑进行氟化制得，亦可在铂制反应器中回流加热五氯化锑和氟化氢制得。五氟化锑主要物理性质见表1-16。

表1-16　五氟化锑主要物理性质

项目	物理常数
熔点/℃	7
沸点/℃	148～150
密度/g·cm^{-3}	2.993
闪点/℃	149.5
黏度/Pa·s	0.46
急性毒性（小鼠LC_{50}）/mg·cm^{-3}	270
灭火剂	二氧化碳、干砂
储运特性	库房通风、低温、干燥；与有机物分开存放

② 用途　五氟化锑是一种缓和的氟化剂和强氧化剂，用作卤碳化物、氯氧化铬、五氯化钼、六氯化钨、三氯化磷、十氧化磷、四氯化硅、四氯化钛和二氧化硅的氟化剂，可与石墨形成嵌入化合物，与O_2、F_2的混合物在升高温度和压力时生成O_2SbF_6，用于除去受污染大气中的氯、氡等元素。

③ 规格　某企业五氟化锑的质量指标要求见表1-17。

表1-17　五氟化锑的质量指标

指标	数值
五氟化锑/%	≥99.0
三氟化锑/%	≤1.0
游离氟气/%	≤0.2

注：表中数据均为质量分数。

（4）三氟化铈

① 性质 白色粉末，有毒，易吸湿，微小晶体，550℃以下热力学稳定，难溶于水和酸，在冷水中缓慢水解，由二氧化铈与过量氢氟酸反应制得，密闭于 2～8℃阴凉干燥环境中储存。三氟化铈的主要物理性质见表 1-18。

表 1-18 三氟化铈的主要物理性质

项目	物理常数	项目	物理常数
熔点/℃	1640	急性毒性（大鼠 LD_{50}）/mg・kg^{-1}	＞5000
沸点/℃	2300	灭火剂	水
相对密度	6.157		

② 用途 氟化铈常被用在环保材料中，最具代表性的应用是汽车尾气净化催化剂；氟化铈可用于塑料红色着色剂、涂料、油墨、造纸等行业；氟化铈也用于制造许多特殊功能材料，如荧光碗和绿色粉末，用于制造灯用三色荧光粉；氟化铈作为植物生长调节剂，可以提高作物的品质、产量和抗逆性；作为饲料添加剂，可提高家禽产蛋率和鱼虾成活率，改善长毛羊的羊毛品质。

（5）五氟化碘

① 性质 常温下，五氟化碘（IF_5）为无色不燃不爆液体，遇空气产生烟雾，与可燃物或有机物接触时能促进迅速燃烧，并在加热时能够腐蚀玻璃。遇水发生激烈的水解反应，产生氟化氢和碘酸，遇酸、碱亦分解。五氟化碘是有毒和腐蚀性液体，对人的眼睛、皮肤和呼吸道具有类似氟化氢（氢氟酸）的刺激作用，大量接触会造成严重化学灼伤。五氟化碘的热稳定性较好，是最稳定的卤素间化合物。IF_5 的反应活性比其他卤素间化合物弱得多，与硅、镁、铜、铁、铬在常温下不发生作用，在强热时才与钼、钨、磷、砷、锑、硼等发生作用，生成相应的氟化物。常温下能在金属表面（铁、铜、镍、铝等）反应形成一层氟化物保护膜，阻止对包装容器的进一步腐蚀，保障运输安全，所以可用钢制容器包装，应储存于阴凉、干燥通风仓内，仓内温度不应超过 30℃，应远离火种、热源，防止阳光直射，应与酸类液体、含水物品、有机物或可燃物等分开储运。五氟化碘主要物理性质见表 1-19。

表 1-19 五氟化碘主要物理性质

项目	物理常数	项目	物理常数
熔点/℃	9.4	临界温度/℃	300.2
沸点/℃	104.5	临界压力/MPa	5.16
密度/g・cm^{-3}	3.19	灭火剂	二氧化碳，干粉
饱和蒸气压（8.5℃）/MPa	0.14		

② 用途　五氟化碘用于有机合成反应时是一种通用的氟化剂和强氧化剂，如可以用来合成全氟碘代烷：

$$5CF_2 = CF_2 + IF_5 + 2I_2 \longrightarrow 5C_2F_5I$$

全氟碘代烷具有憎水性能良好的全氟烷基，是生产含氟表面活性剂和防油、防污、防水整理剂等含氟精细化学品的主要原料。可以作为氟化剂制备金属氟化物，在电子行业、医药中间体方面的应用也在不断增加，还可用作引燃剂。可作为催化剂、卤素交换剂、半导体生产的蚀刻剂等。

③ 规格　五氟化碘国内行业标准（HG/T 4500—2013）、某国外公司和某国内企业质量指标见表 1-20。

表 1-20　国内行业标准、某国外企业和某国内企业五氟化碘质量指标

指标（质量分数）	行业标准（优等品）	某国外企业	某国内企业
五氟化碘/%	≥99.5	≥99.5	≥99
游离碘/%	≤0.05	≤0.3	—
金属离子（Mn、Ni、Cr、Fe）/%	≤0.005	—	—

1.1.2 有机氟化物

有机氟化物按产品性状和用途可分为有机含氟特种气体、氟碳化学品、含氟精细化学品、含氟聚合物等种类。

1.1.2.1 有机含氟特种气体

有机含氟特种气体包括四氟化碳、三氟甲烷和六氟乙烷等，这里主要介绍四氟化碳的性质、用途、规格和生产消费情况。

（1）性质

四氟化碳，又名四氟甲烷，化学式为 CF_4，既可以视其为一种卤代烃（有机物），也可以视其为一种无机化合物，常温常压下为无色气体，不溶于水，溶于苯和氯仿。CF_4 的化学性质非常稳定，常温下不与酸、碱及氧化剂反应，只有在炽热条件下 CF_4 才和活泼的碱金属反应。CF_4 一般认为是惰性低毒物质，在高浓度下是窒息剂，其毒性不及四氯化碳，但在高温时或与可燃气体一同燃烧时，会分解出有毒的氟化物。大鼠吸入 LD_{50} 为 2920mg・kg^{-1}，吸入大量极高浓度的本品，会因中枢神经系统受抑制而立即发生意识不清、抽搐、昏迷或死亡。我国国家职业卫生标准规定了工作场所空气中 CF_4 允许浓度为 15mg・m^{-3}。

（2）用途

作为等离子蚀刻工艺中常用的工作气体，CF_4可用作二氧化硅、氮化硅等薄膜的等离子蚀刻剂，CF_4还可用于电子器件的表面清洗、印刷电路生产中的去污剂；CF_4可用作低温制冷剂，最适宜–150～–120℃；CF_4也是良好的电气绝缘和灭火材料，可作为变压器、电力开关的绝缘气体；利用其优良的化学稳定性，CF_4用于金属冶炼和塑料行业等；CF_4还可用于激光技术、泄漏检验剂、润滑剂及制动液等方面。

（3）规格

国外几家公司的四氟化碳技术指标见表1-21。

表1-21 国外几家公司的四氟化碳技术指标

项目	Liquid Carbonic 公司	Scott 公司	MG 公司
CF_4/%	≥99.997	≥99.965	≥99.999
N_2/%	≤0.002	≤0.025	≤0.0002
O_2/%	≤0.0005	≤0.005	≤0.0001
H_2O/%	≤0.0001	≤0.0005	≤0.00025
CO/%	≤0.0001	≤0.0005	≤0.0002
游离酸（以HF计）/%	—	≤0.00001	—
SF_6/%	≤0.0001	—	—
氟碳化合物（以$CClF_3$计）/%	≤0.0001	—	≤0.0006

注：表中数据均为质量分数。

（4）生产消费情况

我国电子信息产业不断发展壮大，加之光伏产业规模不断扩张，国内市场对高纯四氟化碳需求持续增长。2011—2019年，我国高纯四氟化碳需求量年均复合增长率为14.6%，2019年需求量约为3660t。我国人工智能、物联网市场仍在不断扩大，光伏发电累计装机容量不断上升，预计2020—2025年，我国高纯四氟化碳市场需求将继续以10.0%以上的速度增长。2008年之前，我国不具备高纯四氟化碳量产能力，需求主要依靠进口，而进口产品供应不足，国内市场供小于求的状况长期存在。为配套我国电子、光伏产业发展，高纯四氟化碳国产化势在必行，在此背景下，我国进入行业布局的资本数量开始增多，相关技术瓶颈逐渐打破。现阶段，国产高纯四氟化碳已经在国内市场中得到批量应用，占有率不断提高。我国高纯四氟化碳生产企业主要有成都科美特特种气体有限公司、中核红华特种气体股份有限公司、黎明化工研究设计院有限责任公司、福建永晶科技股份有限公司、山东锐华氟业有限公司、绥宁县联合化工有限责任公司、四川众力氟业有限责任公司等。随着芯片制程向7nm迈进，细微杂质对芯片的损害更为明显，电子产业对高纯电子气体的纯度要求进一步提高，在此背景下，我国高纯四氟化碳生产技术与产品质量仍有提升空间。2020年6月，黎明化工研究设计院有限责任公司“高纯四氟化碳和六氟化硫研发与中试”子项目通过了国家科技重大专项“极大规模集成电路制造装备与成套工艺”的现场测试与评审，其制备出了 5.8mol • L^{-1} 高纯四氟化碳。由此可见，我国高纯四氟化碳产品性能还在不断进步，引领行业发展的企业更具发展前景。

1.1.2.2 氟碳化学品

氟碳化学品是指含有氟原子的烃，主要包括全氟氯烃类（CFCs）、含氢氟氯烃类（HCFCs）、含氢溴氟烃类（HBFCs）、含氢氟烃类（HFCs）和全氟烃类（PFCs）。其中“C”代表碳或氯，“F”代表氟，“H”代表氢，“B”表示溴，代号下面小写字母“s”表示一类化合物。氟碳化学品具有许多优点，如无臭、无毒、无腐蚀性且不燃烧等，其商业化应用开始于 20 世纪 30 年代，最初被用作制冷剂，50 年代后，氟碳化学品的应用开始由制冷剂扩展到发泡剂、清洗剂和气雾推进剂等领域。

1.1.2.2.1 命名规则

我国用 R 表示氟制冷剂，氟利昂是美国杜邦公司的商品名，用 F 表示。氟利昂是一系列氟碳化学品的总称，不同的氟利昂常用数字加以区别。例如：二氟一氯甲烷（$CHClF_2$）称为 F22，1,1,2,2-四氟乙烷（CHF_2CHF_2）称为 F134。其中 F 代表氟利昂，后面数字的含义是：个位数代表氟原子数，十位数代表氢原子数加 1，百位数代表碳原子数减 1。化合物中氯原子是从与碳原子结合的原子总数中减去氢、氟和溴原子数的和后求得，如果化合物中含有溴原子，则在后面加字母 B，字母 B 后面的数字表示溴原子的数量。

当氟碳化学品分子中含有两个或两个以上碳原子时，由于与碳原子相连的其他原子连接顺序不同，会形成不同的同分异构体。数字编码仅仅表达了氟碳化学品中的元素组成和数量，而分子结构则需要通过数字后面的后缀（小写英文字母）来表达。这些后缀字母按分子结构对称性的大小顺序，分别取 a、b、c 等，通常最对称的同分异构体不加后缀字母。对于存在两个以上异构体的化合物一般可以根据两个碳原子各自连接的取代基总原子量的差值大小来判断，两者之差越小，表明异构体的对称性越好，差值为 0 则是完成对称。例如，四氟乙烷有两种异构体，分别为 CHF_2CHF_2 和 CH_2FCF_3，分别命名为 F134 和 F134a。

1.1.2.2.2 性质及用途

（1）全氟氯烃

全氟氯烃主要包括 F11、F12、F13 等，由于对臭氧层的破坏作用最大，被《蒙特利尔议定书》列为一类受控物质，此类物质目前已被禁止使用。表 1-22 为几种氟碳化学品的 ODP（消耗臭氧潜能值）、GWP 值（全球增温潜能值）。

表 1-22　几种氟碳化学品的 ODP 和 GWP 值

名称	ODP 值	GWP 值	名称	ODP 值	GWP 值
F11	1	4000	F124	0.03	470
F12	1	8500	F32	0	650
F13	1	11700	F134a	0	1200
F22	0.055	1700	F125	0	2800
F123	0.014	90			

① F11 的性质及用途　化学名称为一氟三氯甲烷，分子式为 CCl_3F，无色液体或气体，熔点为–111℃，沸点为 23.8℃，闪点为 2℃，密度为 $1.487\times10^3kg\cdot m^{-3}$（液态），微溶于水，易溶于乙醇、乙醚和其他有机溶剂，化学稳定性好，主要用作制冷剂、发泡剂、气溶胶型喷射剂，也用于生产海绵、医药和农药。

② F12 的性质及用途　化学名称为二氟二氯甲烷，分子式为 CCl_2F_2，在常温下为无色、无味、无腐蚀性的气体，熔点–158℃，沸点–29.7℃，液体密度 $1.326\times10^3kg\cdot m^{-3}$，溶于醇、醚，具有良好的化学稳定性和热稳定性，与酸、碱、水均不起作用，主要用作制冷剂、灭火剂、杀虫剂和喷射剂，也是氟树脂的原料。

③ F13 的性质及用途　化学名称为三氟一氯甲烷，分子式为 $CClF_3$，无色不可燃气体，有醚臭，熔点–181℃，沸点–81.1℃，密度（–130℃）为 $1.703\times10^3kg\cdot m^{-3}$，主要用于低温、超低温制冷剂。

（2）含氢氟氯烃

含氢氟氯烃是指烷烃中部分氢原子被氟和氯取代的化合物，主要包括 F22、F123、F124 等，臭氧层破坏系数仅仅是全氟氯烃的百分之几，因此含氢氟氯烃被视为全氟氯烃最重要的过渡性替代物质，但长期和大量使用对臭氧层危害也很大，在《蒙特利尔议定书》中，F22 被限定 2020 年淘汰，F123 被限定 2030 年，发展中国家可以推迟 10 年。

① F22 的性质及用途　化学名称为二氟一氯甲烷，分子式为 $CHClF_2$，为无色有轻微发甜气味的气体，熔点为–146℃，沸点为–38.1℃，密度为 $3.94\times10^{-3}kg\cdot m^{-3}$（0℃，气态），微溶于水，溶于乙醚、氯仿、丙酮，主要用作制取四氟乙烯的原料和制冷剂、喷雾剂、农药生产原料等。

② F123 的性质及用途　化学名称为 1,1,1-三氟-2,2-二氯乙烷，化学式为 CF_3CHCl_2，无色液体，有特殊气味，沸点 28.7℃，密度 $1.46\times10^3kg\cdot m^{-3}$，受热分解，生成光气、氟化氢和氯化氢，可替代 F11 作清洁剂、发泡剂和制冷剂。

③ F124 的性质及用途　化学名称为一氯四氟乙烷，结构式为 $CHClFCF_3$，无色液体，沸点–12℃，无毒不可燃，主要用作高温空调的制冷剂，也是混合工质的重要组分，F124 还可用于灭火剂，可替代氟利昂 F114。由于 F124 属于 HCFC 类物质，

对臭氧层有破坏，并且存在温室效应，发达国家（欧盟、日本、美国）已经停止了在新空调、制冷设备上的初装，中国目前对于F124制冷剂的生产、初装以及再添加没有限制。

（3）含氢氟烃

含氢氟烃中没有氯原子，由碳、氢和氟三种元素组成，主要包括 F32、F134a、F125等品种，臭氧层破坏系数为0，但气候增温潜能值很高。在《蒙特利尔议定书》中没有规定使用期限，但在《联合国气候变化框架公约》《京都议定书》和《巴黎协定》中定性为温室气体。

① F32的性质及用途　化学名称为二氟甲烷，分子式为CH_2F_2，为无色气体，熔点为–136℃，沸点为–51.6℃，闪点为–78.5℃，不溶于水，溶于乙醇。二氟甲烷与五氟乙烷可生成一种恒沸混合物，用作新冷却剂系统中氯氟碳化合物的代替物，主要是替代F22，作复配中低温混合制冷剂。虽然它是零消耗臭氧潜能值，但它有高全球增温潜能值，以100年时间为基础，其潜能值是二氧化碳的550倍。

② F134a的性质及用途　化学名称为1,1,1,2-四氟乙烷，结构式为CH_2FCF_3，熔点为–101℃，沸点为–26.5℃，气体密度为4.25kg·m^{-3}，具有良好的安全性能（不易燃、不爆炸、无毒、无刺激性、无腐蚀性）。F134a作为使用广泛的中低温环保制冷剂，其良好的综合性能使其成为一种非常有效和安全的F12的替代品，主要应用于使用F12制冷剂的很多领域，包括冰箱、冷柜、饮水机、汽车空调、中央空调、除湿机、冷库、商业制冷、冰水机、冰淇淋机以及冷冻冷凝机组等制冷设备中，同时还可应用于气雾推进剂、医用气雾剂、杀虫药抛射剂、聚合物（塑料）物理发泡剂，以及镁合金保护气体等。

③ F125的性质及用途　化学名称为五氟乙烷，结构式为CHF_2CF_3，无色不燃气体，熔点–103℃，沸点–48.4℃，相对密度（水=1）为1.245，相对蒸气密度（空气=1）为4.2，微溶于水、烃类。正常情况下稳定，受高温分解，放出有毒气体（氟化氢和四氟化碳）。储存时应避免与碱金属和银、铜等金属接触。主要用作制冷剂，还可以在半导体生产过程中用作氧化物的浸蚀剂、灭火剂和发泡剂的替代物。

1.1.2.3 含氟精细化学品

近些年，含氟精细化学品已成为药物、助剂、试剂和新材料行业重要的组成部分，也是各科研院所和企业重点研究的方向。含氟精细化学品可分为含氟中间体、含氟医药、含氟农药、含氟染料和含氟表面活性剂等。

（1）含氟中间体

我国已开发出的含氟中间体数量达百余种，形成了一些骨干生产企业，主要集中在辽宁、浙江、江苏和江西等地，山东、河南等地也有少量生产。含氟中间体可分为 3 大类：脂肪族含氟中间体、芳香族含氟中间体和杂环含氟中间体。

① 脂肪族含氟中间体　目前，脂肪族含氟中间体主要有三氟乙醇、三氟乙酸、三氟乙醛、三氟乙腈、全氟三乙胺、全氟三丙胺、全氟三丁胺、全氟三戊胺、四氟丙酸钠、四氟丙醇、六氟异丙醇、六氟丙烯、六氟丁醇、六氟丙酮、全氟环氧丙烷、三氯三氟乙烷、二氟氯甲烷和三氟乙酰乙酸乙酯等。脂肪族含氟中间体由于下游用户少，市场需求小，业内关注较少。随着各种新型药物的合成和开发，研究人员已经发现较多由脂肪族含氟中间体合成的下游产品具备很多优异特性，受到广泛青睐，逐渐成为高端精细化氟产品开发的新领域。国内东岳集团、中化蓝天有相关系列产品的生产。

② 芳香族含氟中间体　芳香族含氟中间体可细分为苯系列和甲苯系列。苯系列主要有氟苯、2,4-二氯氟苯、对氟苯酚、对氟苯甲酰氯、3-氯-4-氟苯胺、4-溴-2-氟苯胺等（结构式见图 1-2）。这些都是近几年比较畅销的中间体，市场前景较好，具有很强的市场竞争力。国内永太科技已成为氟精细化学品的龙头企业，是行业内产品链最完善、产能最大的苯系列生产商之一，形成了多样且相互关联的多条苯系含氟中间体生产线，包括 4 大系列 20 多种产品。

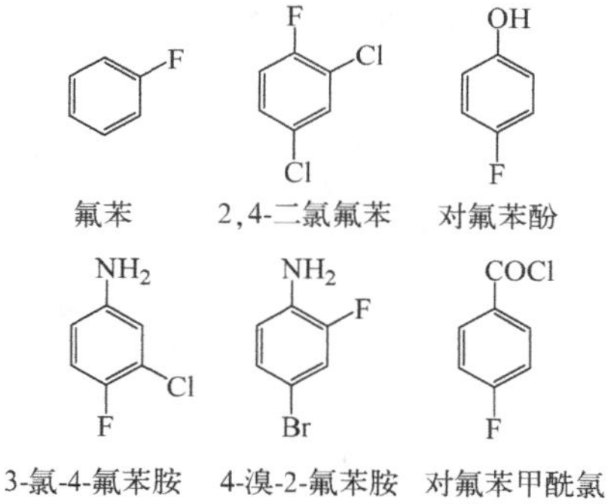

氟苯　2,4-二氯氟苯　对氟苯酚

3-氯-4-氟苯胺　4-溴-2-氟苯胺　对氟苯甲酰氯

图 1-2　部分苯系列含氟中间体结构式

甲苯系列主要有三氟甲苯、邻氯三氟甲苯、间氯三氟甲苯、对氯三氟甲苯、3,5-二硝基三氟甲苯、5-三氟甲基-1,3-苯二胺、间溴三氟甲苯、2-氯-5-溴三氟甲苯、间三氟甲基苯酚、对三氟甲基苯胺和对三氟甲基苯甲酸等（结构式见图 1-3）。

图 1-3　部分甲苯系列含氟中间体结构式

从整体上看，我国苯系列中间体发展较早，产能普遍过剩；三氟甲基、三氟甲氧基中间体发展较晚，近年来发展速度较快，潜力较大，是未来芳香族含氟中间体发展的重点方向。

③ 杂环含氟中间体　目前，杂环含氟中间体主要有5-氟尿嘧啶、5-氟胞嘧啶、2-氯-5-三氟甲基吡啶、2-羟基-5-三氟甲基吡啶、2-羟基-3-氯-5-三氟甲基吡啶、2,3-二氯-5-三氟甲基吡啶、2,3-二氟-5-氯吡啶、2,5-二氯-5-氟吡啶、6-三氟甲基-1-羟基吡啶、2-氯-3-氟吡啶、2-甲基-3-氟-6-乙酰氨基吡啶、2,6-二氯-3-氟-5-甲酸基吡啶和3,5-二氯-2,4,6-三氟吡啶等（部分杂环含氟中间体结构式见图1-4）。近年来，世界新型农药开发的最热点结构就是含三氟甲基杂环（除吡啶类含三氟甲基基团外，在吡唑环、噻二唑环上也含有三氟甲基取代基团）以及含三氟基的吲哚乙酸等中间体，目前均具有很大的发展潜力和市场。

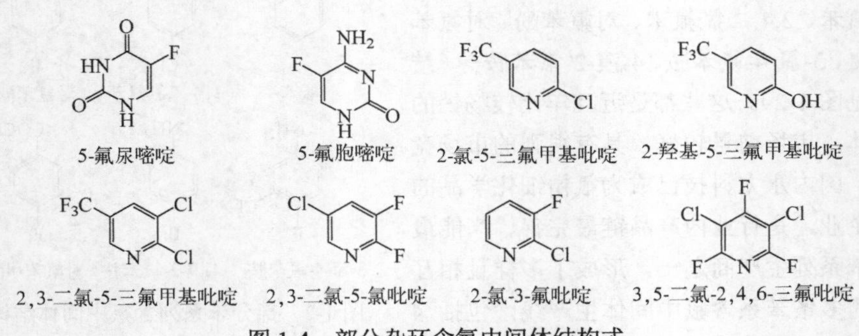

图1-4　部分杂环含氟中间体结构式

（2）含氟医药

目前国内外含氟药物的品种有数百种，如氟喹诺酮类抗生素、抗真菌药物氟康唑、抗抑郁药物氟西汀等。氟喹诺酮类抗菌药物中的环丙氟哌酸具有药效高、广谱抗菌、耐交叉使用、无毒副作用且不需皮试等特点，近些年发展非常迅速，国内有数家企业生产，总生产装置能力约数千吨。作为起始原料，2,4-二氯氟苯消耗量约是环丙氟哌酸的3倍以上。随着全球环丙氟哌酸生产装置的不断增加，预计将来2,4-二氯氟苯的市场需求较大，市场前景很好。

新一代氟喹诺酮类抗生素是氟哌酸，氟哌酸因抗菌能力强、副作用小、适应范围广、疗效显著而得到快速发展，成为广受欢迎的强效广谱抗菌消炎药。生产氟哌酸的中间体为3-氯-4-氟苯胺，国内3-氯-4-氟苯胺生产不能满足制药业的需求，特别是高质量医药级中间体产品还不能满足国内市场需求，有一部分依靠进口，并且3-氯-4-氟苯胺向国外出口也非常紧俏。

氟苯水杨酸为水杨酸衍生物，具有解热、镇痛、抗炎作用，比阿司匹林镇痛消炎作用强且维持时间长，胃肠道刺激小，抗炎活性是阿司匹林的4倍。生产氟苯水杨酸的中间体是2,4-二氟苯胺，该中间体还可以用来制备氟喹诺酮类抗菌药多氟啶酸等。2,4-二氟苯胺国内主要由上海有机氟材料研究所和阜新化工研究所研制。另外，一些高效低毒抗肿瘤药物如卡莫氟、羟烷基氟尿嘧啶、去氧氟尿苷、二羧酸氟尿嘧啶等可以由含氟杂环类中间体5-氟尿嘧啶来生产，5-氟尿嘧啶一般采用缩合环化、直接氟化等方法生产，杂环类化合物由于其独特的性质已经广泛应用于医药制造业。

（3）含氟农药

由于氟原子及基团特殊的理化性质及当前农药向保护环境和生态平衡的方向发展，同时含氟农药具有比较高的生物活性，可以降低农药使用量，因此近些年已成为农药领域开发的热点，并得到广泛的应用。

（4）含氟染料

含氟染料主要指活性染料，含氟活性染料的优点在于有较高的固色率，既能提高染料的利用率，又能减轻印染过程中的环境污染，因此含氟活性染料成为染料工业的发展热点与前沿。生产活性染料的主要中间体是三聚氟氰，一直以来由于三聚氟氰的生产工艺苛刻、设备腐蚀严重等问题，至今我国尚未形成大规模的工业化生产，严重影响了我国氟代均三嗪活性染料的产业化进程。无水氟化氢液相催化氟化是三聚氟氰工艺技术的关键点，重点要解决氟化反应设备腐蚀及原料成本问题。反应体系中氟化氢兼作溶剂及氟化剂，避免使用其他高价且难分离的高沸点溶剂及氟化剂，可降低原料成本，适于染料推广应用；通过液相催化技术研究，均相反应传质传热效果好，不仅从源头上提高反应转化率，使工艺简化，还缓和工艺条件，避免氟化钠工艺和氟化氢气相法高温产生的强腐蚀，提高生产安全性。

（5）含氟表面活性剂

目前含氟表面活性剂及功能制剂主要是全氟烷基系列表面活性剂，产能在3000t/a左右。主要用于织物整理、食品包装、餐盒、消防灭火、油田开采等领域。早期使用的含氟表面活性剂以全氟辛基类（C_8类）为主。全氟辛基大分子有机物由于同时具备疏油、疏水、拒污等特性，被广泛用于生产纺织品、皮革制品、家具、石材和地毯等表面防污处理剂。全氟辛酸及其盐类主要应用于含氟聚合物的合成。上述含氟材料涉及的全氟辛磺酸及其盐和全氟辛酸及其盐由于具有持久性污染、生物累积性和毒性，都已经列入斯德哥尔摩公约禁止使用和限期淘汰计划，因此，在全球范围内受到了严格管理，除了特定豁免用途或特定用途外，逐步在市场上被淘汰。近年来这种淘汰计划已经延伸到C_6和C_9～C_{14}全氟化学品。

1.1.2.4 含氟聚合物

含氟聚合物可分为聚四氟乙烯树脂、可熔性氟树脂、氟橡胶、氟涂料及其他含氟聚合物等种类。

（1）聚四氟乙烯树脂

聚四氟乙烯（PTFE）是世界上第一个工业化生产的氟树脂，也是现阶段全球范围内耐腐蚀性能最为理想的材料之一，俗称“塑料王”。该材料一般划分为两类，分别是悬浮聚四氟乙烯和分散聚四氟乙烯。悬浮聚四氟乙烯树脂一般为白色，颗粒规格相对较大，通过特定处理后，可以获得不同颗粒度的粉末。分散聚四氟乙烯可分为两类，分别是粉末和浓缩分散液。

聚四氟乙烯由四氟乙烯单体聚合而成，其结构式如下：

$$\left[F_2C - CF_2 \right]_n$$

聚四氟乙烯是完成结构堆砌的线型高分子，分子不具有极性。聚四氟乙烯分子中的碳氟键是所有共价键中键能最高的，同时氟原子半径稍大于氢原子，可以将 C-C 主链覆盖，所以聚四氟乙烯具有很高的稳定性。此外，聚四氟乙烯还具有优良的不黏性、润滑性、电绝缘性、抗辐射性等性能，被广泛用于航空、石油化工、机械、电子、建筑、纺织等国民经济领域。但聚四氟乙烯熔融黏度很高，即使在熔点以上也难以流动，在 380℃时熔融黏度为 1010 Pa • s，加工性能较差。

2018 年，我国 PTFE 消费总量大约为 7 万吨。PTFE 具有非常优良的耐热性，而且工作温度区间相对较宽，并具有优异的电绝缘性能，且兼具常规材料无法比拟的耐化学腐蚀性，阻燃性也非常理想，因而在诸多领域都有应用，核心消费领域包括电子、电气、石油化工、航空航天等。石油化工是 PTFE 最主要的消费领域，该材料性能优良，因此能够用于制造设备、管件等各类装置。与此同时，建筑、轻工等领域对 PTFE 的需求量也有显著提升。

（2）可熔性氟树脂

可熔性氟树脂的主要品种有聚全氟乙丙烯、聚三氟氯乙烯、聚偏氟乙烯、聚氟乙烯、四氟乙烯与乙烯共聚物等。

① 聚全氟乙丙烯　聚全氟乙丙烯（FEP）是一种可熔融加工的全氟结构的聚合物，由四氟乙烯和六氟丙烯共聚而成。除了长期使用温度比聚四氟乙烯低近 50℃，它基本保留了聚四氟乙烯的优异性能，如优异的耐腐蚀性、电绝缘性、不粘性及低摩擦性等，且熔融黏度较小，因此可以采用挤出和注塑等传统塑料加工方法成型加工。

聚全氟乙丙烯主要应用在电气领域，包括电缆、计算机数据线、热电偶线和各种注塑制品。其他应用还包括制造直管、套筒、连接器、编织加强软管、换热器和集光窗等。机械方面的应用主要包括对传送带和滚筒包覆的抗静电处理。

② 聚偏氟乙烯　聚偏氟乙烯树脂（PVDF）是 20 世纪 70 年代发展起来的具有优良综合性能的材料，年增长率 10%以上，产量约占全部含氟塑料总量的 14%左右，它的重要性在含氟高分子材料中位居第二。

聚偏氟乙烯是偏氟乙烯单体经自由基聚合得到的线型高分子化合物，结构式如下：

$$\left[H_2C-CF_2 \right]_n$$

在 PVDF 分子结构中，氟原子和氢原子大小相仿，无支链，规整排列，具有较高的结晶度（约为 60%～80%），因而具有好的抗张强度和抗拉强度。PVDF 树脂具有优良的耐化学腐蚀、耐高温、耐氧化、耐紫外线和抗辐射等性能；PVDF 的拉伸强度和抗冲击强度优良，硬度高且耐磨，热变形温度高，抗蠕变疲劳性能好，使用温度范围为–60～150℃；PVDF 加工性能优良，可以进行挤塑、注塑和模塑等熔融加工，且可以溶解于酯类和胺类等有机溶剂中，因而是一种性能优良、用途极其广泛的热塑性工程塑料。PVDF 树脂主要应用于化工设备、电子和建筑涂料等方面。

（3）氟橡胶

氟橡胶是指分子主链或侧链的碳原子上连接有氟原子的一类合成高分子弹性体，具有优异的耐热、耐候、耐油及耐化学介质性能，并有优良的物理力学性能和电绝缘性能。氟橡胶是为了满足航空航天等军事用途而开发的高性能密封材料，后又广泛应用于汽车和石油化工等领域，已成为现代工业尤其是高技术领域不可缺少的重要材料。氟橡胶在汽车、石油化工和航空航天等领域应用最多，约占总消费量的 85%，其中近九成用于汽车工业。氟橡胶的品种繁多，主要是以偏氟乙烯、四氟乙烯、六氟丙烯和三氟氯乙烯（CTFE）为原料的二元或三元共聚物，随着氟含量的增加，其耐热和耐介质性能更加优异。表 1-23 给出了各类氟橡胶的一般特性。

表 1-23　主要氟橡胶的种类、特性和用途

种类	主要单体	特征	用途
26 型氟橡胶	VDF-HFP	耐热、耐油、耐无机酸	油封、垫圈、汽车用软管
四丙氟橡胶	TFE-丙烯	耐无机酸、耐热	耐酸填料、软管等
含氟乙烯醚类橡胶	含少量氟醚的 TFE	耐热性、耐药品性极优	喷气式引擎、涡轮、O 形环、密封材料
氟化磷腈橡胶	氟烷氧基磷腈	耐低温性、耐油、强韧性	O 形环、填料、轴密封、密封胶、软管
含氟硅类橡胶	γ-三氟丙基甲基硅氧烷	耐低温性、耐油、耐药品性、加工性差	密封隔膜

1.1.3 无机含氟特种气体

无机含氟特种气体主要包括用于半导体行业的氟气、六氟化硫、三氟化氮等。

1.1.3.1 氟气

（1）性质

氟气，元素氟的气体单质，分子式为 F_2，是一种极具腐蚀性的淡黄色剧毒气体。氟是电负性最强的元素，也是很强的氧化剂。常温下，它几乎能和所有的元素化合，并产生大量的热能，在所有的元素中，氟最活泼。除具有最高价态的金属氟化物和少数纯的全氟有机化合物外，几乎所有有机物和无机物均可以与氟反应，释放较多的热量，常导致燃烧和爆炸。高纯氟的运输和储存，采用压缩充入气瓶的方法。氟气的主要物理性质见表 1-24。

表 1-24 氟气的主要物理性质

项目	物理常数	项目	物理常数
熔点/℃	−219.2	临界压力/MPa	5.21
沸点/℃	−188.1	临界密度/kg・m^{-3}	574
密度/kg・m^{-3}	1.554	最高容许浓度/mg・m^{-3}	0.2
临界温度/℃	−128.8		

（2）用途

① 利用氟气和水的反应，氟气可以用于制备氢氟酸。氢氟酸在铝和铀的提纯、蚀刻玻璃、半导体工业中除去硅表面的氧化物、多种含氟有机物的合成等方面都起着重要作用。②氟气还可用于制备氟化钠。氟化钠可作为木材防腐剂、农业杀虫剂、酿造业杀菌剂、医药防腐剂、焊接助焊剂、碱性锌酸盐镀锌添加剂等。③利用氟气和塑胶的反应可以制备含氟塑胶。含氟塑胶具有耐高温、耐油、耐高真空及耐酸碱、耐多种化学药品的特点，已应用于现代航空、导弹、火箭、宇宙航行、舰艇、原子能等尖端技术，以及汽车、造船、化学、石油、电信、仪器、机械等工业领域。④通过氟从铀矿中提取铀 235。因为铀和氟反应生成的化合物很易挥发，用分馏法可以得到十分纯净的铀 235。铀 235 是制造原子弹的原料，在铀的所有化合物中，只有氟化物具有很好的挥发性。⑤由于氟气氧化性很强，液化的氟气可作为火箭燃料中的氧化剂。⑥氟气还用于金属的焊接和切割、电镀、玻璃加工、药物、农药、杀鼠剂、冷冻剂、等离子蚀刻等。

（3）规格

国内氟气产品质量标准如表1-25所示。

表1-25　国内氟气产品质量标准

组分	指标/%	组分	指标/%
氟气	≥99	氟化氢	≤0.50
四氟化碳	≤0.05	二氧化碳	≤0.15
空气	≤0.45	六氟化硫	≤0.01

注：表中数据为体积分数。

（4）储存运输

氟气属有毒压缩气体，宜储存于阴凉、通风仓内，并应远离火种、热源，实行“双人收发、双人保管”制度，库温不超过30℃，应与易（可）燃物、活性金属粉末、食用化学品分开存放，切忌混储，储区应备有泄漏应急处理设备。铁路运输时须报铁路局进行试运，试运期为两年。试运结束后，写出试运报告，报国家铁路局正式公布运输条件。铁路运输时应严格按照《铁路危险货物运输管理规则》中的危险货物配装表进行配装。采用钢瓶运输时必须戴好钢瓶上的安全帽；钢瓶一般平放，并应将瓶口朝同一方向，不可交叉；高度不得超过车辆的防护栏板，并用三角木垫卡牢，防止滚动；严禁与易燃物或可燃物、活性金属粉末、食用化学品等混装混运；夏季应早晚运输，防止日光曝晒。公路运输时要按规定路线行驶，禁止在居民区和人口稠密区停留。

1.1.3.2　六氟化硫

（1）性质

六氟化硫（化学式SF_6）在常温下是无色无味气体，其主要物理性质见表1-26。六氟化硫微溶于水，溶于乙醇、乙醚，不溶于盐酸和氨。六氟化硫化学性质非常稳定，其惰性与氮气相似，在空气中不燃烧，不助燃，与水、碱、氨或强酸等均不发生化学反应，在石英玻璃容器内加热至500℃也不分解。在干燥状态下六氟化硫与铜、铝、钢等，低于110℃时不发生反应，但高于150℃时可与铜或钢开始缓慢反应，生成硫化物和氟化物，高于200℃时与铝或硅钢发生轻微反应。六氟化硫与氯、碘、氯化氢等在高温下也不发生化学反应，但可与硫化氢反应产生氟化氢和硫。六氟化硫与硫共热可生成硫的低价化合物。当六氟化硫气体内含少量水分和氧时，分解产物可继续反应生成SOF_2、SOF_4、SO_2F_2和HF。

表 1-26　六氟化硫的主要物理性质

项目	物理常数	项目	物理常数
熔点/℃	−50.8	临界压力/MPa	3.76
沸点/℃	−63.8（升华）	饱和蒸气压（25℃）/MPa	2.45
密度/kg·m^{-3}	6.0886	急性毒性（兔子静脉注射 LD_{50}）/mg·kg^{-1}	5790
临界温度/℃	45.6		

（2）用途

作为良好的气体绝缘体，广泛用于电子、电气设备的气体绝缘，电子级高纯六氟化硫是一种理想的电子蚀刻剂，广泛应用于微电子技术领域，用作电脑芯片、液晶屏等大型集成电路制造中的等离子刻蚀及清洗剂；在光纤制造中用作生产掺氟玻璃的氟源，在制造低损耗优质单模光纤中用作隔离层的掺杂剂，还可用作氮准分子激光器的掺加气体；在气象、环境检测及其他部门用作示踪剂、标准气或配制标准混合气；利用其化学稳定性好和对设备不腐蚀等特点，在冷冻工业上可用作冷冻剂（操作温度−45～0℃之间），对臭氧层完全没有破坏作用，符合环保和使用性能的要求，是一种很有发展潜力的制冷剂；可用于有色金属的冶炼和铸造，也可用于铝及其合金熔融物的脱气和纯化。另外，六氟化硫是应用较为广泛的测定大气污染的示踪剂，示踪距离可达 100km，还可作为一种反吸附剂从矿井煤尘中置换氧。

（3）规格

国内工业六氟化硫（GB/T 12022—2014）和电子工业用六氟化硫产品（GB/T 18867—2014）质量指标见表 1-27。

表 1-27　国内工业和电子工业用六氟化硫产品质量指标

组分	指标	
	工业六氟化硫	电子工业用六氟化硫
六氟化硫/%	≥99.9	≥99.999
四氟化碳/%	≤0.01	≤0.0001
空气/%	≤0.03	≤0.0004
水分/%	≤0.0005	≤0.0003
酸度（以 HF 计）/%	≤0.00002	≤0.00001
可水解氟化物/%	≤0.0001	≤0.00008
矿物油/%	≤0.0004	≤0.0001
杂质总含量/%	—	≤0.001

（4）生产消费情况

中国六氟化硫行业经过多年的发展，行业发展规模越来越大。但是由于国内经济发展、人们生活水平等因素，前些年国内六氟化硫市场并未打开，需求有限。为消化日益增长的产能产量，在政策的支持下，中国六氟化硫出口规模快速增长，出口规模一度占据国内六氟化硫产量的近一半。近些年中国城市化进程加速，餐饮、酒店等服务产业也快速崛起，这都给我国六氟化硫行业的发展带来较大的机遇，市场需求快速增长。为满足快速增长的国内市场需求，国内部分六氟化硫生产企业的重点市场布局纷纷由出口转向内销。2014 年中国六氟化硫总销量为 16.4 万吨，出口量为 9.5 万吨，出口量占总销量的 58%；到 2019 年，中国六氟化硫的总销量为 29.0 万吨，出口量为 11.3 万吨，出口量占总销量的 38.9%，国内市场已经成为六氟化硫行业的主体市场。近几年中国六氟化硫行业的国内市场迅速崛起，需求规模快速增长，因此呈现出明显的出口转内销趋势。未来中国六氟化硫市场会进一步扩大，但是增长速度会逐渐降低，国内六氟化硫企业或将重新转向国际市场从而消化自身产能的扩大，提升企业的销售收入。

1.1.3.3 三氟化氮

（1）性质

分子式为 NF_3，是一种无色无味气体，但商业用 NF_3 由于有痕量活性氟，因而具有刺激性气味。NF_3 是一种热力学稳定的氧化剂，常温下 NF_3 化学性质稳定，与酸、碱都不发生反应，大约在 350℃，它的反应活性相当于氧，在高温下，能与金属及其氧化物、非金属发生反应，生成高氧化态的氟化合物，高于 900℃时 NF_3 会分解成 N_2 和 F_2。NF_3 与氢气、油脂及多种有机物都能发生激烈化学反应，同时放出大量的热。NF_3 与烃类反应，生成氟代烃、氮气和氟化氢等。三氟化氮是一种有毒物质，具有强烈的刺激性，对皮肤、黏膜有刺激作用，吸入高浓度 NF_3 可引起头痛、呕吐和腹泻，能强烈刺激眼睛、皮肤和呼吸道黏膜，腐蚀组织。储存于阴凉、通风的有毒气体专用库房，远离火种、热源，库温不宜超过 30℃，应与易（可）燃物、还原剂、食用化学品分开存放，切忌混储，储区应备有泄漏应急处理设备。

（2）用途

NF_3 作为特种气体，可用作多晶硅、氮化硅、硅化钨以及钨胶片等的蚀刻剂；在核军工方面，NF_3 用来分离提纯铀和钚，也可作为火箭燃料体系的氧化剂；利用 NF_3 和氢气反应的强放热特性，可用于特种焊接气体；NF_3 在温度达 400℃ 以上时或在等离子状态时，反应活性比元素氟还高，因而在液晶面板清洗工艺及超大规模集成电路制造刻蚀和清洗工艺等领域得到了广泛应用；NF_3 作为一种重要的氟化物电子气体，已成为微电子器件制造工艺中不可缺少的关键材料。NF_3 的另一个用途是可作为元素氟的替代物，用于以氟作为原料的工业领域如特种氟材料、含氟医药、含氟农药等，解决了纯氟不能大量运输和储存的难题，有利于氟化工产品的延伸发展。

（3）规格

作为微电子工业粗洗用的 NF_3 纯度要求 99.9%～99.99%，而用作精洗或蚀刻剂则为 99.999%～99.9999%，中国三氟化氮国家标准（GB/T 21287—2021）技术要求如表 1-28 所示。

表 1-28 中国三氟化氮国家标准技术要求

项目	指标		
三氟化氮（体积分数）/10^{-2}	≥99.99	≥99.996	≥99.999
氧+氩含量（体积分数）/10^{-6}	≤5	≤2	≤1
氮含量（体积分数）/10^{-6}	≤5	≤2	≤1
CO 含量（体积分数）/10^{-6}	≤5	≤1	≤0.5
CO_2 含量（体积分数）/10^{-6}	≤5	≤1	≤0.5
N_2O 含量（体积分数）/10^{-6}	≤5	≤1	≤0.5
六氟化硫含量（体积分数）/10^{-6}	≤5	≤1	≤0.5
四氟化碳含量（体积分数）/10^{-6}	≤60	≤30	≤8
水分含量（体积分数）/10^{-6}	≤5	≤1	≤0.5
可水解氟化物（体积分数）/10^{-6}	≤5	≤1	≤0.5
杂质总含量（体积分数）/10^{-6}	—	—	≤10

（4）生产消费情况

三氟化氮是电子特气中用量最大的品种，目前对三氟化氮需求拉动最大的是半导体产业和面板产业。半导体产业方面，中国半导体行业协会数据显示，2021 年中国集成电路产业销售额为 10458.3 亿元，同比增长 18.2%，且全球集成电路制造正持续向中国大陆转移。面板产业方面，中国大陆已成为全球最大的面板生产地。三氟化氮，作为面板和半导体生产加工过程中的特种气体，具有广阔的市场空间。据统计，2015 年我国三氟化氮产量在 2887.3t 左右，2021 年产量增长至 15317.1t，2015～2021 年实现年均复合增速 32.06%。据报道，2021 年我国三氟化氮产量 15317.1t，进口 1022.4t，出口 1999t，测算 2021 年我国三氟化氮行业需求量达到 14340.5t（图 1-5）。

1.1.3.4 其他无机氟化物

其他无机氟化物主要包括氟化石墨、电子级氢氟酸和六氟磷酸锂等无机含氟电子化学品。电子化学品是为电子信息、半导体工业配套的精细化工产品。目前电子化学品需求旺盛，不仅中国市场存在巨大需求，国际市场同样蕴藏着巨大商机。中国电子化学品大多为中低档产品，总体水平与国外先进水平相比尚有较大差距，高精尖材料大多需要进口。

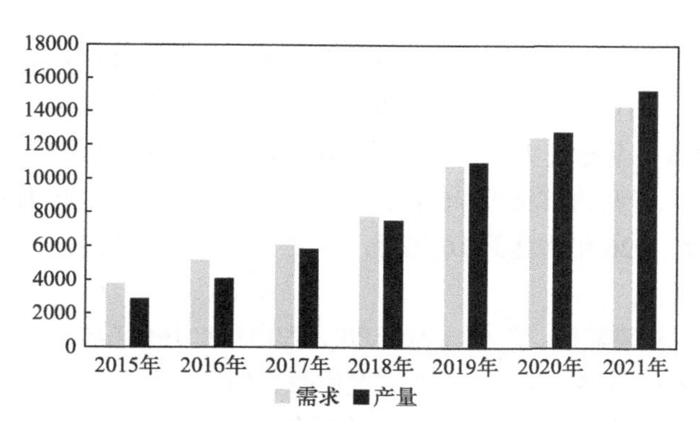

图 1-5　2015～2021 年中国三氟化氮行业需求量和产量

（1）氟化石墨

① 性质　氟化石墨，是碳和氟直接反应而制得的一种石墨层间化合物，呈白色粉末状，其结构与石墨相似，化学组成和晶体结构随反应温度及原料的晶体结构不同而不同，是现今国际上高科技、高性能、高效益的新型碳/石墨材料研究热点之一。氟化石墨的性质随分子式中碳和氟的比值不同而不同。C 和 F 摩尔比 1～1.25 称为高氟化度石墨，C 和 F 摩尔比 0.5～0.99 称为低氟化度石墨，随着氟含量的增加，颜色由灰黑色渐变为白色。高氟化度石墨具有优良的热稳定性，是电和热的绝缘体，耐强酸和强碱的腐蚀，润滑性能超过 MoS_2 和鳞片石墨。氟化石墨可具体分为氟化碳、氟化炭黑、氟化碳纤维、氟化纳米碳纤维、氟化石墨微片、氟化氧化石墨烯等。

② 用途

a. 用作高能电池活性材料：纯锂氟碳一次电池正极材料；锂锰电池正极复合材料；用于扣式、软包、圆柱及异形锂氟碳一次电池，具有高电压、高能量密度、适温性好、储藏性能好、小型轻量等优点。

b. 用作固体润滑剂或润滑添加剂：由于氟化石墨的表面能低，层间键能亦小，且具有良好的热稳定性和化学稳定性，因此其几乎在所有的气氛中都能保持良好的润滑性能，特别在高温、高压、高负荷和腐蚀性介质等苛刻条件下也能良好使用。

c. 在核反应堆中的应用：作为核反应堆的重要材料，氟化石墨主要用作减速剂、反射材料和涂覆材料。

d. 用作防水疏油材料：氟化石墨的表面能较低，与各种溶剂（水、甘油、甲酰胺、1,4 丁烷二醇等）的接触角远大于石墨、聚四氟乙烯、聚乙烯，因而具有更强的防水疏油性能，可用作防水剂和疏油剂等的原材料。

e. 其他用途：可作为某些化工产品合成的新型高效催化剂以及电镀工艺的选择电镀剂等。

③ 生产消费情况　由于氟化石墨的优异特性，日本、美国等许多国家的学者长

期致力于对氟化石墨制备及其应用的研究。全球氟化石墨主要厂商有日本大金工业株式会社、日本 Central Glass 公司和卓熙氟化等，全球前三大厂商共占有接近 60%的市场份额。目前日本是全球最大的氟化石墨市场，占有大约 45%的市场份额，之后是中国和美国市场，二者共占有接近 45%的份额。2020 年，全球氟化石墨市场规模达到了 12 亿元，预计 2026 年将达到 16 亿元，年复合增长率为 4.3%。

（2）六氟磷酸锂

① 性质　六氟磷酸锂，分子式为 $LiPF_6$，为白色结晶性粉末，相对密度为 1.50，熔点 200℃（分解）。易溶于水，溶于低浓度甲醇、乙醇、丙酮、碳酸酯类等有机溶剂，难溶于烷烃、苯等有机溶剂。暴露于空气中或加热时，六氟磷酸锂与空气中水分作用而迅速分解，放出 PF_5 而产生白色烟雾。

② 用途　六氟磷酸锂电解液主要用于锂离子电池制造，其在锂离子电池中正负极之间起到传导电子的作用，是锂离子电池获得高电压、高比能等优良性能的重要物质，一般由高纯度的有机溶剂（如碳酸二甲酯、碳酸二乙酯）、必要的添加剂和六氟磷酸锂等组成。另外，还可用于制备催化剂。

③ 规格　2015 年，全国化学标准化技术委员会无机化工分技术委员会根据我国六氟磷酸锂生产企业实际情况，制定了六氟磷酸锂质量指标的行业标准（HG/T 4066—2015），2016 年 1 月 1 日起实施，具体指标见表 1-29。

表 1-29　我国六氟磷酸锂行业标准

项目	指标	项目	指标
六氟磷酸锂含量/%	≥99.9	水分/mg・kg^{-1}	≤20
游离酸（以 HF 计）/mg・kg^{-1}	≤150	铁含量/mg・kg^{-1}	≤100
DME 不溶物含量/%	≤0.1	钾含量/mg・kg^{-1}	≤5
硫酸盐含量（以 SO_4^{2-} 计）/mg・kg^{-1}	≤10	钠含量/mg・kg^{-1}	≤30
氯化物含量（以 Cl^- 计）/mg・kg^{-1}	≤5		

④ 市场情况　六氟磷酸锂几乎全部用于电解液，是最主流的电解质。常见的电解质锂盐有六氟磷酸锂、高氯酸锂、四氟硼酸锂等，综合考虑性能、安全性和成本，六氟磷酸锂成为市场占有率最高的锂电池电解质，为商业化锂电池的首选电解质，约占电解液成本的 40%。2021 年全球六氟磷酸锂市场销售额达到了 29 亿美元，预计 2028 年将达到 55 亿美元，年复合增长率为 9.7%（2022～2028 年）。近年来国内六氟磷酸锂产能规模快速增长，据百川盈孚，截至 2021 年 9 月国内产能约 7.3 万吨。随着下游需求快速增长，国内六氟磷酸锂产能利用率得到提升，2021 年以来价格持续上涨，至 12 月超每吨 59 万元，2022 年下游需求小幅度下降，截至 2022 年 4 月初已低于 45 万元。目前国内六氟磷酸锂进入规模扩张期，2021 年产量为 5.2 万吨。多氟多

是世界上最大的六氟磷酸锂（$LiPF_6$）制造商，占了近 30%的市场份额。我国是世界上最大的六氟磷酸锂生产国，其次是日本。就产品而言，纯度≥99.9%的六氟磷酸锂是世界上最大的六氟磷酸锂细分市场，其份额接近 70%。在应用方面，电动汽车和运输是世界上最大的应用部分，占 85%以上的市场份额。随着未来新能源领域的持续扩张，六氟磷酸锂有望迎来持续爆发。

1.2　萤石及氟化工产业链

氟化工产业链从萤石制备氟化氢开始，通过氟化氢延伸出多条氟化工产业链。

1.2.1　萤石及我国萤石资源

1.2.1.1　萤石性质

萤石又称氟石，主要成分是氟化钙（CaF_2），是自然界中较常见的一种矿物，也是工业上氟的主要来源。萤石可以与其他多种矿物共生，世界多地均产，有 5 个有效变种。该矿物来自火山岩浆，在岩浆冷却过程中，被岩浆分离出来的气水溶液内含氟，在溶液沿裂隙上升的过程里，气水溶液中的氟离子与周围岩石中的钙离子结合，形成氟化钙，冷却结晶后即形成萤石。存在于花岗岩、伟晶岩、正长岩等岩石内。

萤石属等轴晶系，晶体常呈立方体，其次为八面体，少数为菱形十二面体。晶体呈玻璃光泽，颜色鲜艳多变，质脆，莫氏硬度为 4，熔点 1360℃，相对密度 3.1～3.2，熔融后呈玻璃态，具有很好的流动性，具有完全解理的性质。纯萤石为无色的含水透明体，但很少见到，一般呈黄、绿、浅蓝、紫色和乳白色等（含 Fe、Al、Si、Ca 等的化合物所致），加热时爆裂。萤石在水中的溶解度极小，仅为 $0.0163g \cdot L^{-1}$。萤石与盐酸、硝酸作用微弱，但在浓硫酸中可完全溶解，并放出氟化氢气体，生成硫酸钙。

当红、绿萤石加热至 100℃以上时会产生磷光。在紫外线照射下，萤石会发出荧光，呈蓝、紫、绿、红或黄色。部分萤石光感较强，直接暴露于光线中或摩擦其表面就能使其发光。当萤石受到照射时，其矿物内的电子在外界能量的激发下，会由低能状态进入高能状态，当外界能量停止时，电子又由高能状态转入低能状态，在此过程中就会发光。萤石在日光灯照射后可发光数十小时，这种光相对微弱，白昼看不见，夜里很明亮。

1.2.1.2 萤石用途

萤石因其多项重要的物化性质而在众多领域应用，按品位和用途可分为用于炼钢和电解铝的冶金级萤石、用于建材行业中制作玻璃和陶瓷的陶瓷级萤石以及化工行业中的酸级萤石（表 1-30），而颜色艳丽、结晶形态美观的萤石标本可用于收藏、装饰和雕刻工艺品。从世界范围看，近几年萤石产品的需求呈相对平衡、适度增长之势。据美国地勘局的资料显示，全球萤石需求年增长率为 2.2%。从应用领域看，欧美主要将萤石用在氟化工业上，我国主要消费结构大致为钢铁工业 13.3%、炼铝工业 7.3%、化学工业 29.4%、水泥和玻璃工业 40.0%、其他 10%。

表 1-30　萤石的主要应用领域

应用领域	作用	CaF_2质量分数/%
化学工业	氟化工业基本原料，制备氟化氢	97～98
冶金工业	降低冶炼温度，节省燃料消耗；降低炉渣黏度，增加炉渣流动性，便于从金属中排除杂质，并顺利排渣	65～85
玻璃工业	降低玻璃液的黏度，有利于玻璃的均化及澄清，提高玻璃质量。在熔制玻璃时加入萤石也是有效的节能措施	85～95
陶瓷工业	促进陶瓷坯体的烧结，并提高瓷釉质量	85～95
水泥工业	少量萤石可使水泥生料在较低温度下就出现熔融液相，加长水泥熟料烧结作用时间，增加主要矿物 C_3S 形成的数量；提高窑炉生产率 10%，节省燃料 5%～7%	＞40
铸石工业	利于调整铸石的成分，降低熔融温度，增加流动性	＞85

1.2.1.3 我国萤石分布状况

根据美国国家地质局发布的《2016 年矿物产品概览》，全球萤石矿资源约 5 亿吨，查明的储量约 2.5 亿吨。其中，南非、墨西哥、中国和蒙古萤石储量列世界前四，约占全球的 50%。与全球萤石资源相比，中国萤石资源由于杂质含量较低、开采条件较好，因而开发价值较高，在全球萤石资源中占重要地位。

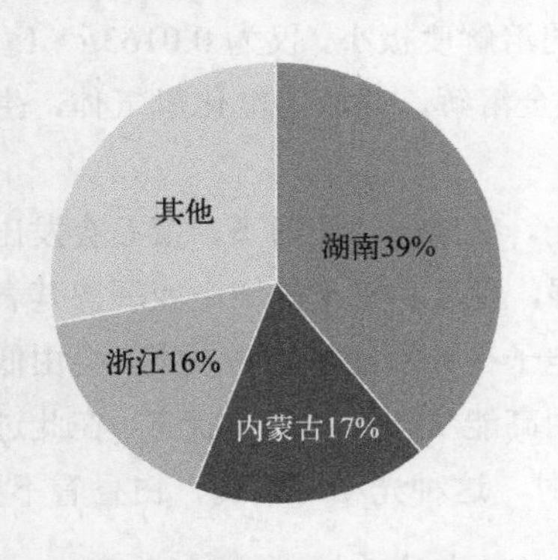

图 1-6　我国各省（区）萤石分布情况

我国地处环太平洋成矿带，萤石资源丰富，已探明萤石矿区有 500 多处，分布在 27 个省（自治区、直辖市），主要在湖南、浙江、内蒙古等省份，分布情况见图 1-6。单一型萤石矿床占已发现主要矿床总数的 83%，总储量的 57%；

单一型萤石矿床矿体形状以石英-萤石组合的脉状矿床为主，品位较高，CaF_2 质量分数均为 50%～80%，个别甚至大于 90%，内蒙古自治区四子王旗苏莫查干敖包萤石矿区为该型萤石矿床典型代表。伴（共）生型矿床数不到 20%，占总储量的 43%，矿体形状一般为脉状、似层状、层状或蚀变岩型，与钨锡矿、铅锌、稀土、铁伴生的脉状或蚀变岩型矿的 CaF_2 质量分数一般为 15%～20%，矿床规模常为大型和超大型。湖南省郴县柿竹园钨锡钼铋矿伴生萤石矿区资源量达 6500 万吨，是世界上第一大伴生萤石矿。

1.2.2　氟化工产业链

我国是全球最大的氟化工初级产品生产国和出口国，也是氟化工深加工产品特别是高性能产品的主要进口国。氢氟酸是整个氟化工产业的基础产品，萤石是生产氢氟酸的原料，世界上一半以上的萤石用于制造氢氟酸。氟化工产业链以萤石为起点，中上游主要为氢氟酸及氟化铝等，并延伸出氟碳化学品、氟聚合物、含氟精细化学品和无机氟化物四大类，终端产品为空调及汽车用的制冷剂、工业含氟新材料、半导体领域中极其重要的电子级氢氟酸等（图 1-7）。萤石—氢氟酸—F22—PTFE 是整个氟化工

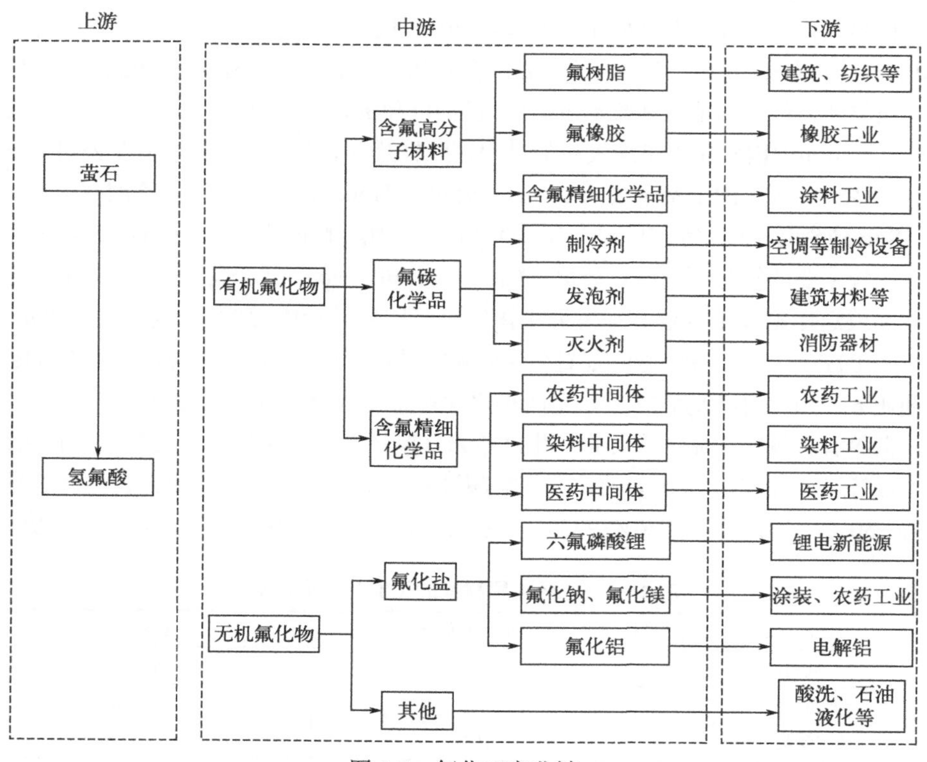

图 1-7　氟化工产业链

产业的主导产品链，其中F22目前约占我国ODS替代品总产量的80%，而且是含氟聚合物的主要原料，PTFE目前约占我国含氟聚合物总产量的90%。

氟化工产业链中，随产品加工深度增加，产品的附加值和利润率呈几何级数增长。目前四代氟制冷剂、含氟精细化学品、氟聚合物等产品均处于起步及成长阶段。目前氟化工产业市场容量最大的仍为传统的制冷剂行业，但氟橡塑及氟精细化工凭借其广泛的用途及优良的特性正加快在各领域的渗透。

1.3 氟化工行业现状

1.3.1 发展历史及状况

1.3.1.1 国外氟化工产业发展历史及状况

（1）发展历史

世界氟化工行业的发展始于20世纪30年代，至今已有近90年历史。美国的DuPont公司是氟化工行业发展的代表，在氟化工产业发展过程中DuPont公司是大部分氟材料发展的创造者和推动者。经过近90年的发展，世界氟化工经历了发展、整合、重组和中国氟化工迅速发展的过程，目前世界上主要氟化工制造业公司：美国DuPont公司、3M的全资子公司Dyneon公司和Honeywell公司等；欧洲Arkema公司、Solvay Solex公司等；日本大金（Daikin）公司、旭硝子（Asahi Glass）公司等。原来比较主要的氟化工制造业公司，如：ICI公司、Hoechst公司和Ausimont公司等被兼并或退出氟化工行业。在发展中国家只有印度转让中国的技术建设6000t/a的TFE及PTFE工厂，墨西哥的萤石公司收购了英国Ineos（原ICI公司）的F134a制冷剂业务，2011年12月27日，墨西哥化学宣布收购墨西哥萤石公司。到2010年为止，世界有机氟化学品、聚合物的生产总量（制造业，不包括氢氟酸和无机氟化物、加工业等）估计超过300万吨，销售额超过200亿美元。其中，中国占生产总量的40%～50%，占销售额的20%～25%。表1-31为主要含氟材料的工业化发展历史。

表1-31 主要含氟材料的工业化发展历史

产品名称	工业化时间/年	工业化公司
氟利昂	1930	DuPont
聚四氟乙烯	1946	DuPont
聚三氟氯乙烯	1948	3M/Hoechst

续表

产品名称	工业化时间/年	工业化公司
含氟调聚物	1950	DuPont
聚偏氟乙烯/聚氟乙烯	1950	Pennsalt/DuPont
氟橡胶	1957	DuPont
聚全氟乙丙烯	1961	DuPont
可熔性聚四氟乙烯	1971	DuPont
乙烯-四氟乙烯共聚物	1972	DuPont
全氟离子交换膜	1975	DuPont
全氟醚橡胶	1978	DuPont
透明氟树脂	1989	DuPont

（2）发展状况

a. 国际上的氟化工公司除了初期发展建设一些替代品生产装置以外，基本上都没有大的扩建、新建氢氟酸、替代品和通用含氟聚合物的生产装置，相反由于 HCFC 的淘汰和氟产品结构的调整而关闭了一些生产装置。

b. 国际上的氟化工公司在含氟化学品和含氟聚合物等方面基本上没有新类型的产品和材料出现，而是在 20 世纪研发的这些氟产品和氟材料基础上进行应用方面的创新研究、开发（如混配制冷剂、含氟聚合物薄膜在各方面的应用等），使氟化工产品在高新技术和各行业中得到了广泛的应用，扩大了市场。

c. 国际上的氟化工公司在评价氟化工发展后，都清楚地认识到在氟化工制造业中已经很难有新类型产品的创新发展机遇和空间，因此，氟化工制造业围绕上述产品，在传统领域寻求突破，竞争会越来越激烈。因此，国际上的氟化工公司在这十几年中进行了重组和整合。如 Hoechst 公司的含氟聚合物部分进入 3M 公司，ICI 公司的含氟聚合物由 Asahi Glass 收购，Ausimont 公司并入 Solvay 公司等，形成完整的氟化工产业链，减少竞争对手，以增强竞争实力。

d. 由于中国氟化工制造业的迅速崛起，氟化工的基础产品大量低价出口，限制了国际上的氟化工公司的通用产品。这促使国际上的氟化工公司利用现有含氟产品、含氟聚合物向氟化工的高端、高附加值产品、材料进军，放弃通用氟产品的生产，这也给中国氟化工发展初级氟产品、氟材料带来了机遇。

e. 由于中国萤石开采总量的控制，出口大幅度减少，促使国际公司直接向中国大量采购氟化工基础产品和中间体，国际上的氟化工公司由以前氟化工制造业的控制转向氟化工产品市场的控制，减轻了这些公司的生产负担。

f. 在中国萤石资源优势和氟化工产业迅速崛起及庞大的潜在市场驱动下，国际上的氟化工公司纷纷进入中国氟化工产业，DuPont、Daikin、Arkema、Solvay、

Honeywell 等大公司和森田、吴羽等中小企业在中国建立了氟化工生产厂、混配厂和精细氟化学品厂等。特别是 DuPont 公司就各占 50%的股份分别和中国相关公司（晨光和三爱富）合资建立氟橡胶和氟树脂工厂进行谈判。这些国际公司目的是利用中国萤石资源和人力，以及中国的氟化工行业优势来增强自身的氟化工竞争力。可以看到，国际上的氟化工公司除了保持其原有的生产装置以外，很少到中国以外的地区或国家发展氟化工制造业等业务。

g. 国际上的氟化工公司在保留自己特色和核心技术产品以外（如 DuPont 的聚氟乙烯及其光伏薄膜、氟醚橡胶等），主要的氟化工业务（替代品和含氟聚合物）的竞争实际上已经转移到中国，其中以 Daikin 公司和 Arkema 公司最为活跃，中国或项目合资，或扩建新项目。其次是 DuPont、Honeywell 和 Solvay 公司等，其他一些中小氟化工公司也在积极跟进。

1.3.1.2 国内氟化工产业发展历史及状况

（1）发展历史

我国的氟化学工业始于 20 世纪 50 年代，是从无机氟化盐开始的。1954 年 3 月，我国第一个氟化铝车间建成投产，是我国氟化工的发端。1956 年，位于上海的北洋机器厂和鸿源化学厂开始试制无水氟化氢和氟制冷剂一氟二氯甲烷（R11）、二氟二氯甲烷（R12），为后续氟化工的发展创造了条件。1965 年，上海市合成橡胶研究所建设完成国内第一套聚四氟乙烯（PTFE）装置，顺利生产出悬浮法 PTFE 树脂，之后又生产出分散法 PTFE 树脂。这一装置的建成和试产成功是我国氟化工历史上第一个重要的里程碑，结束了我国不能生产 PTFE 树脂的历史。

改革开放后，我国各类氟化工产品生产技术都取得了进步，氟化工行业整体技术水平也随之提高。上海市合成橡胶研究所开发了较为完整的氟橡胶产品系列，奠定了合成橡胶所有机氟材料技术开发的基础；1984 年原化工部第六设计院与上海市有机氟材料研究所共同开发了千吨级水蒸气稀释裂解生产 PTFE 技术；20 世纪 80 年代后期，江苏、浙江等地多家民营企业开始加入生产氟制冷剂、含氟芳香族中间体的行列，并逐渐成为这些领域的主力军。与此同时，我国氟化工行业也开始了向高端氟产品的研究，如氯碱工业用全氟离子交换膜、可熔性聚四氟乙烯、氟树脂 F40 等，还开始了全氯氟烃和 Halons 替代品的探索性研究。

20 世纪 90 年代，随着制冷、化工材料等行业快速发展，我国氟化工由以军工配套为主转为以民用市场为主，由以往的技术引进为主转为自主开发和技术引进相结合。此外，由于《关于消耗臭氧层物质的蒙特利尔议定书》的签订，国际氟化工企业对部分氟化工产品生产技术的封锁有了松动，以 PTFE 为代表的含氟聚合物规模化生产装置逐步在全国各地建成和扩产。这一时期，我国含氟精细化学品研究也非常活跃，开发出了包括医药和农药的含氟中间体、含氟表面活性剂在内的百余种含氟精细化学品。

进入 21 世纪，我国氟化工生产技术水平快速提升，聚合物工艺和工程放大技术有了新的突破。国内出现了山东东岳、四川晨光、上海三爱富、江苏梅兰和浙江巨化等主要 PTFE 生产企业，使我国成为全球 PTFE 第一生产大国。与此同时，氟橡胶装置也得到快速扩张，粉末氟橡胶、低穆尼黏度氟橡胶、高速挤出级 F46 树脂、电池黏结剂用聚偏氟乙烯（PVDF）等新产品逐步推出。氟树脂和氟橡胶规模的扩大，使得我国成为世界第二大含氟聚合物生产和消费大国。

（2）发展状况

经过 70 年来的发展，我国氟化工行业不断发展壮大，形成了 1000 多家企业、总年产能超过 500 万吨、年销售额超过 600 亿元的规模，产能和消费量占全球 50%以上，已成为继北美、欧洲、日本之后的氟化工生产、消费大国。

“十三五”期间我国氟化工产业升级加速，含氟精细化学品工业规模日渐壮大。作为“工业味精”，中高端含氟材料在新能源、新能源汽车、新兴信息、新医药、节能环保、航空航天等战略性新兴产业中的重要性日益凸显。如新能源、新能源汽车产业中，含氟材料因其耐化学腐蚀、耐热、耐老化、绝缘、折射率低等特性而应用于光伏发电、二次锂离子电池、质子交换膜电池、风电涂料等领域；新兴信息产业中，氟化工产品广泛应用于电子产品光刻、蚀刻、清洗、去杂质等工艺流程中；新医药产业中，含氟化合物因具有易溶于脂质、安全、健康、副作用小等特性，在抗癌剂、麻醉剂、杀菌剂、动物用药等新医药产品制备中被大量使用。

截至 2020 年，我国氟化工生产企业近千家。氟化工已经成为国家战略性新兴产业的重要组成部分，对促进我国制造业结构调整和产品升级起着十分重要的作用，形成包括氟烷烃、含氟聚合物、无机氟化物、含氟精细化学品、氟材料加工等在内的完整氟化工产业链。尽管中国是氟化工产能第一大国，但目前仍处于氟化工产业链的低端，产品附加值低，高端产品仍依赖进口。

（3）存在的问题

① 萤石资源的无序开采和廉价出口　根据世界已探明萤石矿物储量来看，将近五亿吨的萤石矿物储量主要分布在中国、意大利、西班牙和法国等国家，我国占有的比例是 1/5。我国部分地区的萤石资源面临枯竭，究其原因，是没有秩序地开采和任由出口。对萤石资源的有序开采和对利用价值的深层次挖掘势在必行。在萤石出口限制方面，我国采取征收出口关税的政策。但是高品位的酸级萤石和氢氟酸出口量都较大。

② 产品结构不合理　普通产品和高端产品的矛盾：前者产能过剩，而后者缺口较大。除此之外，较低水平重复建设情况比较严重。一方面，氟化工企业囿于高端产

品的技术壁垒，将生产的重心放在了低端领域，从而获得成本竞争优势。另一方面，有萤石资源的企业进入氟化工产业低端领域的数量激增。

③ 技术水平差，科研投入不足　我国氟化工产业在相关基础研究和应用研究方面较为薄弱，这在一定程度上影响了氟化工的纵深发展。国际大型氟化工企业的科技投入占销售收入比例是我国的两倍多。有时研制出来的产品未能符合终端用户的要求，这给后期的推广和应用带来了阻碍。

④ 子门类行业集中度差别较大　氟化工不同子门类行业集中度差别较大。氟化氢有几十家，其中大部分是民营企业，集中度低；氟化盐有 30 多家，大部分是民营企业，集中度低；含氟精细化学品的品种多，每个品种的生产集中度都不同，技术难度大的高端品种集中度都较高，而技术难度小的中低端品种集中度低；氟碳化学品的集中度相对较高，其中技术门槛高的 HFOs、HFCs 比 HCFCs 的集中度更高；含氟聚合物的技术门槛最高，集中度也最高。

1.3.1.3 市场需求变化

随着技术的进步，氟化工产品的应用领域逐渐向电子、能源、环保、信息、生物医药等新领域拓展，同时在传统的石油化工等领域的应用量也在逐渐增大，使得我国对于氟化工产品的需求量不断上升。图 1-8 中数据显示，2022 年我国氟化工产品的需求量已经达到 353.9 万吨，预计到 2023 年中国化工产品的需求量将达到 361.2 万吨。

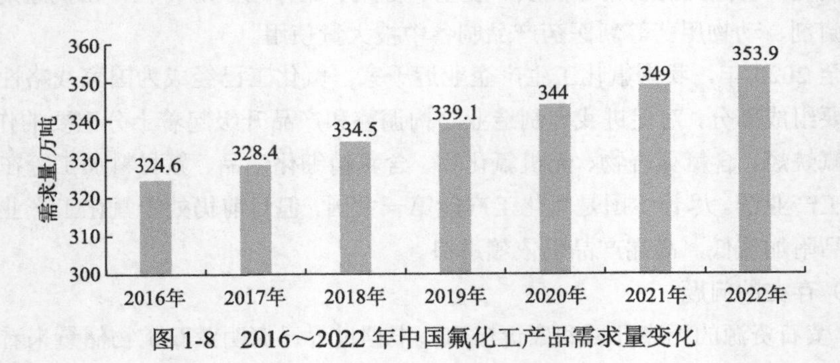

图 1-8　2016～2022 年中国氟化工产品需求量变化

代表性氟化工产品供需情况及预测如下：

（1）氟化氢

我国无水氟化氢供需变化较为平稳，新增产能较多是现有生产企业扩产。2020 年总产能达到 230 万吨/a。2021～2025 年，氟化氢产能还将继续增长。2020 年，我国无水氟化氢进口量为 1.36 万吨，出口量为 24.8 万吨，自给率 119.3%，进口产品主要为电子级氢氟酸。2015～2020 年，无水氟化氢产量的年均增长率约为 5%，消费量的年均增长率约为5.4%。预计2021～2025年，随着氟碳化学品需求的放缓，我国无水氟化氢需求量的年均增长率约为3.5%。

（2）二氟乙烷（F32）

2016年，我国F32产能快速扩张，生产能力在2017年及2018年逐步释放，2020年总产能达到约31万吨/a。在氢氟烃行业履行国际公约和我国严格控制F32生产建设项目政策的作用下，预计2021～2025年，我国F32产能增速将迅速放缓并停滞。2015～2020年，我国F32消费量的年均增长率约为32%。2020年，我国F32进口量较少，出口量约为6万吨，表观消费量为11万吨，自给率为155%。在R290（丙烷）市场份额增加的压力下，预计2021～2025年，我国F32需求量的年均增长率约为5%。预计2025年，我国F32仍将维持140%以上的自给率。

（3）聚四氟乙烯（PTFE）

2015～2020年，我国PTFE产能增长缓慢，2020年总产能达到13万吨/a。预计2020～2025年，我国PTFE产能将维持6%的增速。2015～2020年，我国PTFE消费量的年均增长率约为5%。随着化工领域需求的拉动，预计2020～2025年，我国PTFE需求量的年均增长率为3.5%左右。2020年，我国PTFE进口量为0.85万吨，出口量为3.42万吨，表观消费量为9.1万吨，自给率为126%。预计2025年，我国PTFE自给率将达到130%以上，但高端新品种PTFE树脂仍将处于短缺状态。

（4）聚偏氟乙烯（PVDF）

近来随着锂电池及光伏等新能源产业的快速发展，PVDF需求快速增长，下游需求结构中锂电和光伏所占的比重也有所提升。需求端方面，涂料等工业级领域对PVDF的需求保持稳定，主要增长需求在锂电领域。预计到2025年，全球电池级PVDF需求在中性和乐观情况下分别可以达到16.0万吨和24.0万吨，2021～2025年复合增速在37%左右。其中，我国2025年电池级PVDF需求在中性和乐观情况下分别可以达到7.3万吨和11.0万吨，中性估计下2025年我国PVDF总需求量有望达到12.47万吨，2021～2025年复合增速在19%以上。从供给端来看，目前国内共有7万吨左右PVDF产能，出口需求叠加国内自用需求，基本处于满产满销的紧平衡状态，且目前我国自主生产的大多为普通级产品，电池级PVDF主要被法国阿科玛、美国苏威、日本吴羽等海外企业垄断，国内少有企业具备生产电池级PVDF的能力，随着电池级PVDF需求的快速增长，其紧缺性将愈发凸显。

（5）六氟磷酸锂

六氟磷酸锂（$LiPF_6$）是如今锂电池电解液的重要组成成分之一，约占电解液总成本的43%，六氟磷酸锂需求正随着锂电池出货量的高速增长而增长。以平均每GW·h锂电池需要1100t电解液、平均每万吨电解液需要127t六氟磷酸锂计算，预计到2025年全球六氟磷酸锂需求将超40万吨，2021～2025年复合增速超40%。我国六氟磷酸锂需求量到 2025 年有望突破 20 万吨，2021～2025 年复合增速约 37%。我国现有六氟磷酸锂理论产能约 12 万吨，以有效产能 90%计算，目前可用于生产外销的合计产能不足 10 万吨。国内新能源产业对于六氟磷酸锂的需求正处于高速扩张期，同时六氟磷酸锂的出口需求也正在大幅增长，也就意味着六氟磷酸锂行业供需紧平衡的状态至少将维持到 2025 年。

1.3.2 产业规模及分布

1.3.2.1 产业规模

近年来，我国氟化工行业保持快速增长，我国已是世界上最大的氟化工初级产品生产国和出口国，也是氟化工深加工产品的主要进口国。2020 年我国氟化工四大类氟化工产品，即氟碳化学品、含氟聚合物、含氟精细化学品和氟化盐（含氟化氢）的总产能、总产量和全行业产值分别由 2010 年的 444 万吨/a、247 万吨/a 和 479 亿元/a 增长为 2020 年的 641 万吨/a、390.4 万吨/a 和 822 亿元/a。2010～2020 年总产能、总产量和全行业产值的年均增长率分别为 3.7%、4.6%和 5.5%。2016～2022 年中国氟化工产品产量情况见图 1-9。

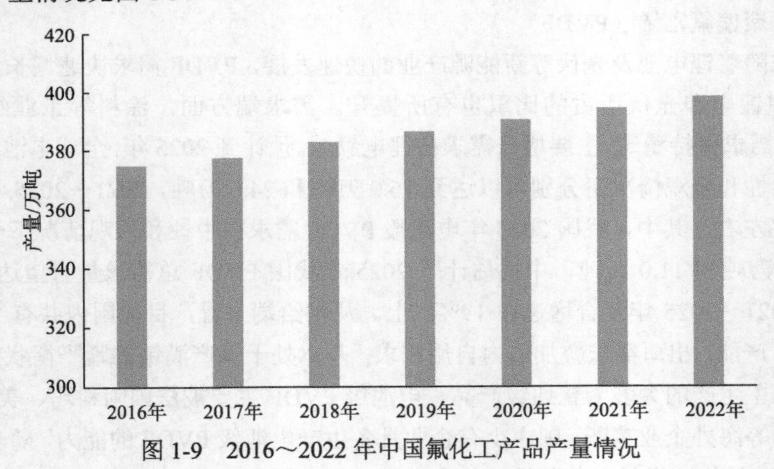

图 1-9　2016～2022 年中国氟化工产品产量情况

（1）萤石

2020 年我国萤石产量为 430 万吨，约占全球萤石产量的 56.58%。基于萤石的不可再生性和其对下游氟工业的重要意义，我国政府将其定位为“不可再生的战略性资源”，并出台了政策限制萤石企业生产。2010 年国务院办公厅发布《关于采取综合措施对耐火黏土萤石的开采和生产进行控制的通知》，随后七部门联合发布《萤石行业准入标准公告》，对现有萤石生产项目和拟新建生产项目都提出了严格要求。新准入标准实施后，行业扩张随即停止，行业规模开始回落。2012 年至今，全国萤石产量保持在 400 万吨左右，年增长率趋近于零（图 1-10）。

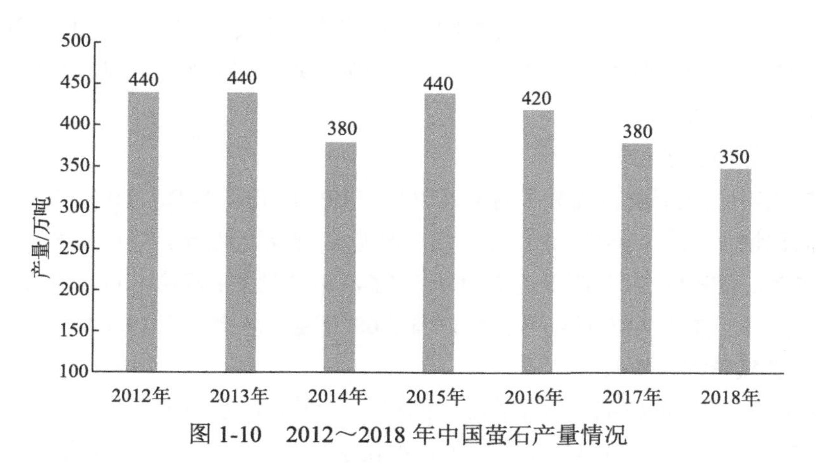

图 1-10 2012～2018 年中国萤石产量情况

（2）氟化氢

国内氟化氢行业自 2005 年以来进入产能扩张时代，各地纷纷上马氟化氢项目，现有氟化氢生产企业（集团）50 多家。2012 年我国氟化氢的水溶液氢氟酸总产能约 172 万吨/年，占世界总产能的 55%以上，产量约 106.6 万吨左右。2015 年我国氢氟酸总产能达到 227 万吨/年，产量约 113.5 万吨。近几年，我国氢氟酸产量整体呈波动变化态势，2020 年我国氢氟酸产能约 228.7 万吨，产量约 121.2 万吨（图 1-11）。

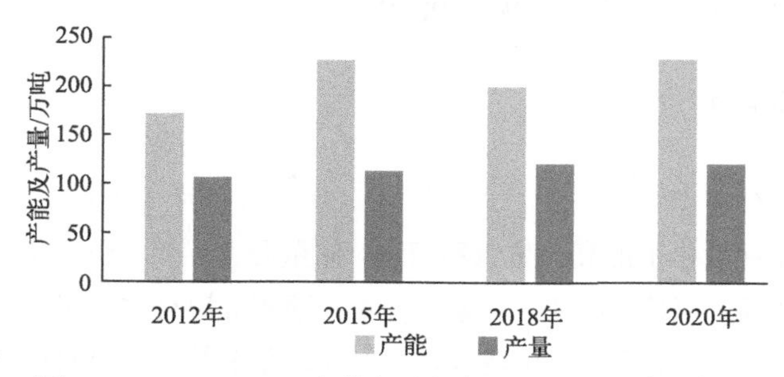

图 1-11 2012～2020 年期间我国氟化氢产能、产量情况

（3）氟碳化学品

R22 占 2021 年全国二代制冷剂总生产配额的约 76.8%，占内用生产总配额的约 78.4%，是我国产量最大的二代制冷剂品种。目前各厂家产量超过制冷剂配额的部分主要用作生产下游含氟新材料的配套原料，这些用于原料生产聚四氟乙烯树脂

（PTFE）、六氟丙烯（HFP）等的 R22 生产量则不受生产配额限制。据生态环境部数据，2022 年我国国内 R22 总生产配额 22.5 万吨，内用生产配额 13.6 万吨，R22 使用配额仅有 3.7 万吨。当前我国制冷剂市场正处于二代制冷剂产品到三代制冷剂的过渡期，2020～2022 年成为第三代制冷剂的“基线年”。截至 2022 年 10 月，我国 R32、R134a、R125 产能分别达到 50.7 万吨、33.5 万吨、30 万吨，分别较 2017 年产能扩张了 138%、20%、32%。

（4）含氟高分子材料

2021 年中国主要含氟高分子材料及单体（FEP、PTFE、PVDF、HFP）产量为 20.98 万吨，同比增长 11%。其中，PTFE 产品总产能达 16.9 万吨/年，年产量 8.9 万吨，同比增长 5.9%；FEP 产品总产能达 2.63 万吨/年，年产量 1.8 万吨，同比增长 12.5%；PVDF 产品总产能达 7.85 万吨/年，年产量 5.68 万吨，同比增长 19.33%。

（5）含氟精细化学品

2014 年我国含氟精细化学品的总产能约 16 万吨，产量约 10.8 万吨，出口量约 6 万吨，进口量约 2 万吨。2014 年中国含氟精细化学品的消费情况大致为：氟农药 30%、氟医药 25%、含氟电子气体 20%、氟表面活性剂 10%、其他 15%。从我国氟化工行业“十三五”发展规划来看，未来氟化工产业将稳步增长。截至 2020 年，含氟精细化学品总生产能力达到 30 万吨/年，总产量达到 15 万吨以上，年均增长 15%以上。我国现今为最大新能源汽车市场，快速增长的新能源汽车市场促进了动力电池出货量的大幅上涨，强力拉动了锂电池的需求。锂电用含氟精细化学品主要有六氟磷酸锂、双氟磺酰亚胺锂等，其中国内六氟磷酸锂总产能规模约为 12.55 万吨，双氟磺酰亚胺锂产能达到了 7200 吨，占全球产能的 90.91%。

1.3.2.2 产业分布

（1）萤石的分布

我国拥有发展氟化工的高品位萤石资源，储量居世界第三位。我国高品位萤石资源主要分布在江西、福建、浙江、内蒙古一带，湖南等地有大量伴生矿。近年来国家对环境保护、安全生产、绿色矿山建设、生态红线划定等要求日趋严格。作为矿产资源宏观调控和管理的重点对象，萤石行业属于高污染资源开采型行业，由此制定实施的行业政策逐渐趋紧，相关的监管力度不断增强。行业的准入门槛也显著提高，部分中小企业因难以维持较高的环保成本、浮选装置环评不达标或者矿山炸药未通过审批等原因，彻底退出或者停止生产。目前，全国主要萤石企业也分布在内蒙古、浙江、湖南等地，部分主要萤石企业产能情况见表 1-32。

表 1-32 全国部分主要萤石企业产能情况

企业名称	产能/万吨	企业名称	产能/万吨
金石资源集团股份有限公司	47.2	浙江紫晶矿业有限公司	10.7
内蒙古赤峰天马萤石工业有限公司	28	安徽省广德县安广矿业	10
内蒙古翔振矿业有限公司	15	中钢集团锡林浩特萤石有限公司	7
浙江龙泉市砩矿有限责任公司	15	湖南旺华萤石矿业有限公司	6
浙江武义神龙浮选有限公司	12		

（2）基础氟化工的分布

氟化氢主要分布在拥有或靠近萤石资源及经济发达地区，如浙江（13%）、福建（16%）、江苏（5%）、江西（19%）、山东（7%）、内蒙古（18%）等省（自治区），主要生产企业有浙江永和股份、浙江巨化集团、浙江三美、青海同鑫、多氟多、福建永飞、山东东岳集团等。氟化铝和冰晶石主要分布在氟化氢装置周边或铝业周边，如河南焦作、甘肃白银、湖南湘乡、浙江衢州、福建邵武等。

（3）氟制冷剂的分布

浙江杭金衢地区和江苏常熟地区是 ODS 及其替代品的集中分布地，山东、江西、福建、内蒙古等地也有生产。从产能分布看，主要制冷剂品种产能均集中在巨化股份、东岳集团、三美化工等少数几家企业，CR10 均在 80%～90%左右，行业集中度较高。表 1-33 为全国主要制冷剂生产企业的产能情况。

表 1-33 全国主要制冷剂生产企业的产能分布 单位：万吨

企业	F22	F32	F134a	F125
巨化股份	10	13	7	5
东岳集团	22	6.5	2	4
三爱富	4.5	12	—	1
梅兰化工	11	4	2	1
三美化工	2.5	4	6.5	5.2
永和股份	5.5	4.2	3	0.5
中化蓝天	—	—	5.5	4

（4）含氟聚合物的分布

据统计，国内十余万吨的 PTFE 产能大半集中在东岳集团、巨化股份、三爱富等少数几家企业，而这几家企业几乎均为传统制冷剂，尤其是 R22 制冷剂的大型生产企业（图 1-12）。国内 PVDF 总产能规模约为 7 万余吨，目前国内主要生产商包括常熟阿科玛、东岳化工、三爱富、常熟苏威等，CR4为56%，行业集中度较高（表1-34）。国内FEP生产企业主要有永和股份、东岳集团、上海三爱富、浙江巨化、金华永和、德宜新材料等。

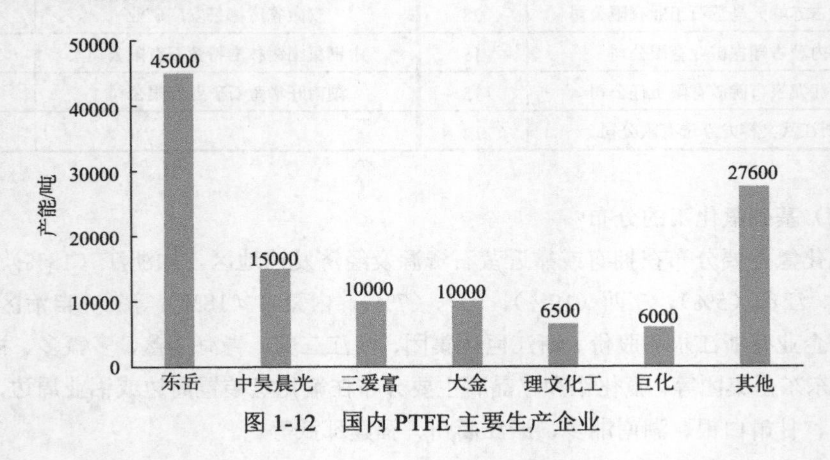

图1-12 国内PTFE主要生产企业

表1-34 2021年国内主要PVDF企业产能情况及在建产能

企业	产能/万吨	在建产能/万吨	预计投产时间
常熟阿科玛	1.2	0.42	2022年
东岳化工	1	0.3	—
三爱富	1	2.8	—
常熟苏威	0.8	0.8	2022年

（5）含氟精细化学品的分布

我国精细氟化工生产技术综合水平较低，生产规模较小，集中度低，产品结构简单，高端含氟精细化学品缺乏。我国的芳香族氟化物集中分布在浙江、江苏和辽宁等地。六氟磷酸锂的生产企业主要有天赐材料、多氟多、新泰、九九久等，双氟磺酰亚胺锂产能主要集中在康鹏科技、天赐材料、氟特光电、新宙邦、永太科技等企业。

1.3.3 技术创新

1.3.3.1 氟化技术创新

合成含氟化合物的核心是引入氟原子，常见的途径是采用氟化试剂进行直接氟化。直接氟化的特点是通过断裂原有的C—H或C—X键，形成新的C—F键，从而在目标分子上引入更多氟原子。氟化试剂包括氟气、氟化氢、金属氟化物、四氟化硫、氟化氢有机盐和 N-F 类亲电氟化试剂等。随着氟化技术的不断发展，在实验室和化工生产中通过各种氟化技术制备了丰富多样的含氟精细化学品，推动了氟化学研究的发展和应用。

（1）氟气氟化

氟气氟化是一种重要的氟化方法，但氟气的化学性质非常活泼，即使在低温条件下也很容易发生不可控的连锁反应。全氟化合物是碳氢化合物及其衍生物中的氢原子全部被氟原子取代后形成的一类化合物，具有优异的化学惰性、热稳定性和不燃性等特性。全碳氢的化合物在氟化过程中由于反应放热而容易形成碎片，导致全氟化合物产率较低。旭硝子公司通过采用特定的含氟单元共价连接待氟化的烷基醇化合物，然后将其高度稀释分散于含氟溶剂中，采用稀释的氟气逐步使其完全氟化，再通过脱除特定含氟单元对全碳氢小分子化合物完全氟化。该工艺要求起始原料含有羟基功能团，且氟化后转化为酰氟基团，反应机理如图 1-13 所示。

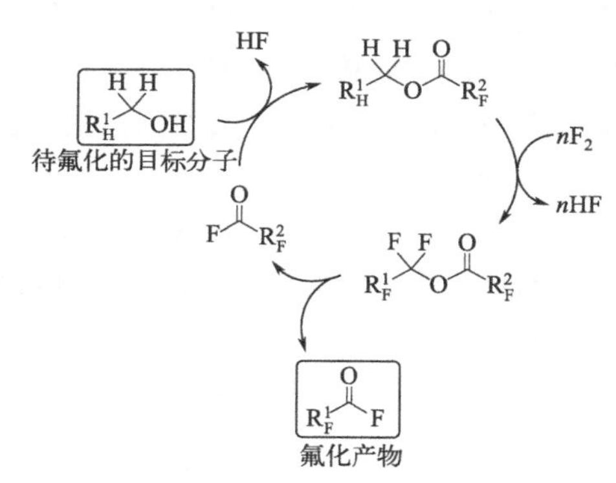

图 1-13　旭硝子公司开发的氟气氟化烷基醇制备烷基酰氟的反应机理

2-氟丙二酸二乙酯是一种重要的含氟中间体，广泛应用于医药和农药的合成。传统工业合成氟丙二酸二乙酯的方法是以丙二酸二乙酯为原料经氯化后再通过氟化氢三乙胺配合物氟化，反应过程相对复杂，导致合成成本偏高。Chambers 等以丙二酸二乙酯为原料，通过 N_2 稀释的 F_2 体积分数为 10%的混合气体直接氟化得到了 2-氟丙二酸二乙酯，收率约 78%，底物也可以为取代二羰基化合物，如 2-硝基丙二酸二乙酯和 2-氯丙二酸二乙酯，在同样的反应条件下，氟代二羰基化合物的收率分别为 76%和 78%。反应式如下：

$$H_5C_2OOC{-}CH_2{-}COOC_2H_5 \xrightarrow[MeCN,Cu(NO_3)_2]{10\%F_2/N_2} H_5C_2OOC{-}CHF{-}COOC_2H_5$$

5-氟尿嘧啶作为一种抗癌药物，对胸腺嘧啶脱氧核苷酸合成酶具有抑制作用，也可作为中间体合成医药和农药。其传统合成方法是氟乙酸乙酯与甲酸乙酯缩合，进一步与甲基异脲缩合成环，再经历脱溶、溶解、调酸、抽滤和精制等步骤，反应过程复杂、收率低。Schuman 等以尿嘧啶为原料，采用氟气（在 N_2 中的体积分数为 5%）直接氟化，可以 78%的高收率合成 5-氟尿嘧啶，该工艺反应过程简单，已被工业化应用。反应式如下：

$$\text{尿嘧啶} \xrightarrow{5\%F_2/N_2} \text{5-氟尿嘧啶}$$

（2）氟化氢氟化

无水氟化氢重氮化氟化法是制备氟代苯的重要方法，该方法是以苯胺为原料，在无水氟化氢中成盐，再与 $NaNO_2$ 重氮化，进一步热解后得到氟苯。杨文兵等报道了一种改进的无水氟化氢氟化法，将苯胺和氟化氢溶液泵入微通道反应器，与亚硝酰硫酸溶液在低温下重氮化后热解，排出氮气，经碱洗、脱水、结晶得到纯品氟苯，冷凝回收氟化氢。该工艺解决了传统工艺生产设备易腐蚀、耐压低、危废多的问题，缩短了反应时间，提高了反应收率和产品纯度，降低了成本。此法的优点是单位产品耗用原料少、工艺线路简单、收率高，但同时该法中由于使用无水氟化氢，毒性大、腐蚀性强，对设备的安全及性能要求苛刻，供货数量有限，在运输、储存过程中存在很大的危险性。目前，国外工业化生产氟苯主要采用此法，辽宁阜新化工厂也成功开发了此工艺并投入生产。反应式如下：

$$C_6H_5NH_2 \xrightarrow{HF+NaNO_2} C_6H_5N_2^+F^- \xrightarrow{\triangle} C_6H_5F + N_2$$

（3）金属氟化物氟化

金属氟化物氟化技术是使用合适的金属氟化物对含有其他卤素的化合物进行卤氟交换从而获得相应的氟化产物。三氟化钴室温下为不稳定的浅棕色固体，常被用于氟化物的制备，特别是全氟化合物的合成。对于常温下气体分子或较低沸点的液体，以三氟化钴为氟化剂的优点是反应更加可控。用三氟化钴氟化时，首先用二氟化钴与氟气在 300℃左右反应生成三氟化钴，然后引入有机反应物与三氟化钴反应。三氟化钴被还原后生成的二氟化钴可以循环使用。三氟化钴不仅可以氟化碳氢化合物，还可以对不饱和含氟化合物进行加成。

（4）四氟化硫氟化

四氟化硫是一种氟化能力很强的亲核试剂，通常和氟化氢共同使用，可以将羟基、醛、酮、羧基等各类化合物转化为相应的单氟代、二氟代、三氟代产物。但是由于需要同时加入氟化氢，逐渐被二乙胺基三氟化硫（DAST）等新型氟化试剂所取代。由于使用方便、反应条件温和、通用性强，DAST 是目前使用最广泛的氟化试剂之一。DAST 同样可以转化羟基、醛、酮等官能团，而对羧酸、酰胺及其衍生物的羰基无影响。但是 DAST 在室温下易缓慢分解，在 90℃迅速分解，甚至发生爆炸。反应式如下：

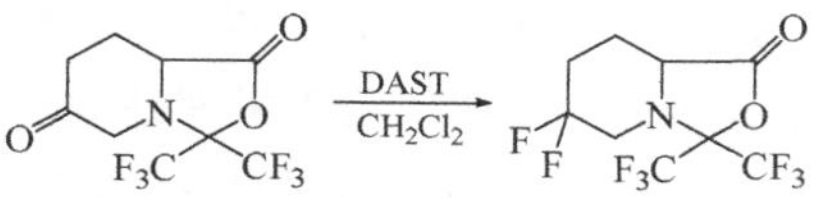

（5）氟化氢有机盐氟化

氟化氢是最具原子经济性的亲核氟化试剂，但氟化氢具有极强的腐蚀性，应用过程中存在较大的安全隐患。氟化氢有机盐氟化使用氟化氢有机盐例如三乙胺三氢氟酸盐、氟化氢吡啶、氟化氢尿素等进行选择性氟化或加成，该类氟化试剂温和、沸点高、腐蚀性小、便于运输，可以在常温常压下进行反应，广泛应用于含氟医药产品的开发。Okoromoba等以1,3-二甲基亚丙基脲（DMPU）为载体与HF复合制备了一种全新氟化氢有机盐氟化试剂DMPU-HF。DMPU与大多数金属催化剂的配位较弱，不会对过渡金属催化剂产生明显干扰，而且DMPU是一个非常弱的亲核试剂，不会与HF在亲核反应中竞争。利用DMPU-HF试剂的独特性质，能够以高度区域选择性的方式将末端和内部炔烃进行一氟化和二氟化反应。因此，DMPU-HF配合物是一种理想的氟化试剂，特别是在过渡金属催化反应中。

（6）N-F类亲电氟化试剂氟化

N-F类亲电氟化试剂是目前研究种类最多的亲电氟化试剂，同样也是应用最广泛、最重要的亲电氟化试剂，主要包括吡啶盐类试剂、选择性氟试剂及其衍生物、磺酰亚胺类氟化试剂。N-F吡啶氟化试剂多以不易挥发的固体粉末状存在，基质多样，且其原料易得，稳定性好、易处理，因此运输、储存及反应时均较安全，有利于工业上医药、农药等含氟生理活性物质的合成应用。3-氟-4-羟基苯甲酸甲酯的合成即采用此方法，反应式如下：

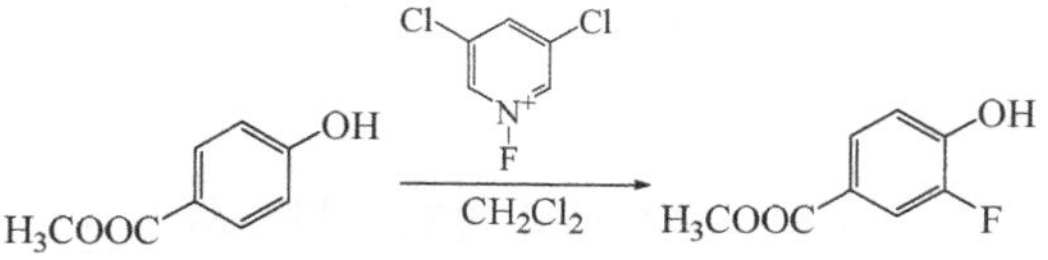

1.3.3.2　回收技术创新

氟化工生产装置排放的尾气中含有大量含氟气体和无机气体，为了降低单耗、减少环境污染，采取合适的工艺回收尾气尤为必要。

（1）氟化氢的回收

金正义等公开了一种HF的选择吸附剂，其由碱金属氟化物、碱土金属氟化物或碱金属氢化物经混合、粉碎成50～120目细粉，后加入2%～25%含硅矾土粉、硅铝粉或水玻璃混合均匀，挤压成型、造粒烘干而制成。混合气体中的 HF 经吸附分离和解吸回收，HF 的回收率高达 95%～99%。吸附机理是吸附剂与 HF 形成氟氢化物，即酸性氟盐，酸性氟盐在一定温度下会分解放出 HF，通过吸附、解吸循环，达到回收 HF 的目的。明文勇等采用氟化物实现了 HF 和 2-氯-1,1,1,2-四氟丙烷混合物的分离。将 3%的 HF 与 97%的 2-氯-1,1,1,2-四氟丙烷共沸物经进料泵打入装有吸附剂的容器中，吸附剂为氟化钾、氟化铝等。HF 吸附完成后，通入热氮气，再生吸附剂，吸附塔内温度达到 120℃，吹扫 2h，吸附剂释放出的 HF 随氮气进入后续分离塔分离、回收再利用。王洪祥等采用浓硫酸吸收氯化氢气体中的氟化氢，实现 HF 的回收利用。含 HF 的 HCl 气体通入 98%的 H_2SO_4 中，浓硫酸将混合气体中的 HF 萃取出来，萃取温度为 10～40℃，将 HF 吸收塔中含氟量约为 0.05%～2%的浓硫酸送至 HF 生产装置再利用。

（2）氯化氢的回收

氟化氢在与原料进行卤交换反应的同时，会产生等摩尔的 HCl 气体。HCl 可直接转化成氯气进行利用，从而实现氯元素在工业体系中的循环利用和反应过程的零排放。目前副产 HCl 制备氯气常用的方法大致分为 3 类：电解法、直接氧化法和催化氧化法。电解法是将副产物 HCl 通过电解转化为氯气和氢气，该方法的能耗大。直接氧化法是利用无机氧化剂直接氧化 HCl 制备氯气，该方法的缺点是设备复杂，反应产生腐蚀性物质，产物分离困难，能耗也较大，因而不能得到广泛应用。催化氧化法是在催化剂存在下，以空气或氧气作为氧化剂氧化 HCl 生成氯气。该反应是一个放热的可逆过程，具有能耗低、操作简单等优点，是目前最容易实现工业化的方法。反应式如下：

$$HCl + 1/4O_2 \xrightarrow{\text{催化剂}} 1/2H_2O + 1/2Cl_2$$

（3）四氟乙烯的回收

四氟乙烯（TFE）生产装置排放尾气中含有大量不凝性气体，在排除不凝性气体时，四氟乙烯损失很大，尾气中约 85%是四氟乙烯单体，因此采取合适工艺回收四氟乙烯尤为必要，可降低单耗、减少环境污染。国内原普遍采用的回收四氟乙烯的工艺是以 F113 为溶剂的溶剂吸收法，由于 F113 对大气臭氧层有很大的破坏作用，因而须寻求新的溶剂或新工艺以实现对四氟乙烯的回收，从而最大限度地减少资源的浪费和环境污染，降低原料消耗。因此，寻求新的溶剂来取代 F113 有着重要意义。曾本忠开发了一种不含 F113 的复合溶剂回收 TFE 的方法。复合溶剂对 TFE 具有良好的溶解选择性，采用该溶剂对含 TFE 的尾气进行回收，TFE 回收率大于 90%，纯度大于 96%。工艺流程如图 1-14 所示。

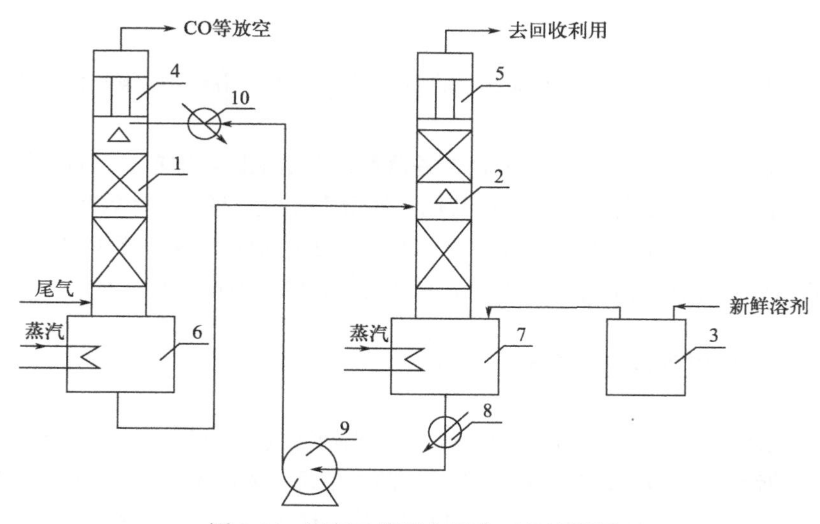

图 1-14　四氟乙烯尾气回收工艺流程图

1—吸收塔；2—解吸塔；3—溶剂储槽；4—吸收塔冷却器；5—解吸冷却器；6—吸收塔釜；7—解吸塔釜；8—冷却器；9—溶剂循环泵；10—溶剂冷却器

放空尾气控制流量进入吸收塔，吸收塔采用复合溶剂对尾气进行循环吸收处理，塔釜控制温度 30～70℃，塔顶压力 0.5～1.0MPa，连续排放不凝性气体（含少量四氟乙烯）；塔釜富集四氟乙烯的溶剂进入解吸塔进行解吸，塔釜控制温度 40～90℃，塔顶压力 0.30～0.60MPa；塔釜溶剂由泵输送至吸收塔循环利用，完成吸收过程的连续稳定操作，解吸塔顶四氟乙烯（＞99.0%）回系统利用。

四氟乙烯尾气回收技术的应用，可大大降低原材料消耗。该技术采用复合溶剂体系吸收工艺，成功将 CO 和四氟乙烯与含氢氟氯烷烃及烯烃杂质分开。比国内同行业单一溶剂吸收法回收四氟乙烯纯度高出 4%～8%。实际运行表明，采用替代溶剂，该回收工艺操作稳定，分离效率较高，溶剂损耗很小，技术可靠。该复合溶剂法尾气回收装置与国内外其他回收技术的效果比较见表 1-35。

表 1-35　复合溶剂法尾气回收装置与国内外其他回收技术的效果比较

项目	技术经济指标		
	复合溶剂法尾气回收装置	国内	国外
工艺流程	溶剂吸收	溶剂吸收	溶剂吸收
溶剂选择	复合溶剂	单一溶剂	单一溶剂
四氟乙烯回收率/%	＞90	60～80	＞90
回收四氟乙烯纯度/%	＞96	93.6	＞95
每千克 TFE 的溶剂消耗/kg・kg^{-1}	0.019	0.03	0.02

本方法的特点：

a. 采用复合溶剂，对四氟乙烯的吸收选择性优于单一溶剂，四氟乙烯回收率大于90%。

b. 吸收工艺采用复合溶剂，并调节各溶剂的合适配比，比单一溶剂对四氟乙烯具有更大的溶解度和选择性，同时将其他含氟杂质有效分离，可有效减轻精馏负荷。

c. 新型复合溶剂的应用，对于四氟乙烯单体生产企业减少和逐步淘汰使用溶剂F113作吸收剂有很重要的意义，因此该复合溶剂有较好的推广应用前景。

1.3.3.3 生产过程智能化创新

智能化是指由现代通信与信息技术、计算机网络技术、行业技术、智能控制技术汇集而成的针对某一方面应用的智能集合。随着信息技术的不断发展，智能化同样渗透到各个行业，由于通信技术、计算机网络技术、现场总线控制技术的飞速发展，在工厂运作方面智能化也正在逐步代替传统现场技术管理以及人工的各项劳动操作工作。

对于氟化工企业智能化的发展，主要可以分为以下 4 个层面。a. 智能设备层：先进传感器、物联网技术等；b. 智能控制层：先进控制、工艺优化、在线优化、在线操作指导；c. 智能生产管理层：在线模拟、厂级优化、供销存优化、作业管理、生产作业管理、管控一体化；d. 智能决策：远程服务、大数据分析、智能决策。

多氟多化工股份有限公司在智能化生产方面，进行了一些尝试与提升，例如：a. 启动物料一键配比程序，自动开启相应的电动阀控制量，实现对物料的自动跟踪；b. 把重要生产设备、环保设备具体参数全部上 DCS 系统，根据测点需求进行报警值设定；c. 实现过滤机、冷冻机等主要设备的一键启动，需与 DCS 系统连接，实现主控室 DCS 直接监控控制；d. 通过对浓度或相对密度的自动检测，实现智能化的过程控制。

1.4 发展方向

1.4.1 无机氟化工

目前，全球无机氟化物正逐步向规模化、精细化、系列化的方向发展，并且更加注重产品的应用研究开发。另外，随着全球对环境保护问题的日益关注，以低品位含氟废弃物为原料，注重循环高效利用，生产高附加值、高功能、高科技含量的无机氟化物，成为未来发展的必然趋势。

① 做好低品位氟资源循环高效利用，实现高性能无机氟化物规模化、高效化。以低品位氟资源的循环高效利用为核心，加强科研开发，通过技术创新提高产品性能，发挥无机氟化物产品质量优势，助力铝电解工业节能减排和降耗，加强铝用氟化盐在铝电解工业节能减排的特效研究，推动铝电解工业发展；加强电解铝行业、铝型材加工行业含氟废渣的开发和研究，做好低品位氟资源循环高效综合利用，实现以循环经济为基础的氟资源循环高效利用之路；以氟为主线利用氟硅酸钠制多晶硅联产无水氢氟酸、冰晶石的工艺，氟硅酸钠制氢氟酸，氟硅酸钠制精细氟化物，围绕循环经济实现无机氟化物高效化。

② 加强含氟电子化学品、含氟特种气体等系列含氟化学品的开发，促进相关产业的快速发展，实现产品的精细化、高质化。电子化学品和含氟特种气体是为电子信息、半导体工业配套的精细化工产品。目前电子化学品需求旺盛，不仅中国市场存在巨大需求，国际市场同样蕴藏着巨大商机。我国电子化学品大多为中低档产品，总体水平与国外先进水平相比尚有较大差距，高精尖材料大多需要进口。结合市场需求，研究开发含氟电子化学品、含氟特种气体两种产品的产业化研究与推广。含氟电子化学品包括电子级氢氟酸、电池级氟化锂、六氟磷酸锂等；含氟特种气体包括氟气、三氟化氮、四氟化碳等。这些产品的研究与开发主要从设备材质、工艺技术、生产环境、环境污染等多方面着手，通过引进、消化、吸收后，激发创新思路，进行二次创新，完善引进的先进工艺，实现规模化生产，并在下游产品中推广应用，从而促进电子信息技术的快速发展。

③ 积极研发其他无机氟化物，加速中国其他无机氟化物技术进步，促进其他无机氟化物的系列化、高端化含氟产品广泛应用于各行各业，除上述产品以外，重要的含氟化合物还有用于光学材料的晶体氟化物（如晶体氟化镁），以及应用于新能源、核反应的氟化石墨等，制备稀土晶体激光材料、稀土氟化物玻璃光导纤维和稀土激活荧光材料等的稀土氟化盐，此类产品主要依靠消化吸收国内外先进技术，经过行业的协调发展，利用自身技术优势，完成产品的产业化实施及推广应用，进而加快我国其他无机氟化物技术进步的步伐。

1.4.2　氟碳化学品

氟碳化学品主要用作制冷剂（用于房间空调、冰箱冷柜、工商制冷和汽车空调等领域）、发泡剂、灭火剂和气雾剂等。20 世纪 70 年代，在对大气臭氧层的破坏原因进行研究时，发现氟碳化学品中的氯和溴原子是造成大气臭氧层破坏的主要原因，氯原子破坏臭氧的机理如下：

① 当 F11、F12 扩散到平流层上空时，在太阳光紫外线的照射下，释放出氯原子：

$$CFCl_3 + \text{紫外线} \longrightarrow {}^*CFCl_2 + Cl^*$$

$${}^*CFCl_2 + \text{紫外线} \longrightarrow {}^*CFCl + Cl^*$$

② 氯原子与臭氧作用：

$$O_3 + Cl^* \longrightarrow ClO^* + O_2$$

③ 臭氧分解为氧原子：

$$O_3 + \text{紫外线} \longrightarrow O_2 + O^*$$

$$ClO^* + O^* \longrightarrow O_2 + Cl^*$$

④ 臭氧层破坏：　$O_3 + O^* \longrightarrow 2O_2$

自 1987 年《蒙特利尔议定书》签订以来，各国纷纷展开了对 CFCs 和 HCFCs 替代物的研究。在 1997 年签订《京都议定书》以前，CFCs 和 HCFCs 替代研究主要以保护臭氧为目的，主要研制 HFCs 类制冷剂。但《京都议定书》签订以后，人们转而同时注重臭氧保护和减少温室效应，要求制冷剂不但 ODP 值要小，GWP 值也要较小。

根据《蒙特利尔议定书》，CFCs 已经禁用，HCFCs 因为对臭氧具有破坏作用在发达国家被淘汰，发展中国家淘汰期限是 2020 年。由于 GWP 较高，《京都议定书》将 HFCs 列为限控物质，《〈蒙特利尔议定书〉基加利修正案》提出了第三代制冷剂的淘汰时间表，见表 1-36。2021 年 9 月 15 日，《〈蒙特利尔议定书〉基加利修正案》（简称《基加利修正案》）对我国正式生效，我国的限控步骤为：2024 年国内 HFCs 生产和使用冻结在基线水平，2029 年在冻结水平上削减 10%，2035 年削减 30%，2036 年削减 50%，2045 年削减 80%。

表 1-36　《〈蒙特利尔议定书〉基加利修正案》第二、三代制冷剂淘汰时间表

年份	发达国家		发展中国家	
	二代制冷剂	三代制冷剂	二代制冷剂	三代制冷剂
2010	削减 75%		2009～2010 基线年	
2013		2011～2013 基线年	冻结在 2009～2010 年平均水平	
2015	削减 90%		削减 10%	
2019		削减 10%		
2020	削减 99.5%，仅留 0.5%供维修		削减 35%	
2022				2020～2022 基线年
2024		削减 40%		
2025			削减 67.5%	
2029		削减 70%		削减 10%

续表

年份	发达国家		发展中国家	
	二代制冷剂	三代制冷剂	二代制冷剂	三代制冷剂
2030	削减 100%		削减 97.5%，2.5%供维修	
2034		削减 80%		
2035				削减 30%
2036		削减 85%		削减 50%
2040			削减 100%	
2045				削减 80%

理想的替代品应具备以下几个特征：

a. 具有较低的 ODP 和 GWP 值；

b. 具有良好的安全性和经济性；

c. 具有优良的热物性、较高的机组运行效率和较短的大气寿命等。

目前文献报道了以下几大类制冷剂的替代品：

a. 天然工质，如 CO_2、NH_3 等。CO_2 的 ODP 值为 0，GWP=1，来源广泛、成本低廉，且安全无毒，蒸发潜热较大，单位容积制冷量高，压缩机及部件尺寸较小；NH_3 的 ODP 和 GWP 值均为 0，具有优良的热物性，价格低廉且容易捡漏，但其效率、系统匹配及毒性或窒息性仍需深入探讨和研究。

b. 低 GWP 值的含氢氟烃类，如 F32、F152a 等，但这些物质存在可燃性以及部分物质 GWP 值较高的问题。

c. 氢氟醚类，这些物质在日本曾被关注和发展，但应用结果不理想，应用这些物质的关键是解决好可燃性和充装量的问题。

d. 不饱和含氟烯烃类，但它们的可燃性、毒性和系统兼容性等问题尚待解决。

e. 含碘氟烃类，如三氟碘甲烷等，但它们的稳定性、毒性和系统兼容性等问题尚待研究和解决。

f. 其他替代品，如氟化醇、氟化酮等物质。

虽然这些物质在 ODP 和 GWP 值方面较为理想，但仍存在许多方面的问题，还有待进一步研究和评估。

1.4.3 含氟精细化学品

在“十三五”期间，含氟精细化学品是我国氟化工产业结构升级的主要方向，重点开发技术含量高、附加值高、成长性好的含氟精细化学品，总产量年均增长 15%以上。目前我国氟化工产业中，含氟精细化学品的产值比例为 23%，相较于发达国家的 44%，整体差距仍较为明显。含氟精细化学品将成为中国氟化工产业的主要增长动力。

（1）含氟中间体

我国已开发出的含氟中间体数量虽然达百余种，也形成了一些骨干生产企业，主要集中在辽宁、浙江、江苏和江西等地，山东、河南等地也有少量生产，但是大部分作为中间体产品出口国际市场，多数属于国际过期专利的仿制，没有自主知识产权，所以无法有效拉动国内市场。在全球制药业正处于快速增长时期的推动下，含氟中间体的需求量也在膨胀，我国企业应积极抢滩未来市场份额，着眼于国内和国际两个市场。

高效温和地引入氟、二氟亚甲基、三氟甲基、三氟甲硫基取代基的合成方法将是含氟中间体研究的热点。含氟芳香族中间体因其整体处于成熟期，随着技术水平的提高和下游应用的拓展，预期市场呈平稳增长趋势；而脂肪族含氟中间体和杂环含氟中间体（特别是含氟吡啶类中间体）以及功能制剂则将呈现快速增长的趋势。

（2）含氟医药

含氟医药大多数为少氟化合物，由于具有优异的生物活性和生物体适应性，含氟药物的疗效比一般药物均强好几倍，作用持久、副作用小。全球含氟医药目前有 400 亿美元的市场，因此近年来其开发研究备受关注。据统计，每年上市的新药中大约有 15%～20%都是有机氟化合物，含氟品种在新药开发中有着相当重要的地位，特别是含氟杂环化合物，更是新药开发的重点。

目前，含氟医药主要有氟喹诺酮类、氟西汀、兰索拉唑、氟康唑、5-氟尿嘧啶类、氟苯水杨酸和三氟哌多等。在含氟医药研发方面，三氟甲基、二氟亚甲基、三氟甲硫基的引入已成为新药设计的重要手段，高选择性、低成本的引入方式是未来重要的研究方向。

（3）含氟农药

据不完全统计，近 10 年来国际上新开发的化学农药中，含氟化合物占比 50%以上。目前全球开发并应用的含氟农药大约有 150 种，含氟农药已经成为高端品种和新农药的创制主体，成为世界农药发展的重点，具有良好的应用前景和较高的附加值。

目前具有较好前景的含氟农药主要有溴虫腈、四氟苯菊酯、氰氟草酯、噻氟菌胺和氟啶酰菌胺等。在含氟农药研发方面，除草剂是主要研究方向，占含氟农药开发总量的 50%左右。在新创制的农药中，含氟芳环、杂环化合物（吡啶、嘧啶、三唑等）占绝对优势，是现代农药开发的重要方向。未来含杂环农药和手性农药将是研究的热点。

（4）含氟染料

含氟染料主要为活性染料，含氟活性染料的性能相对比较优异，具有固色率高、用盐量少、能耗低、处理时间短等特点，一般都用于高档纺织品的生产，目前价格较高。我国每年都要使用大量的活性染料。但是由于目前我国活性染料的品种较少，一些性能优异的活性染料几乎不能够生产，每年的进口量较大。目前世界上仅有德司达、亨斯迈及科莱恩三家跨国公司能够生产含氟活性染料。国内丽源科技的含氟活性染料生产线投产后，成为全球第 4 条含氟活性染料生产线，打破了国际企业对我国市场的垄断，在一定程度上降低了我国对进口含氟活性染料的依赖程度，也促进了我国印染行业国际竞争力的提高，还可以减小我国印染行业的环境污染程度。因此，含氟活性染料成为目前研究的热点。

主要的含氟活性染料目前有两大类：含氟嘧啶型和含氟三嗪型。现阶段我国含氟三嗪型已工业化生产，而含氟嘧啶型虽然具有更加优异的性能，但因为生产工艺流程长、生产成本高等问题，制约了工业化进程。在含氟染料研发方面，一是针对合成含氟三嗪型活性染料所用三聚氰氰原料存在的不足之处进行改性，进而开发更为绿色环保、安全高效的活性基；二是研发取代禁用染料和其他类型纤维素用染料的最佳路径；三是大力研发高附加值含氟染料中间体，尽快摆脱大部分中间体依赖进口的局面。

（5）含氟表面活性剂

含氟表面活性剂是特种表面活性剂的一种，因具有高化学稳定性、高热稳定性、憎水憎油及环境友好等优点，而在化学、纺织、石油和消防等众多行业广泛应用。在含氟表面活性剂研发方面，研发原料易得、合成方法简单及具有自主知识产权的高效、经济、环保的氟碳替代品，对我国氟碳表面活性剂工业具有重大意义。应从结构与性能的关系出发，设计合成具有特定性能的系列产品，并进行生物和环境安全性评价及工业化应用研究。

综上所述，未来含氟精细化学品的发展应重点做好产品结构调整，配套生产下游产品，注重自主知识产权保护，从而提高企业技术创新能力和核心竞争力。产品结构调整重点要开发技术含量高、附加值高和成长性好的含氟精细化工产品。

1.4.4　含氟聚合物

含氟聚合物属于新材料领域的发展重点。为加快从制造大国转向制造强国，国家实施“中国制造 2025”战略，这也为氟化工行业的发展提供了机遇和保障，将推动氟化工行业平稳增长、可持续发展。随着工业转型升级步伐加快，下游汽车、电子、轻工、新能源、环保、航空航天等相关产业对高附加值、高性能的 PTFE、FEP、PVDF、氟橡胶等含氟聚合物需求迫切，对含氟聚合物产品结构优化和技术创新提出了更高的要求，中高端含氟聚合物仍存在较大的发展空间。

PTFE 产品随着其在线缆、节能环保领域中的应用不断加大，预计其需求仍将保持 8%左右的增长速度。FEP 产品随着高层建筑用通信电缆、局域网电缆、4G 网络基站、智能手机用导线以及各类特种电缆等方面的需求不断增长，预计将保持在 10%左右的增长速度。PVDF 产品随着风电、光伏、新能源、环保、桥梁、建筑等行业的发展，其需求预计将保持在 10%左右的增长速度。ETFE（乙烯-四氟乙烯共聚物）、PFA（全氟丙基全氟乙烯基醚与聚四氟乙烯共聚物）、PCTFE（聚三氟氯乙烯）、PVF（聚氟乙烯）等产品将随着生产技术水平的不断突破，加之国内航空工业、农业、建筑及半导体制造等行业的发展，预计将会以 15%以上的速度增长。氟橡胶产品随着中国汽车工业的蓬勃发展，以及航空航天、石油、化学、军事和医疗等工业需求的不断增长，预计其需求将保持 8%左右的增长速度。

1.4.5 氟涂层

氟碳涂料是指以氟树脂为主要成膜物质的涂料，又称氟碳漆、氟涂料、氟树脂涂料等。在各种涂料之中，氟树脂涂料由于引入的氟元素电负性大，碳氟键能强，具有特别优越的耐候性、耐热性、耐低温性、耐化学药品性，而且具有独特的不粘性和低摩擦性，是综合性能最高的涂料。

目前，我国氟树脂涂料市场发展混乱，产品同质化现象严重，市场恶性竞争激烈，各个厂家缺乏差异化的产品去开拓市场。鉴于国内氟涂料现状，氟涂层今后的发展方向为：

① 企业应利用一些新单体进行共聚改性或寻找一些新的含氟单体聚合，制备新型氟树脂涂料品种，改善氟涂料施工性能和开辟新用途，改善产业结构。

② 产品应向功能化、差异化、边缘化发展，在已有的氟碳复合保温板、铝粉专用氟树脂、钢结构专用氟树脂、卷材用氟树脂基础上，开发研制适用于建筑工程、钢结构防腐、金属表面装饰的新产品，特别是适用于像青藏高原那样昼夜温差大、辐射强度高、气候干燥等自然条件恶劣地区的新产品。

③ 加快热塑性偏氟乙烯与水性氟树脂涂料的研究，突破热塑性偏氟乙烯涂料在使用过程中容易出现漏涂等应用受限难题，以抢占市场先机。

④ 目前刚刚问世以及还在研究阶段的氟涂层科技成果有：亲水性自清洁抗污染氟碳涂料、阻燃防火型氟碳涂料、耐磨润滑型氟碳涂料、荧光型氟碳涂料、电热氟碳涂料等。

第2章
氟化工主要生产工艺介绍

2.1 传统生产工艺

2.1.1 氢氟酸生产工艺

自然界中含氟矿物多达一百多种，但目前作为生产氢氟酸的原料能加以利用的仅限于萤石和磷矿物两种。萤石是目前生产氢氟酸的主要原料，一般工业上生产氢氟酸所用的萤石是指氟化钙质量分数为97%以上的酸级萤石粉，它与硫酸反应即制得氢氟酸。

2.1.1.1 生产原理

液体硫酸和萤石粉反应生成气态氟化氢和固相硫酸钙，反应式如下：

$$CaF_2+H_2SO_4 \longrightarrow 2HF+CaSO_4$$

该反应可看成两个阶段进行，第一阶段在100～120℃温度下进行如下反应：

$$CaF_2+H_2SO_4 \longrightarrow HF+Ca(HSO_4)F$$

第二步在更高温度（160～200℃）下完成全部反应：

$$Ca(HSO_4)F \longrightarrow CaSO_4+HF$$

由于萤石中存在杂质 SiO_2、碳酸钙、金属氧化物、金属硫化物和浮选剂油酸等，同时会发生以下副反应：

$$SiO_2+4HF \longrightarrow SiF_4+2H_2O$$

$$SiF_4+2HF \longrightarrow H_2SiF_6$$

$$CaCO_3+H_2SO_4 \longrightarrow CaSO_4+CO_2+H_2O$$

$$M_2O_3+3H_2SO_4 \longrightarrow M_2(SO_4)_3+3H_2O$$

$$MS+H_2SO_4 \longrightarrow H_2S+MSO_4$$

$$H_2S+H_2SO_4 \longrightarrow S+SO_2+2H_2O$$

$$C_{17}H_{33}COOH+51H_2SO_4 \longrightarrow 18CO_2+51SO_2+68H_2O$$

硫酸和萤石分别位于液、固两个不同相内，它们的反应在相界面上发生，生成物固相硫酸钙又附于未反应的氟化钙表面，硫酸则需要穿过硫酸钙固相层进入氟化钙表面才能反应。因此该反应受硫酸扩散速度的控制，加快硫酸向萤石扩散的速度，可以加快反应的进行。

2.1.1.2 工艺条件

可以看出，对反应速率起决定作用的是硫酸的扩散速度，下面是与扩散速度和反应效率相关的几个因素。

（1）萤石与硫酸的投料比

目前，国际先进技术的原料比基本接近于理论值，即 m_{CaF_2} ：$m_{H_2SO_4}$ =0.8（质量比）。国内各厂家由于技术水平、原料质量、操作技能各方面的限制，一般处于 CaF_2 过量10%的配料状况。

（2）萤石的化学成分

萤石中的诸多杂质不仅消耗原料硫酸和产品氟化氢，而且产生的水分会加剧对设备的腐蚀，生成的许多产物还会使产品精制复杂化。例如，硫经常在后面的精制塔中固化析出，而造成堵塔停车；SO_2、H_2SiF_6 等副反应产物也是影响产品质量的有害杂质。萤石中含有微量的浮选剂（油酸）也是有害的，因为油酸附着于 CaF_2 表面，使硫酸对 CaF_2 的浸润性变差，从而影响硫酸和 CaF_2 之间的反应速度。油酸含量高时可使原料消耗升高 10%以上，所以通常要求其质量分数不大于 0.02%。

（3）萤石粒度

萤石和硫酸的反应是一个受扩散控制的多相反应过程，影响反应速度的重要因素之一就是相接触面。当其他条件一定时，反应速度随接触面的增加而增加。萤石粉的粒度越小，单位体积萤石粉比表面积越大，反应速度和效率越高，所以，要对原料萤石粉的粒度做规定。国家标准要求通过筛孔 0.15mm 筛网的质量分数不小于 87%。但是，萤石粉的颗粒也不宜过小，如果萤石粉的颗粒过小，会造成转炉内物料输送困难。目前，国际上提出了经球磨或喷射使萤石活化，其目的就是控制萤石粉的细度，球磨后的萤石粉反应速度和效率都有显著提高。

（4）硫酸浓度

前已述及，萤石与硫酸的反应受扩散控制，高液相硫酸浓度自然提高了硫酸向萤石扩散的速度，也就加快了反应速度。

$$J = -D\Delta c / Z$$

式中 J——扩散速度；

D——扩散系数；

Δc——液相硫酸和萤石界面之间的硫酸浓度差；

Z——扩散层厚度。

另外，低浓度硫酸所带水分还会加剧钢制设备的腐蚀，水分蒸发消耗热能也会降低反应效率。所以，开发了将98%硫酸和20%发烟硫酸混合以提高浓度的新工艺。

（5）反应温度

CaF_2 和 H_2SO_4 的反应是吸热反应，温度的提高对反应的加速极为有利。同时，温度升高，分子运动加剧，扩散系数增大，因此提高了硫酸的扩散速度。当然，CaF_2 和 H_2SO_4 反应过程中，物料温度应适当，温度过高会加速 H_2SO_4 的分解和蒸发，造成物料浪费，且副反应增加，产品质量下降。

（6）停留时间

H_2SO_4 要穿过已生成并又附于萤石上的硫酸钙层，才能与萤石进一步反应，这个过程除了其他各种条件满足外，还需要有足够的时间，让萤石反应充分，从而提高反应效率。延长停留时间，可以通过加长回转炉、增加反应器体积或返料等手段来达到。

2.1.1.3 工艺流程

国内外普遍采用回转炉反应、粗氟化氢精制的原则来设计无水氢氟酸的工艺流程。我国在20世纪50年代曾使用过锅式间歇反应装置，自1958年7月参照德国30年代初开发的无水氢氟酸生产工艺原理设计制造了回转炉反应器后，一直沿用一炉三塔（洗涤塔、脱气塔和精馏塔）流程。国外各公司都以回转炉为主要反应器，随后的除尘和精制发挥自己所长，采用不同的形式。图2-1是无水氟化氢全流程方框图。

原料萤石经干燥、预热和计量后进入反应器，与分别预热后再经混合的浓硫酸酸和发烟硫酸一起发生吸热反应，反应器外通热烟气加热，提供反应所需热量。反应产生的HF气体经洗涤和预精制、精馏分别除去高沸点和低沸点杂质后，即为产品无水氢氟酸，精制过程中排出的含HF尾气依次经硫酸吸收、水吸收和中央洗涤后排放，硫酸吸收的洗涤液为98%硫酸，该洗涤液最终返回反应器内，水吸收主要是吸收尾气中的四氟化硅，吸收液为大于20%的氟硅酸。反应产生的硫酸钙即为氟石膏，经氧化钙中和后输送入储仓，作为副产品出售。当反应出现不正常现象时，反应器内的HF气体由事故洗涤和中央洗涤吸收排空。

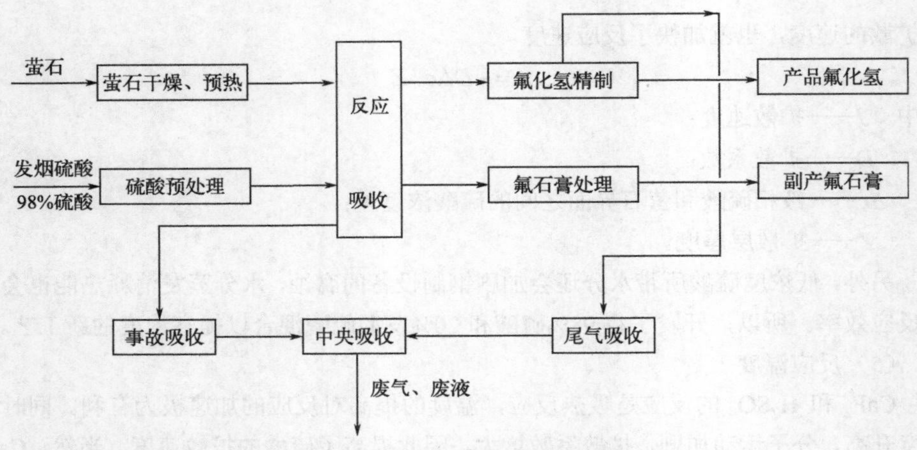

图 2-1 无水氟化氢生产流程

（1）萤石干燥

当使用的是湿态萤石粉时，就要将 10%左右的含水量干燥至<0.1%。干燥方式有气流干燥、转炉直接或间接加热干燥。来自湿萤石加料装置 1 的湿萤石粉由输送机 2 通过进料器 3，进入串联的干燥器 4、5，燃烧炉 6 产生的燃料气在干燥器内对湿萤石粉直接加热汽化水分。从分离器 7 中获得干燥萤石粉，经排料阀 8，通过网筛 9 后送储存 10，流程示意见图 2-2。

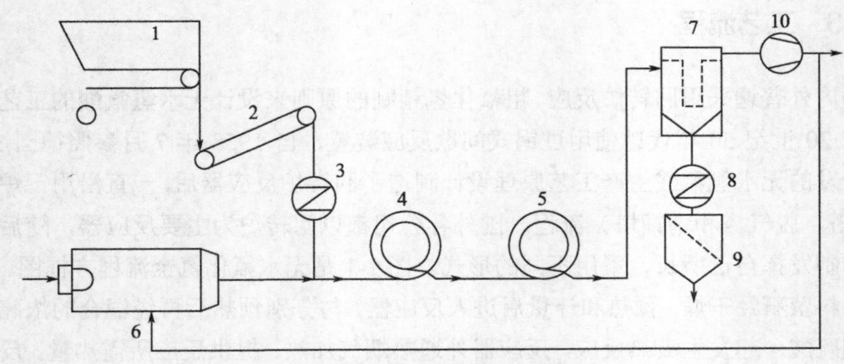

图 2-2 萤石干燥流程图

1—湿萤石加料装置；2—输送机；3—进料器；4,5—干燥器；6—燃烧炉；7—分离器；8—排料阀；9—网筛；10—储存

（2）进料和反应

进料和反应单元流程如图 2-3。干萤石粉从料仓 1 经卸料螺旋 2 进入给料仓 3，由连续计量装置料秤 4 控制送至预反应器 5。

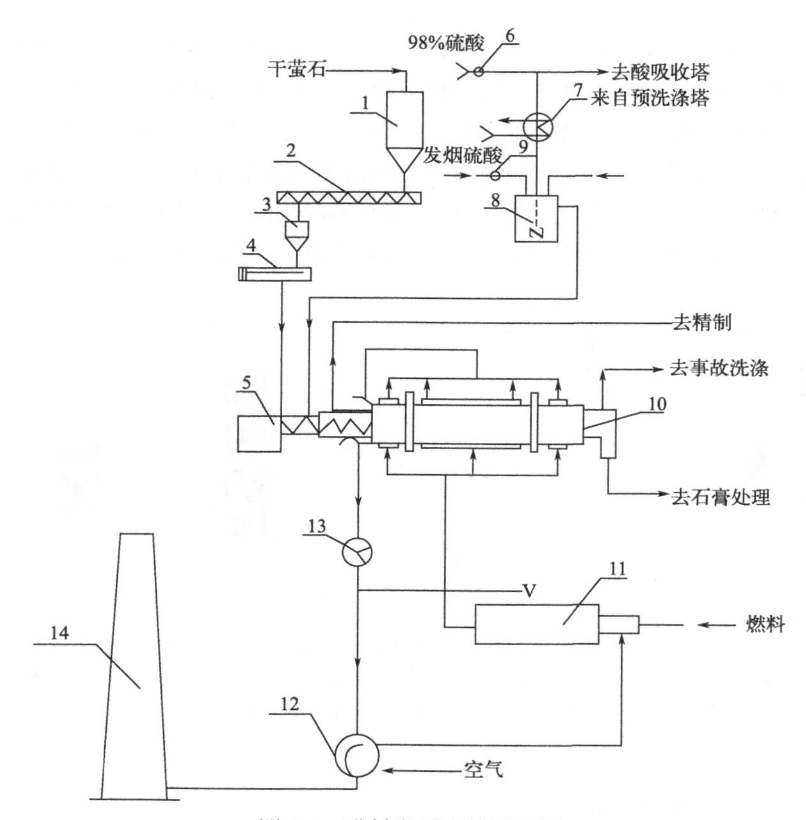

图 2-3　进料和反应单元流程

1—料仓；2—卸料螺旋；3—给料仓；4—料秤；5—预反应器；6—送料泵；7—预热器；8—反应罐；9—送料泵；10—转炉；11—燃烧炉；12—预热器；13—热气风机；14—烟囱

硫酸由送料泵 6 打出，经预热器 7，用蒸汽加热至 130～150℃后，送入反应罐 8；发烟硫酸由送料泵 9 直接打入反应罐 8；含有 HF 的一股硫酸从后面的精制部分返回至反应罐 8。三股液流搅拌混合，溢流进入预反应器 5。预反应器 5 夹套蒸汽加热使反应温度保持在 120℃，在此完成腐蚀最严重阶段反应的 40%～50%，气固液混合物进入转炉 10，在 130～150℃温度下，完成全部反应，产生的 HF 粗气从炉头引出，去精制单元，副产硫酸钙从炉尾排出。燃料气在燃烧炉 11 中与经空气预热器 12 加热的空气混合燃烧，产生的烟道气进入转炉夹套。提供反应热后由热气风机 13 抽出夹套，部分回到燃烧炉 11 混合，另外的经空气预热器 12 后，通过烟囱 14 排入大气。

（3）精制过程

无水氟化氢精制工段流程见图 2-4。来自回转炉的粗氟化氢气体在预洗涤塔 1 内用尾气吸收硫酸和预净化塔 2 内用回流液洗涤除去粉尘和硫，釜液一部分经冷却器 3 回流，其余去发烟硫酸反应罐。预洗涤塔 1 塔顶气进预净化塔 2，在一定温度下与回流液气液交换除去H_2O、H_2SO_4等高沸物后，通过二级冷凝器5和6。一级冷凝液进入粗酸泵槽7中，经粗酸泵8打回预净化塔顶。二级冷凝液进入粗酸泵槽9中，经粗酸泵10送至加压的精馏塔11。在该塔中，轻组分杂质大部分是SO_2和SiF_4，作为塔顶气经回流冷凝器排出。纯无水氟化氢靠自身压力离开塔釜12，经冷却器13送至储罐区。二级冷凝器6的不凝气和精馏塔11塔顶不凝气汇合，流至硫酸吸收塔14，用新鲜98% H_2SO_4回收部分HF，废气去尾气吸收系统，硫酸去预洗涤塔。

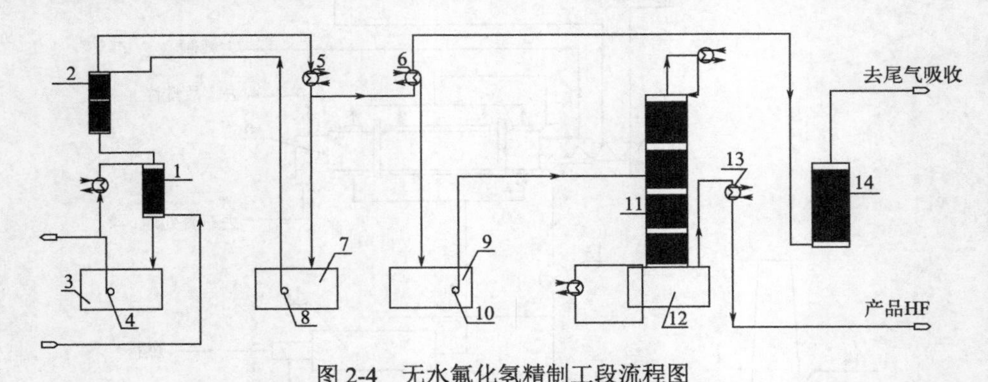

图2-4　无水氟化氢精制工段流程图

1—预洗涤塔；2—预净化塔；3,13—冷却器；4—反应罐；5,6—二级冷凝器；7—粗酸泵槽；8—粗酸泵；9—粗酸泵槽；10—粗酸泵；11—精馏塔；12—塔釜；14—吸收塔

2.1.1.4　腐蚀分区与防腐

氢氟酸生产过程中，硫酸、氢氟酸和氟硅酸等都是腐蚀性很强的物质，装备防腐蚀问题就显得非常重要。

（1）腐蚀分区

从整个生产流程看，各个部分的介质和操作条件都有所不同，我们可以把它划分为三个不同的腐蚀区域，分别为高浓度高温区、高浓度常温低温区和常温中低浓度区。

① 高浓度高温区　在加热的回转炉中，高浓度硫酸和萤石粉反应生成HF气体、固体硫酸钙和其他副产物。反应用的回转炉须经受高温硫酸和氟化氢的强烈腐蚀，炉外壁温度高达500℃，炉内反应温度也有160～200℃，同时还要承受固体物料的机械磨损。回转炉和后面的炉渣排送设备以及预洗涤塔，属于高浓度高温区。这个区域的介质以硫酸和氟化氢的腐蚀性最强，这两种浓酸在常温下对碳钢类并没有很大的腐蚀，但在高温（400～500℃）情况下，再加上原料带入和副反应产生的水分，腐蚀则大大加剧。

② 高浓度常温低温区　在预洗涤塔脱尘脱硫后的粗HF气进入预精馏以及后面的冷凝精制系统，HF浓度逐步提高，所以把从预精馏塔到精馏产品去储槽的区间称

为高浓度常温低温区。因为这一区域的氟化氢浓度已很高，操作温低，设备的腐蚀情况大大缓和。

③ 常温中低浓度区　回转炉事故排放气、精制系统排出的不凝气中都含有相当浓度的 HF、SiF_4 和其他有害气体，必须经过处理才能排空。废气采用洗涤吸收方法，得到的是低浓度的氢氟酸或氟硅酸。事故吸收、尾气吸收系统被称为常温中低浓度区。在此区域酸度很低，最高时才达 20%～30%，在这种浓度下氢氟酸溶液腐蚀性最强，几乎所有的金属均不耐蚀。在这个区域所有的塔、槽、泵、阀等均在中低浓度的水溶液中工作，长期以来一直是生产中腐蚀最剧烈的地方。

（2）防腐措施

根据氢氟酸生产的特殊性，以下分三个方面介绍防腐措施。

① 降低生产过程中物料含水量　试验结果表明，低温纯氟化氢对钢材不腐蚀，而含水的氟化氢则是腐蚀介质。所以，降低生产过程中物料含水量尤为重要。氢氟酸生产中水分的来源有：一是原料硫酸和萤石粉中的水分；二是副反应产生的水分；三是原始开车或检修后开车装置本身的水分。我国萤石精矿粉国标规定含水量为 0.5%，而许多外国公司要求反应的萤石粉含水量必须小于 0.1%，为达到要求必须对萤石粉进行干燥。发烟硫酸是含有游离 SO_3 的硫酸，若以一定比例在原料中加入发烟硫酸，则游离 SO_3 就能与水化合从而消耗了体系中的水分，可以大大减轻设备（特别是高温区设备）的腐蚀。目前，许多厂家采用的硫酸与发烟硫酸的进料分子比为 1.5∶1，这一比例基本使进反应器的原料酸浓度为 100%。

② 反应装置的改进　可以用以下方法来改进反应装置。

a. 回转炉附设返渣装置：带返渣装置的回转炉，能改变反应物料状态，减轻腐蚀。

b. 回转炉前端衬耐蚀合金：针对反应初始阶段腐蚀最为严重这一现象，在回转炉前端相当于筒体全长 1/4～1/3 的内壁衬耐蚀合金（如哈氏合金），可延长整个炉体的使用寿命。

c. 增设预反应器：布斯公司发明的预反应器用蒸汽夹套加热，物料在其中停留时间为 2～3min，可完成 60%的中间体转化。预反应器采用耐蚀合金制造，其尺寸小，却承担了主要的反应腐蚀阶段，有效地解决了回转炉大设备的腐蚀问题。

③ 选材　正确选材是最重要也是最实用的防腐方法，选材的目的是保证设备或物件能正常运转，达到合理的使用寿命和最低的经济支出。氢氟酸生产中所选用的材料基本上遵循以下原则。

a. 在高浓度高温的进料和反应区域采用特种耐腐蚀合金，如哈氏合金、镍合金等。

b. 高浓度常温低温的产品精制区域可选用一般的低碳钢、铜和石墨等。

c. 在常温中低浓度的废气处理区域可采用塑料、衬橡胶和石墨材料。

值得注意的是，因为氢氟酸能与硅酸盐反应，在氢氟酸生产中绝不能使用玻璃钢、搪瓷、陶瓷和硅酸盐类材料。

2.1.1.5 安全生产与劳动保护

（1）物料的毒性和危险性

① 萤石粉　萤石粉（特别是干萤石粉）是易扬起并能悬浮于空气中的细粉末，在搬运和加料等操作过程中都会引起粉尘扩散。如果周围环境的空气中含有大量粉尘，工人们作业中吸进肺部的粉尘量就越来越多，当达到一定数量时，会引起肺部组织发生纤维化病变，并逐渐硬化，失去正常的呼吸功能，发生尘肺病。此外，含尘质量浓度较高的时候还会引起粉尘爆炸。

② 硫酸　硫酸本身不存在爆炸性和易燃性，但由于它的氧化性和脱水性，与可燃物接触时，有时会着火；储存时吸收了空气中水分而被稀释，会与大部分金属作用生成氢气，从而有着火、爆炸的危险；硫酸是腐蚀介质，设备、管道等存在腐蚀损坏的潜在危险；人体与浓硫酸接触，组织会立即被破坏，引起严重烧伤。国家规定车间空气中硫酸及三氧化硫最高允许浓度为 $1mg \cdot m^{-3}$。

③ 氢氟酸　储存时吸收了空气中水分而被稀释，会与大部分金属作用生成氢气，从而有着火、爆炸的危险。氢氟酸对材料腐蚀性很强，不管是无水氟化氢还是水溶液，都会迅速破坏玻璃、混凝土、木材和某些金属。人体与氢氟酸接触，会产生严重的伤害，可能造成致命的后果。溶液越稀，痛感出现越迟，但伤害可能在没有感觉的状态下进行，会耽搁急救，等到要求治疗时，伤害可能已达到较深的位置。国家规定车间空气中氢氟酸最高允许浓度为 $0.02mg \cdot m^{-3}$。

（2）安全生产技术

① 防尘技术措施　密封尘源、减少粉尘外泄是一种有效的措施，这可以通过生产过程管道化、机械化、自动化来实现。从萤石干燥流程图（图 2-2）、进料和反应单元流程图（图 2-3）可以看到，萤石粉、石膏粉与外界的排放点都设有过滤器，旨在减少排尘量。

② 防酸设计　建筑物要考虑良好的通风，涂上防酸漆；地面应采用防酸材料，并倾斜于排水沟，排水沟不能直接通向公共下水道；用透明或半透明的有机玻璃替代硅酸盐玻璃作窗户。通风设备要涂防酸漆，标志要明显以防冷凝酸液滴到工作人员。风机要靠近雾源，排风口要远离安全门和新鲜空气进口。车间设有真空抽吸系统，根据需要在各岗位配置抽吸软管。工人可以随时对车间空气或敞开设备进行抽吸，消除酸雾。

③ 防爆措施　用合适的通风来消散工作面氢气的积存；当管道、槽类等设备敞

开检修时，必须用惰性气体或空气吹扫；明火、火花、无防护光源和电动工具必须远离可能产生氢气的区域；在可能含有爆炸性氢气空气混合气的区域要考虑防静电设备。

④ 停电保护　鉴于氢氟酸生产中物料的剧毒性，系统在负压下运行，以保证不让氢氟酸外泄。然而，在发生停电事故时又应如何防止氟化氢外泄呢？可设计三级电源——正常电源、蓄电池和事故发电机系统，即使停电也能保持负压，不让物料泄出。正常电源出故障时，事故发电机能保证回转炉以二级转速 $0.2r \cdot min^{-1}$ 运行，继续向风机、负压中心、吸收中心和控制仪表供电，直到正常电源恢复或把系统内残留气体处理完毕。在事故发电机开启前的几秒间隙，由蓄电池先接力供电，这三级电源的切换通过自动跳闸完成。

（3）劳动保护

① 防尘用具　个人防尘用具是保护呼吸器官不受粉尘侵害的个人防护用具，是防尘技术措施的主要组成部分。个人防尘用具可分为过滤式和隔离式两大类。常用的是自吸过滤式防尘面具——防尘口罩。只有正确使用和维护防尘用具，才能起到其应有的防护作用，为此应注意以下几点：

a. 使用前要检查防尘罩具各部件是否完好，佩戴必须端正，包住口鼻，以防止粉尘从罩具的周边漏入。

b. 口罩不戴时应将它装入用塑料等制的口罩保护袋内，不要挂在胸前，以防污染，用后要用肥皂水清洗，晾干。

c. 使用过的口罩、工作服、鞋、帽不应带回家。

② 安全淋浴和洗眼器　在有可能与酸接触的场所，要设置安全淋浴和洗眼器，并标出明显的标志。淋浴的水源要充足，保持良好状态，在淋浴附近还必须挂有毛巾。安装喷水式洗眼器，流水要缓慢。对淋浴和洗眼器要定期检查，随时修理或更换。

③ 个人防酸用具　在操作岗位上，工人必须戴上防护帽、有机玻璃眼镜和宽口式塑料大手套，裸头或卷袖是不允许上岗的；有可能发生酸液飞溅或酸蒸气的场合，必须戴紧贴脸且气体进不去的防护眼镜；当发生酸泄漏或清洗修理设备，管道和设备出故障，储槽排放，罐车挂接时，都可能产生高浓度酸蒸气，工人必须戴防毒面具进行操作；保护安全服脱掉前，必须先冲洗。

（4）急救措施

① 皮肤接触酸液或酸蒸气时　首先应用大量的流动水进行冲洗，立即脱去衣服；然后根据所接触的酸类用不同的溶液冲洗接触部位；再按医生的要求涂抹药物。

② 酸进入眼睛时　不管酸的浓度如何，或者进入眼睛量的多少，都必须立即用大量流动水连续冲洗 15min，冲洗时要翻开眼皮，保证眼内各部位都能冲到水；在最初 15min 的水洗完毕时，作为应急可用 0.5%丁卡因或其他局部麻醉剂 2～3 滴点眼。没有医生的指示不得使用油类或脂类涂药。

③ 酸饮下时　不小心喝下酸液，会使口、喉、食道和胃的黏膜受到烧伤。应立即喝大量的水进行稀释，然后喝牛奶可以缓和，并尽快与医生联系，并将事故的详细情况告诉医生。

④ 吸入酸蒸气时　吸入酸蒸气时，应把患者立即带离污染的现场，马上通知医生并同时进行急救。即使没有症状也必须 24h 后才允许患者重新上班，因为有潜在的肺水肿危险。患者必须静卧并使其保暖和舒适，所有曾呼吸过酸雾的人员，都必须经医生检查并观察 24h。假如患者停止呼吸，应除去口、喉中的异物，进行人工呼吸，若有相关设施和受训过的人员，可以马上进行输氧。

2.1.1.6　工艺改革

2.1.1.6.1　无水氟化氢工艺安全改进

无水氟化氢的制备工艺为国家重点监管工艺，氟化氢又是重点监管化学品，生产和存储本身都构成重大危险源，因此氟化氢生产企业的本质安全是生产平稳运行的基石。国内氟化氢生产企业较多，工艺原理相似，属于基础化工，跑冒滴漏比较常见，甚至氟化氢泄漏也经常发生，工艺安全分析和控制手段缺失，对周围环境和操作人员造成极大威胁。这种状况产生的主要原因有 3 点：

a. 实际生产中，萤石粉质量参差不齐，夹带硫等杂质，会导致系统堵塞，系统正压易导致氟化氢泄漏；

b. 氟化氢的沸点低，酸性和活性极强，极易导致设备腐蚀，引起生产过程中出现氟化氢泄漏；

c. 缺乏对氟化氢工艺完整详细的工艺安全危害性分析及相应的管控措施，导致无法制定本质安全措施进行防范。

索尔维投资有限公司利用完整系统的工艺危险与可操作性分析方法和风险定级工具，首次对氟化氢生产运行过程进行了系统性的工艺危害性安全分析，列出了所有的一级风险，并制定了相应的有效可实施的风险消除措施。在对氟化氢生产工艺危害分析和风险消除措施做了大量的研究和实际改进后，生产线运行安全性显著提高，大部分工艺安全事故在参数异常阶段即得到了抑制，少量工艺安全事故触发了紧急处理措施，没有发生一起对外泄漏的安全事故。氟化氢生产各个主要阶段的主要工艺危害分析结果和针对风险制定的消除措施阐述如下。

（1）反应阶段

氟化氢制备反应是吸热反应，生产中利用天然气热风炉提供 650℃以上热风，热风进入转炉夹套给反应提供热量，浓硫酸和萤石粉通过外混器连续进入反应转炉反应，生成的氟化氢混合气体通过炉头导气管进入洗涤塔，此阶段主要的工艺安全风险在于热风炉和反应转炉。

① 热风炉风险和改进 热风炉热源从煤气改为天然气以后，点火和燃烧控制均实现了自动化，环保和安全方面均大大改善。经过分析，剩余的一级风险为点火时炉膛内可燃气体含量超标导致点火爆炸。可燃气体超标原因有两点：一是天然气管道阀件出现内漏，泄漏到炉膛内；二是炉膛内部吹扫不够，可燃气体未排干净。该公司针对这两点原因，制定的风险消除措施为：

a. 在天然气进气管道上设置两道切断阀和压力传感器，点火启动程序中增加阀门内漏压力自动检测程序，检测到任意一个切断阀泄漏导致压力异常，点火程序即无法启动。

b. 两道切断阀之间增加放空管道，管道上安装开关阀，燃烧炉停机时，两道切断阀关闭，放空阀自动打开，避免阀门内漏天然气泄漏进入炉膛，燃烧炉运行时放空阀关闭。

c. 点火前炉膛强制自动吹扫，并设置炉内可燃气体分析仪，联锁点火程序，如果分析仪检测到炉膛内部可燃气体超标，点火程序则联锁无法启动。

d. 在热风炉炉头区域增加可燃气体探头，一旦检测到可燃气体泄漏，会发出声光报警，并切断天然气总阀，避免区域内可燃气体积聚遇火源爆炸。

② 反应转炉风险和改进 萤石粉与浓硫酸在转炉内反应生成大量氟化氢混合气体，这些气体都需要通过后系统的微负压抽出，所以负压是控制氟化氢泄漏的重要参数。转炉炉头是动静环结构，静环由气缸顶住，当后系统的微负压出现异常，炉内形成正压，正压持续增加到足够顶开静环的压力时，氟化氢就会从炉头大量泄漏，这是反应转炉的一级风险。该公司经过分析认为形成正压的主要原因有：

a. 后系统堵塞。主要原因包括洗涤塔堵塞、冷凝器堵塞、气相管堵塞、氟硅酸吸收塔浓度太高而结晶导致的塔堵、尾气风机故障、停电等。设备内部堵塞的原因一般是粉尘或者硫单质累积，具体堵塞位置可以通过各阶段的负压情况来判断。

b. 导气管堵塞。由于进料也是在炉头，一旦出现萤石粉反应不均匀或者负压太大，容易导致粉尘被吸到导气管内形成堵塞，有时堵塞物是半反应物，有胶状硫酸钙，黏度大，清理不及时会很快堵塞导气管。目前的操作是定期进行疏通，但堵塞情况仍会偶尔发生。

系统堵塞主要通过压力传感器参数来监测，并无有效措施能全部消除，而且系统堵塞一般短时间内无法解决，因此需要从防止正压时氟化氢从炉头泄漏来制定控制措施，主要包括：

a. 设立紧急吸收塔，用来临时吸收炉内氟化氢气体。紧急吸收塔和炉头压力联锁，当正压达到设定压力值时即联锁开启紧急吸收管道的开关阀和吸收液循环泵，疏导炉内气体到塔内，避免泄漏到大气中。紧急吸收塔导气通道既与原导气管连接，也与进料螺旋连通，当导气管全部堵塞时从进料处疏导转炉内气体到紧急吸收塔。

b. 在炉头周围设置品字形氟化氢气体检测器，一旦有报警，员工确认有氟化氢泄漏时，可以一键停止进料和启动应急吸收塔。

（2）洗涤阶段

氟化氢混合气体自转炉出来后即进入洗涤塔，洗涤塔使用硫酸和氢氟酸的混合酸进行洗涤，主要作用是洗去气体里的粉尘、含硫气体和水分，洗涤段的主要控制参数为温度、流量和洗涤酸循环槽重量。洗涤段的一级风险为洗涤酸循环槽的重量超限，导致洗涤酸溢流到导气管进入转炉，洗涤酸水分质量分数在10%左右，一旦进入转炉对转炉的腐蚀将会非常大，甚至会导致炉体破裂。为了防止超重，制定的主要措施是为洗涤酸循环槽设置称重模块和雷达液位计以监控重量和液位，雷达液位计有时候会被酸雾或粉尘干扰，因此将称重模块与进料装置联锁，重量超限时停止反应进料。

（3）冷凝阶段

粗氟化氢气体经过洗涤后，进入粗冷却器初步冷却，随后进入净化塔，在塔内经粗酸洗涤后进入冷凝器进行逐级冷凝，主要目的是进一步去除高沸点气体和水分，并逐步降低气体温度，将氟化氢气体冷凝成液相以进入后面的精馏系统。冷凝段的主要控制参数是温度和负压，主要一级风险为当冷凝温度偏高时，气相无法完全冷凝，氟化氢会大量进入氟硅酸吸收塔，不仅降低收率，严重时还会导致氟化氢来不及吸收直接从尾气系统泄漏到外界环境。另外，冷凝器为气液相分离设备，系统微负压才能将非冷凝气体带到后系统，一旦出现系统堵塞比如下酸管道堵塞，会导致冷凝器产生液泛，引起系统正压，炉头冒气。冷凝后的粗酸进入粗酸槽储存，粗酸槽中的氢氟酸纯度已经很高，属于重大危险源，主要一级风险为液位超高。此阶段控制风险的主要措施有：

a. 每级冷凝出口均设置温度和负压监测，在三级冷凝器出口气相增加独立的温度传感器，温度超限时安全联锁停止进料，并且加入冷媒流量报警，主要是防止经过三级冷却后氟化氢仍然未冷凝而从后系统大量逸出。

b. 粗酸槽除磁翻板液位计之外增加独立的音叉液位计，液位高时安全联锁停止反应进料，此措施主要是防止粗酸槽液位超限，导致冷凝器液泛，系统正压，氟化氢大量泄漏。

（4）精馏阶段

精馏是氟化氢提纯的重要阶段，一般分脱气和精馏两步，该公司精馏为先脱气后精馏，均为带压精馏，工艺是将冷凝后的液相无水氢氟酸经泵打入脱气塔，脱除轻组分杂质，然后进入精馏塔脱除重组分杂质。精馏工序由于是高浓度氟化氢并且带压，因此是所有工序中最危险的，一旦带压泄漏，影响范围极广。精馏阶段主要的控制参数为压力、温度和液位，其中脱气塔是用蒸汽加热，精馏塔是用热水加热，由于蒸汽经减压后压力还有 0.4MPa，所以脱气阶段的超压风险为一级风险。此阶段的主要风险控制措施为：

a. 脱气塔和精馏塔均为压力容器特种设备，因此均需要设置安全阀和爆破片，安全阀排放口直接连到紧急吸收塔，爆破片后设置独立的压力传感器，一旦检测到爆破片破裂，压力超限，即联锁启动紧急吸收塔进行喷淋吸收。

b. 塔内增设独立的压力传感器安全联锁蒸汽开关阀、排残阀和进料开关阀，一旦检测到压力超限即自动打开排残排放到氢氟酸受槽，并切断蒸汽供应和进料。以上措施能有效地防止超温超压造成大量氟化氢泄漏的情况发生。

反应和精馏系统的最终应急处理措施均以排放到应急吸收塔为主，所以应急吸收塔的设计是无水氟化氢工艺安全改进的核心，需要结合反应和精馏的反应参数进行模拟计算得出设计参数。应急吸收塔的设计容量需要满足两种紧急情况：一是满足系统正压时紧急吸收反应转炉内排出的氟化氢气体；二是紧急吸收脱气塔和精馏塔任意一个安全阀起跳时释放出的氟化氢气体。

第一种情况的参数设定为：萤石粉投料量为 $4.2t \cdot h^{-1}$，需要应急吸收的时间为 15min，经过模拟计算，进入应急吸收塔的氟化氢气体最大流量约为 $2t \cdot h^{-1}$，应急吸收塔能力需要满足此设计参数。第二种情况的参数设定为：脱气塔安全阀起跳压力为 0.28MPa，精馏塔起跳压力为 0.15MPa，安全阀起跳后的应急吸收时间为 15min，经过模拟计算，进入应急吸收塔的氟化氢气体最大流量约为 $4.2t \cdot h^{-1}$，应急吸收塔能力需要满足此设计参数。

根据两种情况的计算结果，应急吸收塔氟化氢吸收能力取最大流量 $4.2t \cdot h^{-1}$ 进行设计。氟化氢易溶于水，并且应急情况发生频率较低，为了减少废水的产生，应急吸收塔设计为两级水吸收，吸收后的稀氢氟酸溶液可以回收到氟硅酸吸收工艺。最终应急吸收塔的设计尺寸为：一级吸收塔直径 900mm，二级吸收塔直径 600mm，底部吸收液循环槽容积 $20m^3$，气体吸入装置采用文丘里吸收塔，塔的材质使用碳钢衬四氟材质，耐高温和氢氟酸腐蚀，填料使用鲍尔环。

（5）存储阶段

氟化氢气体经过精馏阶段后再冷凝，无水氟化氢的质量分数已经达到 99.9%以上，进入成品大储槽进行存储，无水氟化氢的存储单元储量较大，需要严格控制储量、温度和压力，防止泄漏。氟化氢沸点低，为了防止压力过高，需要利用冷媒和保温将温度控制在 19℃以下，因此储罐为冷媒盘管保护，存储量不超过容积的 83%，以防止饱和蒸气压过高，最终控制罐内压力不超过 0.1MPa，另外收料和灌装均会影响槽内压力。存储阶段的一级风险为储槽压力超限导致槽体泄漏，风险控制措施为：

a. 储槽设置三个独立压力传感器：一个为就地压力表并带远传，不参与控制，仅报警；另外两个压力传感器为安全仪表，与精馏收料管道上的两道切断阀联锁，压力高时关闭收料，目的是防止超量收料导致罐内压力超压，同时也联锁装车灌装泵和开关阀，压力低时关闭泵和阀门，防止罐内失压破裂。

b. 槽体另外设置温度传感器、雷达液位计、称重模块，均设高低报警，称重模块与装车灌装泵和开关阀联锁，达到设定重量或者低限后自动停止灌装，温度的变化直接体现为压力的变化，因此只做报警。

反应热风炉的天然气检漏联锁和双火焰探头检测模式，有效防止了点火导致爆炸事故的发生，也避免了火焰探头不准导致熄火的问题，燃烧炉自运行以来，无任何事故发生。

应急吸收塔的安装在实际中也得到了有效应用，尾气风机偶尔故障时应急吸收塔自动开启，炉内氟化氢混合气体经过应急吸收塔吸收，避免了炉头冒大气的问题。另外粗冷凝器堵塞时导致负压缺失，也是应急吸收塔吸收了炉头气体，并且自动切断了反应投料，避免了氟化氢混合气体的大量外泄。为了保持应急吸收塔的可靠性，对应急吸收塔装置实施每六个月进行模拟测试的有效性验证制度。应急吸收塔的初始设定液位为50%，文丘里吸收塔和一级吸收塔均为循环吸收液吸收，二级吸收塔为自来水吸收，以保证出口氢氟酸浓度合格，循环液氢氟酸质量分数控制在2%以内，温度控制在 60℃以下，避免浓度和温度太高影响吸收效果，实际运行应急吸收塔出口气体中氟化氢符合国家排放标准。

洗涤和冷凝阶段设立仪表监测后，未发生过重大联锁事故，控制参数比较稳定可控。精馏阶段的压力联锁出现过压力过高停止进料和紧急卸放到受槽的事件，有效避免了压力高导致外泄的重大安全事故，安全阀和爆破片尚未开启过。存储阶段的压力控制联锁是最关键的泄漏控制措施，偶尔出现过压力高停收料的事件，但压力传感器本身的腐蚀导致误报的情况更多，所以传感器接触面材质的选择对存储工艺安全控制尤为关键，目前是采用哈氏合金膜片压力传感器，辅以定期检查和更换。

总之，该公司经过对整个氟化氢生产装置进行工艺安全改造以后，所有工艺参数的异常情况都能够在达到临界值前报警，即使超过临界值，也能马上启动安全仪表系统和相关联锁，防止演变成不可控制的风险，独立的安全仪表系统也有效避免了人的误操作带来的风险，整体运行效果良好。

2.1.1.6.2 无水氟化氢生产过程中废气治理改进

（1）燃烧尾气

无水氟化氢生产过程大多数采用热空气夹套加热方式。需要通过燃烧天然气或煤气来加热空气，这样就会有粉尘、二氧化硫、氮氧化物产生。此废气主要污染物为颗粒物、二氧化硫和氮氧化物，执行《无机化学工业污染物排放标准》（GB 31573—2015）规定的大气污染物排放限值和特别排放限值具体情况见表 2-1。

表2-1　无机化学工业污染物排放标准　　　单位：$mg \cdot m^{-3}$

项目	颗粒物	二氧化硫	氮氧化合物	氟化物（以F计）
排放限值	≤30	≤100	≤200	≤6
特别排放限值	≤10	≤100	≤100	≤3

① 传统处理方法　包括氮氧化合物、二氧化硫和烟尘处理方法。

a. 氮氧化合物处理方法。氮氧化物是天然气或煤气高温燃烧时氮气被氧气氧化所产生的，处理方法主要有以下几种。

Ⅰ. 低氮燃烧技术。低氮燃烧技术主要针对热力型氮氧化合物。在燃气锅炉的燃烧过程中，热力型NO对氮氧化物的贡献率为90%～95%，而快速型NO的贡献率仅为5%～10%；当温度低于1350℃时，几乎不生成热力型NO，可通过抑制火焰峰值温度、缩短烟气在高温区停留时间、降低氧气浓度等方法来降低氮氧化物含量。具体手段包括稀薄预混燃烧技术、火焰冷却、烟气再循环等。氟化氢反应炉一般使用烟气再循环技术，氮氧化物含量在200$mg \cdot m^{-3}$左右。

Ⅱ. 选择性催化还原技术。选择性催化还原（SCR）技术的反应机理比较复杂，主要是NH_3在一定温度和催化剂的作用下，有选择地把烟气中的NO_x还原为N_2，同时生成水。催化剂的作用是降低反应温度至150～450℃。该工艺主要针对工业氮氧化合物的脱除，广泛应用于电厂、垃圾焚烧厂、工业锅炉烟气脱硝。

b. 二氧化硫处理方法。目前脱硫方法一般有燃烧前、燃烧中和燃烧后脱硫等，其中燃烧后脱硫，又称烟气脱硫，按脱硫剂的种类划分，比较成熟的技术主要有以下5种方法：以石灰石为基础的钙法、以MgO为基础的镁法、以钠碱和石灰石为基础的双碱法、以NH_3为基础的氨法、以海水为基础的海水法。在氟化氢生产行业中，根据行业特点结合各脱硫方法优缺点，烟气脱硫可采用钙法或钠-钙双碱法脱硫。

c. 烟尘处理方法。烟尘是煤气燃烧时产生的飞灰和黑烟，含量一般小于5×10^{-5}。传统工艺一般是煤气燃烧后直接排放或回收余热后排放，很难达到《无机化学工业污染物排放标准》（GB 31573—2015）的排放限值，即使通过改进处理工艺也很难达到“特别排放限值”。

② 改进方法　根据“特别排放限值”的指标要求，衢州南高峰化工股份有限公司采取了以下措施：首先，优选了国内先进的低氮燃烧技术及SCR脱硝工艺，选用新型的脱硝装置，通过工艺参数优化和关键设备的改进，配用低浓度氨水（<10%）使氮氧化物含量降到75$mg \cdot m^{-3}$以下，低于“特别排放限值”。其次，选用双碱法脱硫，并将除尘工艺与脱硫工艺有机结合，设计安装了脱硫除尘一体化装置，不但简化了处理工艺，而且使处理后尾气排放的二氧化硫含量为20$mg \cdot m^{-3}$以下，颗粒物含量为7$mg \cdot m^{-3}$以下，远低于“特别排放限值”。

（2）烘粉尾气

萤石粉干燥过程中产生的废气，主要是二氧化硫、氮氧化物、颗粒物、臭气。臭气来自萤石粉生产过程残留的浮选剂，升温干燥过程中会产生一定量的 VOCs 和异味气体，浓度很低。颗粒物、二氧化硫、氮氧化物执行 GB 31573—2015 规定的大气污染物排放限值和特别排放限值；臭气浓度执行《恶臭污染物排放标准》（GB 14554—93）中恶臭污染物排放标准值的要求，臭气浓度（无量纲）≤6000（排气筒高度为 25m）。

① 传统处理方法　以前的处理流程大多是烘干后将尾气通过旋风除尘器与布袋除尘器，收集夹带的萤石粉后由引风机引出，或是经旋风除尘与水膜除尘后由引风机引出。这种处理方法排放的尾气中颗粒物会超标，并且尾气中会带有异味。

② 改进方法　根据"特别排放限值"的指标要求，该公司同样也做了大量的尝试性工作，采取了在引风机与烟囱之间增加二级喷淋装置的措施。第一级采用国内先进的氧化喷淋处理工艺，废气由风管引入塔内，在塔内废气与氧化剂（可采用次氯酸钠或双氧水等）进行气液两相反复接触、吸收、氧化。氧化剂将废气氧化分解为小分子及酸性物质，并洗去尾气中夹带的微颗粒粉尘。氧化剂由循环水泵泵入塔内循环使用，并定期排放，第一级喷淋可去除废气中有机物，降低粉尘、二氧化硫、臭气浓度及尾气温度。第二级采用碱喷淋反应处理，废气经过第一级处理后进入塔内，有机物经氧化后分解为可溶性的废气，废气与碱液进行气液两相反复吸收中和，碱液由循环水泵泵入塔内循环使用，并定期排放，第二级喷淋可吸收废气中剩余二氧化硫和有机废气氧化后产生的废气，尾气由原有的烟囱达标排放。萤石粉烘干尾气的处理，通过增加喷淋装置并结合废气有机物氧化法工艺，选用次氯酸钠作为氧化剂，经过各项工艺参数的调整，并根据氧化产生的酸性物质的特性增加了碱洗处理，通过测试，以上二级处理效果理想，处理后尾气排放的二氧化硫含量为 20mg • m^{-3} 以下，颗粒物含量在 7mg • m^{-3} 以下，远低于"特别排放限值"。

（3）工艺尾气

工艺尾气是氟化氢生产过程中副反应产生的气体与系统漏风进去的空气以及冷凝系统未冷凝的氟化氢的混合物，主要成分为空气、二氧化碳、二氧化硫、四氟化硅、氟化氢等。工艺尾气按要求执行 GB 31573—2015 规定的大气污染物排放限值。

① 传统处理方法　以前的处理流程大多是 1 级硫酸吸收回收氟化氢、3 级水洗吸收回收副产品氟硅酸和 1 级碱洗处理后高空排放。由于其成分与系统气密性、原材料中杂质含量及吸收液浓度等相关，污染物排放浓度波动较大。

② 改进方法　根据生产装置设备多楼层分布的特点，各楼层增设应急引风系统进碱洗，并将原 3 级水洗和 1 级碱洗改为 4 级水洗和 3 级碱洗，使尾气稳定达标排放。根据 SiF_4 与氢氧化钠反应会生成硅胶，易造成堵塞的特点，对碱洗塔的设计进行了改进，将不易积料的旋流板构造和螺旋喷雾方式相结合，使得生成的硅胶不能停留

在塔内，同时螺旋喷雾大大增加了气液混合吸收效果。采用了集成双层旋流板塔、两层螺旋喷雾、除雾层及人工冲洗的结构新模式。废气依次经过洗涤塔时，先与第一层的喷淋液进行气液两相重复吸收、中和，然后再与第二层的喷淋液进行气液两相重复吸收，最后经除雾层除雾后外排。碱液由循环水泵泵入塔内循环使用。喷淋塔内设置 pH 值及液位在线检测设备，根据 pH 值及液位的高低控制加药系统的启停及换水频率。处理后尾气排放的二氧化硫含量在 60mg · m^{-3} 以下，氟化物含量在 2.5mg · m^{-3} 以下，低于“特别排放限值”。

（4）出渣与放渣尾气

出渣与放渣尾气是氟化氢生产中反应残渣氟石膏颗粒间隙夹带的氟化氢气体、系统正压时从出渣螺旋泄漏的氟化氢气体、氟石膏中残余硫酸与萤石粉由于高温继续反应所产生的气体，以及氟石膏输送产生的粉尘与空气的混合物，主要成分为空气、氟化氢、粉尘。氟化物执行 GB 31573—2015 规定的大气污染物排放限值和特别排放限值。

① 传统处理方法　以前的处理流程大多是出渣和放渣各 1 级除尘和 2 级水洗吸收回收氟化氢后高空排放。由于其成分与系统气密性、系统压力、反应情况、吸气量大小及吸收液浓度等相关，污染物排放浓度波动较大。

② 改进方法　原处理流程不变，将原出渣和放渣处理后的尾气合并，新增 1 级碱洗，然后再高空排放。此处污染物主要为氟化氢，与氢氧化钠反应生成的氟化钠质量分数在 4%以下不容易产生沉淀，因此碱洗塔形式可采用填料塔，碱洗剂可采用 4%以下的氢氧化钾或氢氧化钠。废气由前端的水洗塔引入塔内，塔内共设置两层喷淋，废气先与第一层的碱液进行气液两相重复吸收中和，然后再与第二层的碱液进行气液两相重复吸收中和。碱洗喷淋塔设置 pH 值在线检测设备，当 pH 值低时由加药系统进行补充，碱液由循环水泵泵入塔内循环使用，定期排放。在塔顶端设置除雾装置，并设置人工冲洗系统，降低废气排放湿度。处理后尾气中颗粒物与氟化物含量均在 6mg · m^{-3} 以下，低于“排放限值”。

2.1.1.6.3　无水氟化氢工艺装备的改进

许多公司一直关注对传统生产工艺的改进，如改善无水氟化氢冷凝器腐蚀、改进 SiF_4 的分离工艺等，但目前仍存在生产工艺热能利用不足、导气箱腐蚀严重及堵管频率高、氢氟酸制备条件受限、反应转炉炉头炉尾密封性欠佳、有水氟化氢人工充装易产生喷溅现象等问题。福建龙氟化工有限公司通过改进反应转炉余热利用装置、新型导气箱及推渣耙、炉头炉尾机械密封装置、氢氟酸制备自动控制装置及有水氟化氢自动充装装置，改善了氟化氢生产条件，节能、降耗、减排，节约了生产成本，增加了氟化氢生产工艺的稳定性，延长了工艺设备的使用寿命。

（1）传统氟化氢生产工艺装备存在的问题

氟化氢生产工艺装备不仅要有较好的耐腐蚀、耐高温要求，而且生产系统是在密闭的环境下连续生产，因而对其密封性也有较高的要求。另外，反应转炉需要大量连续供应的热能，如何节能也是需要重点解决的问题。福建龙氟化工有限公司对生产工艺条件进行研究分析，重点归纳出 3 个关键问题：

① 氟化氢生产工艺热能利用不足　氟化氢生产过程中反应工序及分馏工序需要用到热能，关键设备中的反应转炉的热能需求量最大，占整个工艺热能利用的 90%左右，而分馏工序所需热能较少，仅在精馏塔釜及脱气塔釜需要 55～65℃的热源。氟化氢的生产工艺为连续运行，所需热能也必须是持续稳定地供给。现阶段大部分氟化氢生产线所需的热能均采用煤气发生炉产生的煤气经燃烧室燃烧产生热气，通过高温循环风机将热气通过管路引入反应转炉夹套空腔，余热大部分通过循环风机在转炉循环利用，但仍有一部分排空，排空的烟气温度可达 450℃，这部分热能未加以利用，因而存在能源浪费。分馏工艺所需的热能，大部分企业采用锅炉产生的蒸汽，通过相关辅助控制件来调节蒸汽开启及运行速度来达到所需的温度，分馏工艺中精馏塔釜和脱气塔釜所需的热量温度范围是 55～65℃，而蒸汽的温度是 100℃以上，因此这里也存在热能的浪费。

② 导气箱腐蚀严重及堵管频率高　原氟化氢生产反应转炉气体出口导气箱的材质为碳钢材料，由于受氟化氢的特性及高温的影响，导气箱很容易受到腐蚀。据统计分析，平均 40 天就需要进行检修更换，导气箱伸入节常常因腐蚀造成冷凝酸从机械密封处漏出，检修更换的频率高，不能连续性生产，造成生产停工损失成本大。另外，由于导气箱是直接与反应转炉连接的抽料管，与进料口距离非常接近，在负压作用下，易将原料萤石粉及其他微小粉尘杂质吸入堵在导气管水平过渡处，生产时间大约 2h 后，即会出现导气箱抽气不畅的现象，这将严重影响生产的连续运行，会导致炉头机械密封处漏气，不仅浪费粗制氟化氢的冷凝吸收，而且会对环境造成污染。

③ 反应转炉炉头和炉尾密封性欠佳　在传统的氢氟酸生产工艺中，反应转炉炉头和炉尾端盖密封均用弹簧压紧机构装置。实际应用中，因弹簧压紧力不足，密封并不严实，压盖处极易造成漏气，加上弹簧长时间在酸性条件下工作易腐蚀致弹力失效，因而严重影响其寿命。同时由于各弹簧间受力不均极易造成密封面偏差，造成漏气隐患。限于弹簧压紧机构在安装、维修拆装时的不便，在转炉检测维修中也存在较大的维护缺陷。

（2）传统工艺装备的改进

基于上述 3 个关键工艺装置的分析，该公司分别设计并制作出如下 3 项创新型工艺装置，经过 2 年的反复尝试与不断研究改进，现已全部成功实施应用到氟化氢生产工艺中。

① 反应转炉余热利用装置　改造前后供热系统流程如图 2-5 所示，图 2-6 是改造后反应转炉余热利用装置原理示意图。如图 2-6 所示，应用列管换热法设计换热器，热

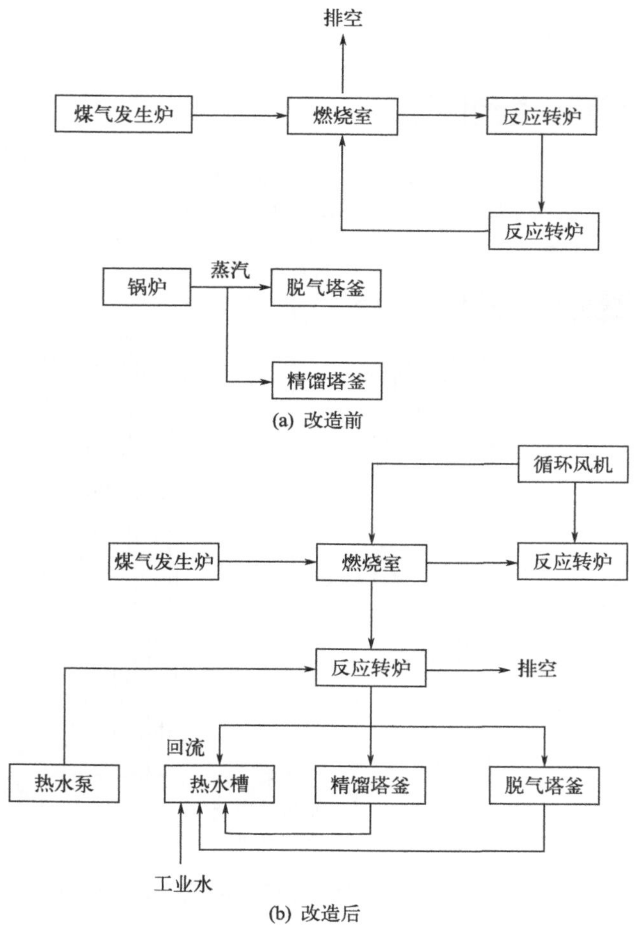

图 2-5　改造前后供热系统流程图

风从下端进入换热器，流经列管后从上端排出，水在换热器上端从列管外围流入换热器，与列管形成自上而下逆流换热，由于列管排列密度高，流入换热器的水得到快速分散加热，热水从换热器外壳的下端流出，达到高效吸收转炉余热的效果。应用管道和阀门，将脱气塔釜加热器、精馏塔釜加热器、换热器、热水泵及热水槽连通形成热水加热循环系统。在热水泵作用下，热水槽的热水经换热器进一步加热后，输送至脱气塔釜加热器和精馏塔釜加热器加热氢氟酸半成品，热水释放热能降温后，返回热水槽，形成热水加热循环通道。

② 新型导气箱及自动推渣装置　导气箱在高温（120～220℃）、强腐蚀条件下工作，因而需要用既耐腐蚀又耐高温的材料来制作。为达到上述目的，应用钢板衬聚四氟乙烯材料，设计新型的导气箱，如图 2-7 所示。采用这种耐腐蚀导气箱后，可减少

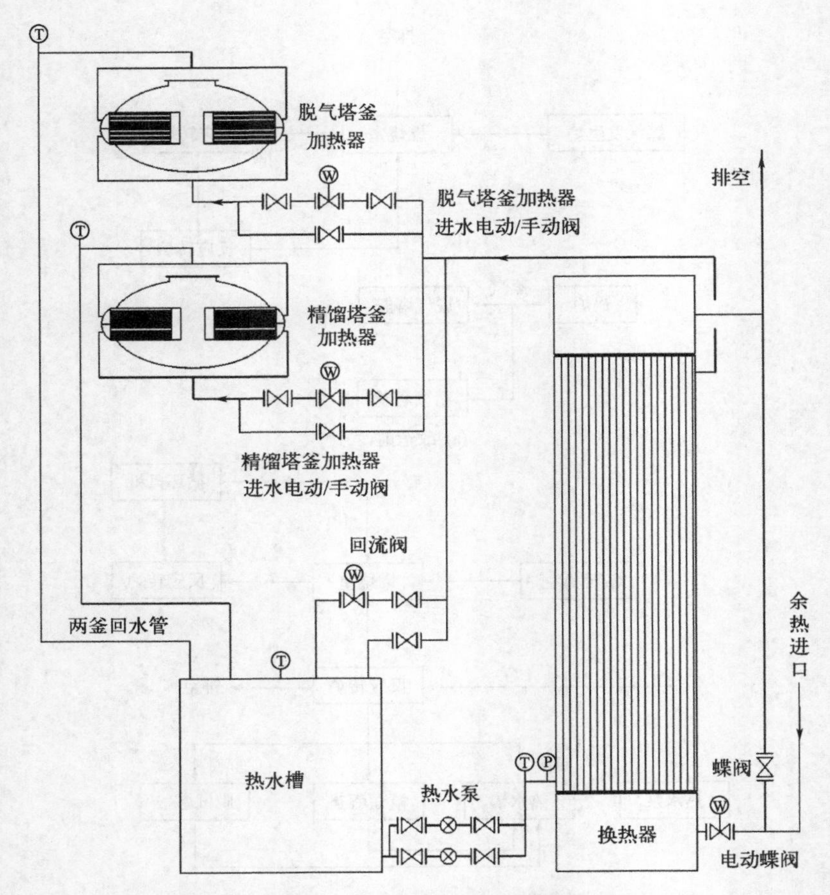

图 2-6　改造后反应转炉余热利用装置原理示意图

受氢氟酸气体高温腐蚀的影响，延长导气箱及伸入节的使用周期，两年只需更换一次，降低了维修频率，从而可节约维修成本。对于导气箱堵管的问题，应用变频电机、时间控制器、推渣耙、转轴、轴承座等部件设计导气箱自动推渣装置，解决氟化氢转炉导气箱淤堵问题，通过在导气箱过渡处安装自动化清堵机构，利用电机带动螺旋搅拌推渣耙，用时间控制器设定好推渣时间，就可以在设定的时间内自动将导气箱淤积的粉尘清理回反应转炉中，从而确保导气箱通畅。无需人工操作，可达到降低生产成本和工人劳动强度以及减少环境污染的目的。

③ 炉头炉尾机械密封装置　应用多气缸结构设计新型氟化氢转炉端盖气缸机械密封装置，解决前后炉门漏气和维修问题，减少了污染物排放，消除了安全隐患，如图 2-8 所示。通过使用气缸机械密封装置取代弹簧压紧装置，在反应转炉前端盖均布 4 个气缸，将空压机产生的空气源输入储气罐，再送至气缸，由气缸压紧端盖。

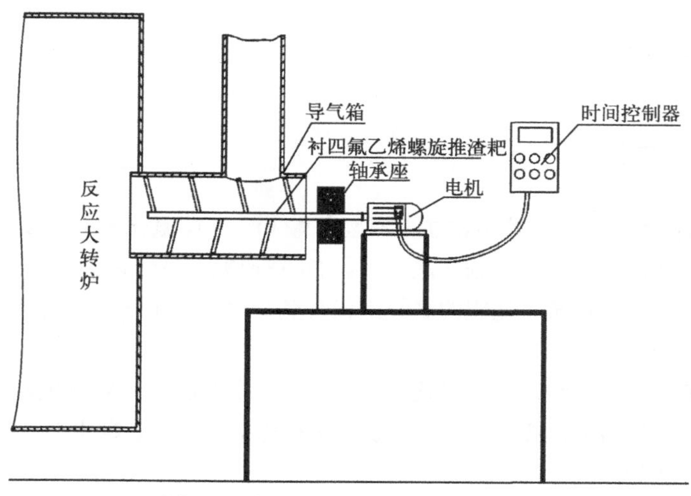

图 2-7　新型导气箱及自动推渣装置

因气缸为标准件，4 个气缸所产生的压力误差几乎为 0，反应转炉端盖所受的压紧力均匀，故机械密封较好，漏气现象得以很好的控制。同时气缸用耐腐蚀材料制作，因而其寿命也较传统弹簧高 3～5 倍或以上。在实际应用中，因气缸的压紧与松开完全由气源控制，检修时无需拆卸，只需将气缸气源断开，即可将端盖松开，无需拆密封机构，从而给转炉的检维修带来了极大的方便。

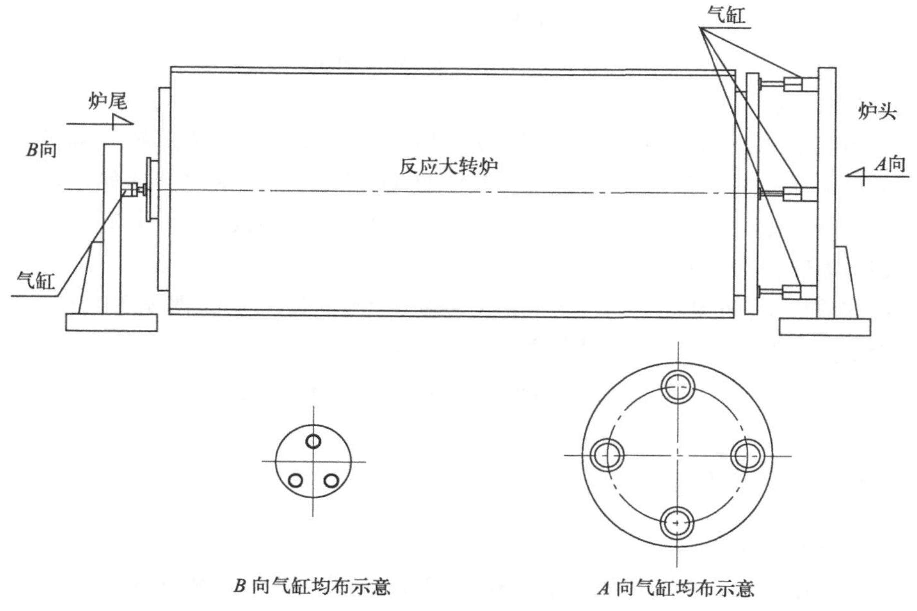

图 2-8　炉头炉尾机械密封装置

2.1.2 氟化铝生产工艺

2.1.2.1 生产方法

目前，国内氟化铝的生产方法主要有氢氟酸（湿法）、氟化氢（干法）、氟化氢（无水法）和氟硅酸法（又称磷肥副产法）。国内正在研究开发煤碱石法生产氟化铝和冰晶石工艺，用含有一定量氧化铝的高岭土代替氢氧化铝，用芒硝代替纯碱。

（1）氢氟酸（湿法）

以酸级萤石和浓硫酸以及氢氧化铝为原料，先通过萤石和浓硫酸反应生成有水氢氟酸，再与氢氧化铝进行液固反应，生成三水氟化铝，然后煅烧脱水得到氟化铝。其化学反应方程式如下：

$$CaF_2+H_2SO_4 \longrightarrow CaSO_4+2HF$$

$$3HF+Al(OH)_3 \longrightarrow AlF_3 \cdot 3H_2O$$

$$AlF_3 \cdot 3H_2O \longrightarrow AlF_3+3H_2O$$

（2）氟化氢（干法）

与湿法一样，也是以酸级萤石和浓硫酸以及氢氧化铝为原料。不同的是酸级萤石和浓硫酸反应生成的氟化氢气体经净化后与氢氧化铝进行气固反应，生成氟化铝，其化学反应方程式如下：

$$CaF_2+H_2SO_4 \longrightarrow CaSO_4+2HF$$

$$3HF+Al(OH)_3 \longrightarrow AlF_3+3H_2O$$

（3）氟化氢（无水法）

与湿法和干法一样，也是以酸级萤石和浓硫酸以及氢氧化铝为原料。不同的是前两种原料反应生成的氟化氢气体经过冷凝精馏制成更为纯净的液态无水氟化氢，再将其汽化加热后与氢氧化铝进行气固反应，生成氟化铝，反应式与干法相同。

（4）氟硅酸法（又称磷肥副产法）

氟硅酸与氢氧化铝进行液固反应，生成氟化铝与硅胶，经过滤除硅胶后使含氟化铝滤液结晶，干燥制得成品，其化学反应方程式如下：

$$H_2SiF_6+2Al(OH)_3 \longrightarrow 2AlF_3+SiO_2+4H_2O$$

2.1.2.2 工艺过程

（1）氢氟酸（湿法）

首先将酸级萤石粉与浓硫酸于 100～120℃在混捏机的预中和反应器中进行预反应 30%，然后在 160～200℃回转窑内反应完全生成氟化氢气体，将所得的氟化氢气体在吸收塔内用水直接吸收成 30%左右的氢氟酸。而后，用蒸汽对氢氟酸进行加热，至 50～60℃时，在不断搅拌下与氢氧化铝混合反应，生成氟化铝过饱和溶液，控制溶液最终氟化氢浓度保持在 3～7g・L^{-1}。随后对氟化铝过饱和溶液进行自然冷却、结晶、过滤（含 22%游离水的三氟化铝滤饼）和高温（550～600℃）脱水干燥四道工序，最后得氟化铝成品。该生产方法目前仍是国内多数中小氟化盐厂普遍采用的传统工艺，其特点是技术水平落后、工艺流程长、设备腐蚀严重、生产成本高、环境污染大、产品质量差，已属于淘汰之列。

（2）氟化氢（干法）

该法生产工艺流程如图 2-9 所示，工艺过程可分为两部分，即氟化氢的发生部分和氢氧化铝的氟化部分。首先将酸级萤石粉与 20%发烟硫酸和 98%浓硫酸于 100～120℃在混捏机的预中和反应器中进行预反应 30%，然后在 160～200℃回转窑内反应完全，所得氟化氢进入流程中的净化系统除尘和除硫酸。将干燥的氢氧化铝（含水 12%）经料仓送入双层流化床反应器上部，同时从双层流化床反应器底部引入净化的氟化氢气体，氢氧化铝在此反应器的上床层于 350～400℃下被焙烧脱去结合水，并部分氟化。三氟化铝的含量从双层流化床反应器上部到底部逐渐增加，最后于 500～600℃在双层流化床反应器底部全部生成三氟化铝，经过滚筒冷却器冷却即得产品，送包装。反应中，将燃烧器燃烧得到的高温烟气从双层流化床反应器底部通入，使料层沸腾，并提供维持反应温度的热源。

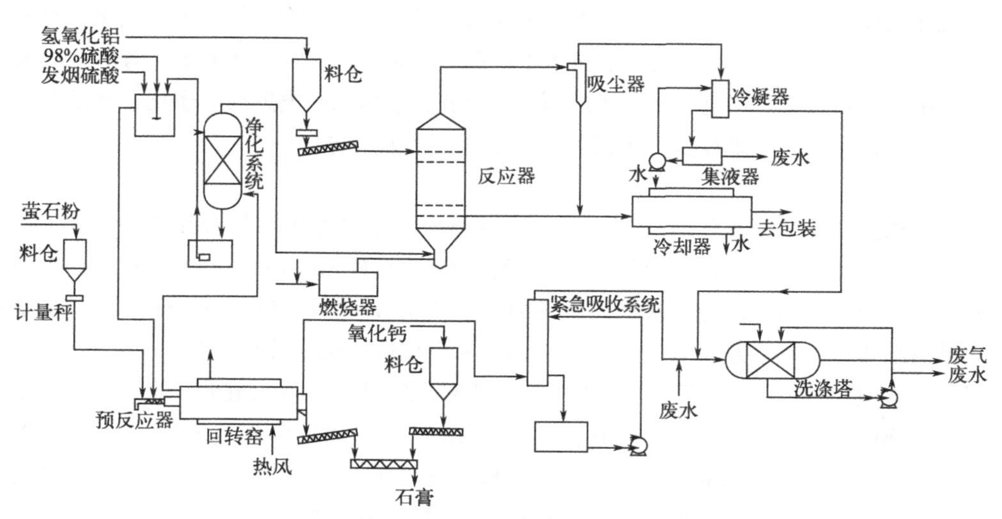

图 2-9 氟化氢（干法）生产氟化铝工艺流程图

干法氟化铝生产工艺是 20 世纪 80 年代湖南湘铝有限责任公司从瑞士布斯（BUSS）引进的第二代技术，使用萤石生产的未处理 HF 气体（90%）为原料和氢氧化铝在流化床反应器中高温反应，氟化铝主含量达到90%，水分低，容重大，产品颗粒大，流动性好，但由于使用的是未完全净化的HF气体（90%），因此其产品杂质含量偏高。

（3）氟化氢（无水法）

此工艺过程可分为两部分，即无水氟化氢的制备部分和氢氧化铝的氟化部分。首先将酸级萤石粉与20%发烟硫酸和98%浓硫酸在160～200℃回转窑内反应，所得氟化氢进入流程中的冷凝精馏系统，制成纯净的液态无水氟化氢，除去的水分、硫酸、二氧化硫、三氧化硫、四氟化硅等杂质制成稀硫酸和氟硅酸，稀硫酸配合发烟硫酸后回用，氟硅酸作为副产品。将干燥的氢氧化铝（含水12%）经料仓送入高膨胀高速循环流化床反应器上部，同时从流化床反应器底部加入加热汽化的无水氟化氢，氢氧化铝在此反应器内于500～600℃进行氟化反应，在流化床反应器底部全部生成三氟化铝，经过滚筒冷却器冷却即得产品，送包装。反应中，将燃烧器燃烧出来的高温烟气和汽化的无水氟化氢混合，从流化床反应器底部通入，使物料高速流化，并提供维持反应温度的热源。

无水氟化铝生产工艺是21世纪初多氟多化工自主开发的第三代新技术。其特点是经精制除杂的液态氢氟酸直接喷入高膨胀流化床，迅速汽化，在540～560℃的高温下，气态氟化氢和氢氧化铝在高膨胀流化床反应器内反应生成无水氟化铝（利用反应热除掉氢氧化铝的水分）。反应尾气经三级旋风除尘，分离的固体返回流化床和进入产品，除尘后的尾气经文丘里洗涤系统用碱液洗涤，达标排放。采用高膨胀高速循环流化床反应器，气固分布均匀，混合效果好，反应转化率高，装置占地较小。整套装置能耗低，产出率高。利用该项技术生产的无水氟化铝产品主含量高、容重大、水分及杂质含量极低，在电解铝生产过程中，能够有效地调整电解质分子比，降低挥发物的损失，最大限度地减少环境污染，是氟化铝的发展方向。

（4）氟硅酸法

该法生产工艺流程如图2-10所示。将磷肥生产企业中产生的含氟废气四氟化硅和氟化氢气体通过二级循环吸收后，制得氟硅酸溶液（H_2SiF_6 15%，P_2O_5＜0.25g・L^{-1}），而后对符合要求的氟硅酸溶液在计量槽中进行预加热，当温度至78～80℃时，在搅拌槽内与氢氧化铝料浆（Al_2O_3干基≥64%）混合反应，反应温度在100℃以下，生成氟化铝溶液和硅胶沉淀。反应完成后，在水平带式过滤机上除去硅胶，滤液进入结晶器，在90℃保温3～4 h，即得$AlF_3\cdot3H_2O$结晶，离心分离得$AlF_3\cdot3H_2O$滤饼（水分为5%；其他杂质为SiO_2 0.1%，P_2O_5和Fe_2O_3＜0.01%），经计量后由螺旋输送器先后送入两个沸腾炉进行脱水。第一个沸腾炉温度控制在205℃左右，先除去大部分水，使$AlF_3\cdot3H_2O$的总水量（包括结晶水）从45%左右降低到6%；余下水分则由第二个沸腾炉完全除去，该炉温度为590～650℃。经过脱水的无水氟化铝，冷却至80℃即得成品，送包装。

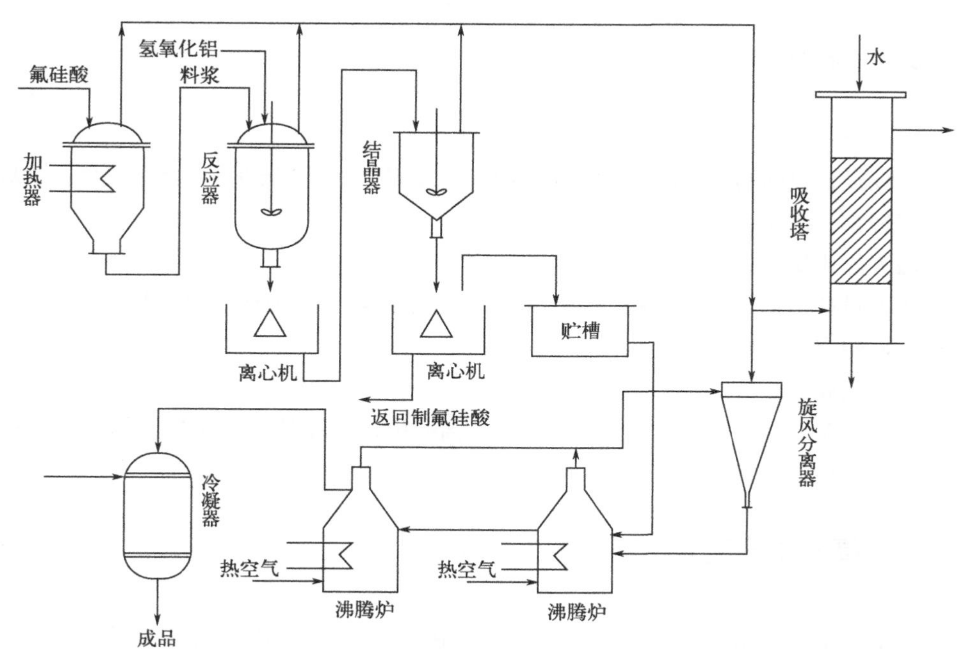

图 2-10　氟硅酸法生产氟化铝工艺流程图

江西贵溪化肥厂在 20 世纪 90 年代初从法国 Aluminium Pechiney 引进该技术，其最大的特点是氟硅酸原料来自磷肥生产中的副产品，节约了能源，有利于环保，从而使其生产成本较低，而且其产品质量也较好（主含量高、水分低），其化学成分与 BUSS 干法氟化铝产品比较接近，因而其产品具有较强的市场竞争力。但是该方法生产出来的氟化铝物理性能不如干法产品（相对密度较小，仅为 0.7～0.8，流动性差，含大量细小颗粒），生产装置稳定性较差，工艺比较复杂，流程长等。国外此法也较为普遍，但将逐渐被淘汰。

2.1.2.3　原料消耗

国内外各种氟化铝生产方法的原料消耗见表 2-2。

表 2-2　生产氟化铝方法的原料消耗　　单位：$kg \cdot t^{-1}$

原料	国内湿法	无水法（多氟多）	国内氟硅酸法	国外氟硅酸法（林茨）	干法（BUSS）
萤石（≥97%）	1577	1440	—		1450
硫酸（100%）	2276	1780	—		1800
$Al(OH)_3$（100%）	966	1030	1220	1120	1030
氟硅酸	—	—	1160	1100	

2.1.2.4 关键设备

（1）氟化氢（干法）

主要设备包括制 HF 的反应器和制 AlF_3 的反应器、沸腾流化床、净化系统、冷却器、回转窑、洗涤塔。

（2）氟化氢（无水法）

主要设备包括制 HF 的反应器和制 AlF_3 的反应器、高膨胀流化床、精馏系统、冷却器、回转窑、洗涤塔。

（3）氟硅酸法

主要设备有加热器、反应器、沸腾炉、离心机、冷凝器、吸收塔、旋风分离器、过滤机、干燥器、结晶器。

2.1.3 氟气生产工艺

1886 年，法国化学家莫桑以铂作电极，用铂铱合金 U 形管作电解装置，内装含有微量氟化钾的无水氟化氢液体，首次成功地电解得到氟气。1919 年，美国学者安哥等人以熔融 KHF_2 为电解液对制氟方法做了重大改进。1934 年，凯迪发现了 KF・2HF 熔盐制取氟气的方法，这就是“中温电解法”。目前，国外氟气工业中温电解槽单槽电流已达 20kA，国内一般为 6～10kA。

2.1.3.1 生产原理

氟气的制备根据所用电解液的不同可分为若干种方法，但无论哪种方法都离不开 HF 电解。

阴极：$4HF+2e^- \longrightarrow 2HF_2^- +H_2$

阳极：$2HF_2^- - 2e^- \longrightarrow F_2+2HF$

总反应式：$2HF \longrightarrow H_2+F_2$

HF 沸点为 19.5℃，室温下的蒸气压较高，操作麻烦。因此，把 HF 和蒸气压低的 KF 形成的复盐 FK・*x*HF 作为氟电解用的电解浴。每电解产出 1kg 氟气，会放出约 34.8MJ 的热量，因此要考虑电解槽的传热问题。

2.1.3.2 原材料规格要求

配制电解质用的原料 KHF_2 及无水 HF 应分别符合表 2-3 和表 2-4 所列要求。

表 2-3　原料 KHF_2 的规格要求

成分	质量分数/%	成分	质量分数/%
氟化氢	24.5～26.5	重金属（Pb）	≤0.02
氟硅酸钾	≤0.6	水分	≤0.1
硫酸盐	≤0.05	水不溶物	≤0.2
氯离子	≤0.05	有机物	0
铁	≤0.01	氟化钾	72～74

表 2-4　无水氟化氢的规格要求

成分	质量分数/%	成分	质量分数/%
氟化氢	99.4	二氧化硫	≤0.1
硫酸	≤0.05	水分	≤0.03
氟硅酸	≤0.2	—	—

2.1.3.3　氟电解的主要影响因素

电解制氟的影响因素较多，主要影响因素有：

（1）HF 和电解质中的水分及杂质

水分高会导致腐蚀加剧，产生更多的 H_2 和 O_2，还会加速阳极极化，应严格控制，或采用预脱水处理。电解质中的硫酸根、氯离子和氟硅酸根会加剧腐蚀并产生杂质气体，如硫酸根会腐蚀碳电极并生成 SO_2F_2，氯离子和氟硅酸根会生成氯氟化物及 SiF_4，应严格控制。

（2）电解槽液位

液位过高会导致出气口淹没，不利于电化学反应所生成气体的及时排出；液位过低，会影响极板的有效面积和产率，还容易发生阴阳极串气，引起爆炸。要求电解过程中液位控制稳定，减少波动。

（3）电解液的流动状态和清洁

电解液的流动状态影响极板表面的湿润和更新，强制流动可冲刷电极板，使附于电极板上的杂质和气泡及时脱离极板，降低极间电阻，增加极板的有效面积。静态电解槽中，浮游杂质和泥浆会增加电解液的电阻，影响产率，同时还影响传热，如果采用外循环，可及时过滤除去电解液中的浮游杂质和泥浆，有利于电解的稳定。

（4）电解槽传热

电解槽传热不良会影响槽内温度的均匀性，进而影响电极的寿命及 HF 的夹带量。

2.1.3.4 工艺流程

由于氟气的化学性质非常活泼，多数企业都是将氟气作为中间产品，用来生产其他氟化物，如六氟化铀和六氟化硫等。中温电解是工业制氟普遍采用的方法，图 2-11 是法国某工厂的中温电解制氟工艺流程。工业生产流程由六个基本单元组成，即电解液准备单元、电解单元、电解气净化单元、氟气压缩包装单元、废气处理单元和废液处理单元。

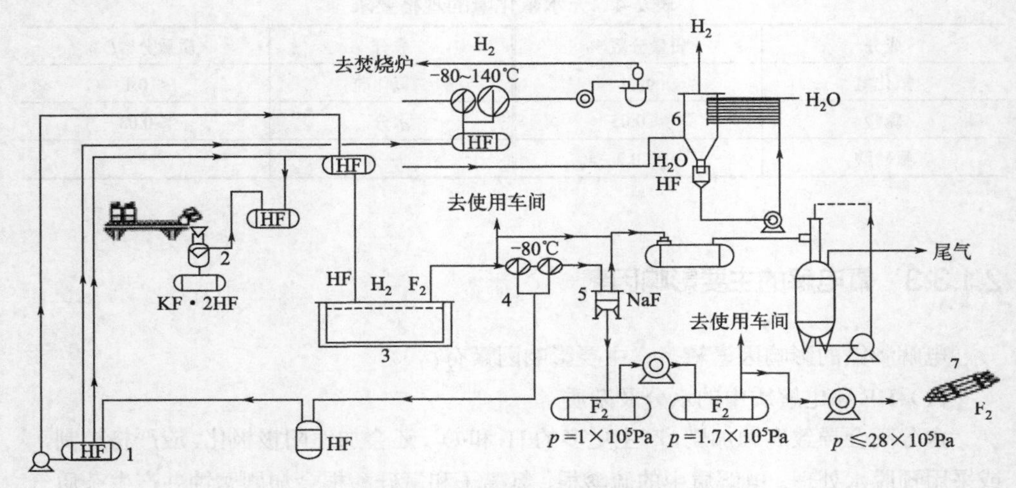

图 2-11　法国某工厂的中温电解制氟工艺流程

1—HF 储罐；2—电解质配制罐；3—电解槽；4—除雾器；5—填充塔；6—淋洗塔；7—氟气钢瓶

（1）电解液准备单元

将固体 KF 加入电解质配制罐中，电解质配制罐带冷却夹套，无水氟化氢从储罐经计量槽计量后，利用位差、压力差或用泵按比例加入电解质配制罐，再进入预脱水槽，在低电压下进行预脱水（当无水氟化氢中水分含量很低时也可省去该步骤），再加入适量的氟化锂电解质，用氮气从置于专用小车上的转移罐中将熔融的电解液压入电解槽，转移罐的温度保持在（85±5）℃。

（2）电解单元

电解单元通常由电解槽、低压整流系统、无水氟化氢补加系统和冷凝回流系统构成。低压整流系统提供电解所需的低压直流电源，往往采用串联设计，分供每一电解槽的电压约为 10V。电解槽带有加热和冷却夹套，启动时需要通热水预热，开始反应后系统放热，需要用冷却水降温，使槽内温度控制在一定的工艺范围内。槽体分隔为阴极室和阳极室，通过电化学反应，分别在阴极和阳极产生氢气和氟气，阴极室出来的是氢气和HF的混合气体，阳极室出来的是氟气和HF的混合气体。通过转移罐将电解液加入电解槽，调整液面，使隔膜浸入电解液100～150mm，再用氮气对系统进行置换和检漏。电极与隔膜、槽体和地面之间的绝缘检查合格后，电解槽方可投用。初始用较低的电流运行，当残存的水分和硫、硅化合物基本消失后提高电流，阳极气还需要监控其中的四氟化碳（CF_4）含量，当CF_4含量太高时降低电解电压。电解过程中不断向电解槽中补充无水HF以维持电解正常进行，无水HF补加系统可通过质量流量计和预热汽化器将HF以鼓泡方式进入电解液，被电解液吸收。冷凝回流系统由除雾器和冷凝器组成，先通过除雾器分离出固体电解质，再进入冷凝器采用–80℃以下的低温冷媒进行换热，将大部分HF冷凝回收循环使用。

（3）电解气净化单元

电解气净化单元包括氟气净化单元和氢气净化单元。经阳极冷凝回流系统分离大部分HF后，氟气中仍含有少量HF和其他杂质，将其经过氟化钠填充塔进行净化处理，净化处理后的氟气进入低压罐。氢气中仍含有少量HF，经淋洗塔用水循环淋洗除去HF。

（4）氟气压缩包装单元

低压氟气采用金属膜片压缩机增压，有时需要两级压缩，再装到纯氟气专用钢瓶中。也可将氟气送入混合罐，再用氮气等惰性气体稀释成氟氮混合气，压缩包装到混合气专用钢瓶中。专用钢瓶在充装前需经严格检验、脱脂和干燥处理。

（5）废气处理单元

包括初期杂质气处理装置、氮气处理系统及钢瓶处理吸收装置。初期杂质气处理装置包括除尘器、氟化氢回收塔、转化塔、碱洗塔和循环泵，尾气经除尘器除掉粉尘后，进入氟化氢回收塔回收夹带的氟化氢，然后经过转化塔将氟转化为无毒不燃化合物（小型装置可不设转化塔），进一步用碱液洗涤除去残存氟化氢及少量气体氟，最后排空。氮气处理系统由氮气瓶、干燥器、缓冲器、流量计和管道组成，用来对电解槽系统及工艺管路进行吹扫置换和防蚀保护。钢瓶处理吸收装置为负压膜式淋洗幕，包括碱液循环泵、喷淋幕和真空泵，其特点是抽吸阻力小，吸收效果好。

（6）废液处理单元

废液处理单元包括废酸液抽吸装置和电解质回收装置。废酸液抽吸装置如图2-12所示，由真空泵、真空罐、真空管、废酸管、储酸罐等组成，用以排空电解槽内剩余电解液和清除电解槽产生的废酸液。电解质回收装置包括溶解、中和、蒸发、结晶、干燥等单元操作，将电解槽中报废的电解质（主要含KHF_2和HF）用水或KOH溶液溶解，母液在蒸发釜中蒸发成饱和溶液后，通入适量的HF，使其形成KHF_2晶体，烘干水分，回收循环使用。

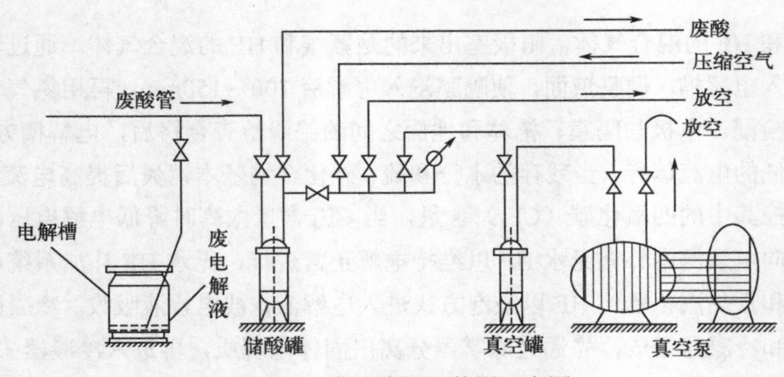

图 2-12 废酸液抽吸装置示意图

2.1.3.5 电解液配方与工艺指标

中温电解槽的配方为：KF·*x*HF，HF 质量分数在 40.78%左右，一般控制在 38%～41%。

电解液配制时温度：控制在 78～84℃。

电解槽液面使隔膜浸入电解液 100～150mm。

电解槽工作温度：90～110℃。

预处理（脱水）电压：5～7V。

电解槽工作电压：8.5～10.5V。

工作电流：与电解槽规模有关，工业电解槽通常为 3～20kA。

电流效率：90%～95%，每生产 1kg F_2 能耗约 15～20kW·h。

每生产 1kg F_2 大约消耗 1.1kg HF。

2.1.3.6 氟气安全生产与环境保护

（1）氟气的毒性与危险性

氟是最活泼的化学元素，几乎和所有的元素都能相互作用，并能与除更高价的氟化物之外的所有化合物相互作用。氟气是强氧化剂，会与润滑油等油脂、纤维素及天然橡胶等有机物剧烈反应。氟气与有机物反应所产生的热量也常常会引发金属与氟气的反应，而一旦开始反应，会伴生大量的热，加速反应，很难控制。

同样，氟气对生物体也具有极高的反应性，即使是稀薄的氟气也会强烈地刺激和侵蚀鼻子、眼睛和呼吸气管黏膜。美国卫生协会规定的允许浓度为 1×10^{-6} 以下，即使在这种浓度附近，与皮肤接触有时也会引起烫伤、坏死，吸入时有时会引起肺水肿、肺出血，陷入昏迷，人的眼睛对氟最敏感。

① 急性中毒 氟气高浓度时有强烈的腐蚀作用，接触眼和上呼吸道，出现强烈

的刺激症状，重者引起肺水肿、肺出血、喉及支气管痉挛。氟对皮肤、黏膜有强烈的刺激作用，高浓度可引起严重灼伤，接触部位凝固性坏死、上皮组织炭化等。

② 慢性中毒　可引起慢性鼻炎、咽炎、喉炎、气管炎、植物神经功能紊乱和骨骼改变，尿氟增高。当氟浓度为（5～10）×10^{-6}时，对眼、鼻、咽喉等黏膜有刺激作用，作用时间长时也可引起肺水肿。慢性接触可引起骨硬化症和韧带钙化。

氟气制备和使用过程中，主要存在燃烧、中毒、化学灼伤等事故风险。

（2）安全技术措施

① 选择合适的材质　正确地选用氟气生产设备和管道的材质是保证安全生产的前提。氟气具有极强的反应性，适用于氢氟酸的材质，未必对氟气适用；氟气与金属表面由于形成氟化物而得到钝化，反而可以作为设备的材质使用。表 2-5 是各种金属及含氟高分子材料对氟气的可用温度范围。在金属材料中，对于干燥氟气的高温耐腐蚀性按哈氏合金、英科耐尔合金、铝、镍、蒙乃尔合金、铜的顺序排列，但从机械强度和加工性方面考虑，550℃以内的反应器都采用哈氏合金、镍或蒙乃尔合金。另外，在常温下经常与高压或高浓度的氟气接触的减压器、阀门或压力表材料也使用镍或蒙乃尔合金。密封用垫圈用铝或退火过的镍或铜是安全的。如果能使垫圈与氟气的接触面积尽可能减小，如采用榫槽密封面的垫圈，在常温下也可使用 PTFE、FEP、PCTFE 等含氟聚合物，但若在高浓度（20%以上）氟气流经的管路上长期使用，必须密切监视。常温下的氟气管道可以使用铜或不锈钢 SUS316 材质。管道上的阀门可用隔膜阀、全不锈钢阀或弹簧箱式阀门。氟气的压缩选用特殊型号的镍基合金制成的膜式压缩机，并通过惰性液体介质（全氟油和五氟化锑）传递压力，使膜片前后振动，将氟气增压，当升压值较大时，推荐用双层膜片。

表 2-5　各种金属及含氟高分子材料对氟气的可用温度范围

材质	适用温度范围/℃	备注
哈氏合金	≤500	—
蒙乃尔合金	≤550	—
镍	＜600	—
英科耐尔合金	≤400	—
铜	＜300	—
铝	≤400	—
铂	＜250	形成挥发性氟化物，不能在高温下使用
碳钢	≤50	Si＜0.03%
石英玻璃	＜250	—
聚四氟乙烯	≤50	—
聚全氟乙丙烯	≤50	—
聚三氟氯乙烯	≤40	即使在低浓度下也不适合于长期使用
氟橡胶	室温	即使在低浓度下也不适合于长期使用

② 系统脱脂清洗并干燥　氟气具有极强的氧化性，能与油脂等有机物及粉屑剧烈反应，放出大量热，继而引发金属与氟气反应而产生更多的热量，从而失去控制，甚至导致金属材料熔化破裂、毒气冲出等事故；水分的存在，会形成氟化氢等气体，水分含量高时会加剧腐蚀。因此，电解槽、净化系统、包装钢瓶都要除去焊渣和毛刺，脱脂清洗，例如采用丙酮脱脂，然后使其完全挥发。特别要注意诸如压力表等测量仪表、阀门等元件一般都会有油脂，却容易被忽视，必须同样地进行脱脂和干燥除水。对设备或管道边加热边抽真空处理，除水的效果比较好，也可以采用干燥热空气或热氮气进行流动式或间歇式除水。

③ 严格进行系统气密性检查　装置的气密性是安全运行的先决条件，必须高度重视。可通入干燥的空气或氮气等惰性气体到被查系统中，通过肥皂水检漏并消除缺陷后，将系统压力充到正常操作压力的 1.1 倍以上（但应低于设计压力值）进行气密性试验。气密性试验过程中要注意环境温度变化对压力测量值的影响，在系统稳定后读取初始及最终的温度和压力值，利用气体状态方程，将终压力值换算到初值温度下的压力值，再计算系统泄漏率。压力测量仪表最好使用高精度仪表，如能将测量值引入集散控制系统之类的计算机系统，适当进行组态编程，可以更快得到结果。通常在充压后的 0.5h 之后，即可读取初值，随后即可观察气密性试验曲线，获得小时泄漏率。较大的反应系统，小时泄漏率在 0.05%以内即为合格，小的实验装置可放宽要求。

④ 系统内表面钝化处理　对于氟气系统而言，材料的耐腐蚀性有赖于氟化物钝化膜的形成，即使是用耐腐蚀材料制成的反应装置，使用前也必须对装置的内表面进行钝化处理。钝化处理是在系统脱脂和干燥处理之后进行的，一般步骤为：a. 将系统抽真空；b. 在常温下通入少量的氟气，使系统压力达到 10～20kPa，并于常温、10～20kPa 的氟气氛围下静置一天；c. 按方案设定的最高反应条件通入氟气。

⑤ 电解槽及电解厂房的防爆措施　由于氟化氢电解制备氟气的过程中有氢气伴生，要注意氢气的隔离，防止电解槽内发生混合气体爆炸。氢气管路上宜设置水封，以防憋压；厂房上部要安装抽排风装置，防止氢气集聚；电解厂房最好实行遥控或隔离操作。

⑥ 个体防护　接近电解槽时必须正确穿戴防护手套、防护面罩、防酸服和防酸鞋，避免与电解质、氟化氢或氟气直接接触。生产车间应备有应急的隔离式防毒面具。要设置淋洗器和风向标，巡回检查或操作时，要特别注意风向标，应站在上风向位置作业。即使是短时间使用低压氟气，操作人员也必须有适当的防护，要戴安全眼镜和干净的橡胶手套。接近稍高压力的氟气阀门或钢瓶时，一定要戴防护面罩，还应备好供氧面具。高压氟装置如发生泄漏，氟与金属反应会引起燃烧，所以还应有屏蔽保护。钢瓶应安放在离操作岗位一定距离，采用延伸的手柄操纵阀门。

（3）泄漏应急处理与疏散距离

① 泄漏应急处理　迅速撤离泄漏污染区人员至上风处，并立即隔离，严格限制出入，切断火源。建议应急处理人员戴自给式正压呼吸器，穿防毒服，从上风处进入现场。尽可能切断泄漏源，合理通风，加速扩散，喷雾状水稀释、溶解，构筑围堤或挖坑收容产生的大量废水。如有可能，将残余气或漏出气用排风机送至水洗塔或与塔相连的通风橱内。漏气容器要妥善处理，修复、检验后再用。若泄漏来自用户系统，应关掉钢瓶阀门，在修复前一定要泄压并用惰性气体吹扫，尾气经过吸收系统处理后用大量空气稀释排空。

② 泄漏事故中的疏散距离　在危险化学品泄漏事故中，必须及时做好周围人员及居民的紧急疏散工作。疏散距离分为两种：紧急隔离带是以紧急隔离距离为半径的圆，非事故处理人员不得入内；下风向疏散距离是指必须采取保护措施的范围，即该范围内的居民处于有害接触的危险之中，可以采取撤离、密闭住所窗户等有效措施，并保持通信畅通以听从指挥。由于夜间气象条件对毒气云的混合作用要比白天小，毒气云不易散开，因而下风向疏散距离相对比白天远。表2-6为发生氟气泄漏事故中的疏散距离参考数据。

表2-6　氟气泄漏事故中的疏散距离

疏散类型	少量泄漏	大量泄漏
紧急隔离	30m	185m
白天疏散	0.2km	1.4km
夜间疏散	0.5km	4.0km

（4）预防与急救

工作场所严禁吸烟、明火、进食和饮水。工作完毕后，淋浴更衣，保持良好的卫生习惯。盛装气体的钢瓶要远离火源、热源，严禁与还原性物质、氢气、有机物、可燃物、油脂共存。车间设施放置整齐，设备间距符合安全规范，安全通道畅通，有组织排风，标志清楚醒目。

消防人员必须穿戴特殊防护服，在上风口或隐蔽处操作；须有无人操纵的定点水塔或雾状水保持火场中容器冷却直到火被扑灭，切不可将水直接喷到漏气的地方，否则会助长火势；从泄漏区疏散所有人；如果可能且没有危险，从火场移走氟气钢瓶；如有可能，切断通往火场的气源。

眼睛或皮肤受刺激时迅速用水冲洗之后就医诊治。一旦吸入氟气，应迅速脱离现场至空气新鲜处，保持呼吸道通畅，并保持温暖舒适。如呼吸困难，应给予输氧；如呼吸停止，应立即进行人工呼吸。

（5）三废处理

废氟气不允许直接排入大气，需经过处理，符合排放标准后排放。对于浓度高的废氟气，用木炭直接燃烧作为一级处理，经一级处理后的废气中含有少量氟气和氟化氢等有害气体，再经过以 5%～10%碳酸钾水溶液喷淋的填料吸收塔吸收处理。也可采用粒状碱石灰反应器作为一级处理，少量废气也可直接用水吸收或用干式活性炭吸附作为二级处理。

含氟尾气可以将其转化为无毒的氟碳化物或含氟盐。可用下列方法：苛性碱溶液淋洗；通过矾土、石灰石、石灰或碱石灰填充塔；与焦炭燃烧；与甲烷或丙烷燃烧。工业实践中可行的尾气处理方法是与焦炭燃烧和碱液淋洗。碱液用苛性钾更好，因为生成的氟化钾溶解度较大。

2.2 新兴生产工艺

2.2.1 氟碳化学品

2.2.1.1 HCFC22 的生产工艺

HCFC22 是用途广泛的基本有机化工产品，它主要用作聚四氟乙烯的原料、大型制冷设备的制冷剂，也用于高效灭火剂和气雾喷射剂的生产。目前国内的生产方法主要采用氯仿在五氯化锑催化下与氟化氢在反应釜中，在一定温度和压力下发生液相氟化反应制成。

（1）生产原理

HCFC22 是由氯仿和无水氢氟酸在含有部分氟化的五氯化锑催化剂溶液中连续反应合成的，整个过程主要是生成 HCFC22 和氯化氢，反应式如下：

主反应
$$CHCl_3+2HF \xrightarrow{SbCl_5} CHClF_2+2HCl$$

副反应
$$CHCl_3+HF \xrightarrow{SbCl_5} CHCl_2F+HCl$$

$$CHCl_3+3HF \xrightarrow{SbCl_5} CHF_3+3HCl$$

其反应过程是基于氟化氢和催化剂 $SbCl_5$ 的反应开始的，反应机理如下：

$$SbCl_5+HF \longrightarrow SbCl_4F+HCl$$

$$CHCl_3+SbCl_4F \longrightarrow CHCl_2F+SbCl_5$$

$$CHCl_2F+SbCl_4F \longrightarrow CHClF_2+SbCl_5$$

由于反应体系中温度、压力和催化剂等因素的影响，部分二氟一氯甲烷在整个反应体系中会进一步与 $SbCl_4F$ 发生反应生成副产物三氟甲烷，而且该反应也始终伴随着整个主反应在进行，其在整个氟化目标产物二氟一氯甲烷中的含量为 1.5%～3.0%，反应式如下：

$$CHClF_2+SbCl_4F \longrightarrow CHF_3+SbCl_5$$

（2）工艺流程

图 2-13 是某工厂的 HCFC22 生产工艺流程简图。工业生产流程由五个基本单元组成，即氟化反应单元、氯化氢分离与精制单元、粗产品处理单元、产品精馏单元和事故洗涤单元。

① 氟化反应单元　来自氯仿储槽和无水氟化氢储槽的原料进入反应器，氟化反应控制在 60～120℃，由于在生产过程中存在五价锑向三价锑的还原反应，因此需相对持续稳定地通氯气，以保证五价锑的含量。反应物料进入反应器回流塔，出料组成包括反应产物 HCFC22、副产物 HCFC21 和 HCFC23、氯化氢和微量光气，以及未反应的氟化氢、氯仿和催化剂。本工序利用分馏的原理，物料经冷凝、回流、分馏洗涤，催化剂和大部分未反应的原料以及 HCFC21 返回反应器中，以 HCFC22 和氯化氢为主的混合气体进入后续的氯化氢分离工序。一部分氯仿、HCFC21、氟化氢在夹带上来的催化剂作用下进行氟化反应，从而提高了氟化氢的利用率。

② 氯化氢分离与精制单元　来自反应器回流塔的气体物流进入氯化氢精馏塔，采用低温精馏，分离氯化氢。塔顶分离出的氯化氢中含有低沸点的 HCFC23 和少量氟化氢等，塔釜为 HCFC22、HCFC21、氟化氢和少量的氯化氢。塔釜物料进入后续的水洗工序。对于氯化氢气体不能得到综合利用或者不生产高品级盐酸的企业，也可以直接将反应器回流塔出来的混合气体进行水洗碱洗。来自氯化氢精馏塔顶的氯化氢中含有微量的氟化氢及 HCFC23，必须除去其中的氟化氢。氯化氢精制就是利用脱氟剂对氟化物的吸收作用，使氯化氢气体通过脱氟剂床层，以除去氯化氢气体中的氟化氢。根据通过脱氟剂床层后氯化氢中氟离子含量来决定是否切换备用吸附床及更换脱氟剂。更换下来的脱氟剂经水洗除酸后，废渣送厂外指定地点深埋处理。

③ 粗产品处理单元　来自氯化氢塔釜的混合物进入本工序，本工序利用有机物不溶于水而酸性气体易溶于水的特性，使物料和水在水洗塔内接触，有机物在水中沉降，从塔釜出料进入碱洗塔。酸性气体溶于水形成相对密度小一点的酸溶液从塔底排出，以达到除去酸性气体的目的。来自水洗塔底部的物料尚有微量的酸性气体，利用 5%～8%浓度的碱缓冲溶液洗涤有机物料中的微量酸，分离出废碱液和有机物料，使 HCFC22 的酸度指标达到要求。

④ 产品精馏单元　来自碱洗塔的有机物料进入精馏塔，利用物料沸点不同，精馏除去少量的 HCFC21 等重组分杂质，在精馏塔顶获得水分、纯度均合格的 HCFC22

产品，塔釜的HCFC21、水和HCFC22经处理后回收利用。

⑤ 事故洗涤单元　有毒有害介质的事故排放气、安全阀泄放气进入本单元，其中含有HCl、氯气、HF和氟化产物，本工序采用工艺水喷射、喷淋洗涤的方法，使各组分从气相转入水中形成酸性废水，以防止废气逸入大气污染环境。酸性废水达一定pH值后排至废水池，洗涤后的达标尾气高空排放。

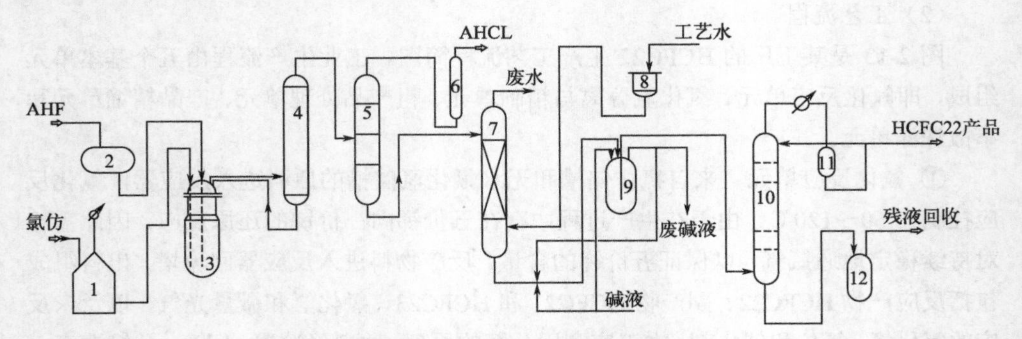

图2-13　HCFC22生产工艺流程简图

1—氯仿储槽；2—氟化氢给料槽；3—反应器；4—反应器回流塔；5—氯化氢精馏塔；6—脱氟塔；7—水洗塔；8—水槽；9—碱分离槽；10—HCFC22精馏塔；11—HCFC22回流管；12—釜液收集槽

（3）污染与防治

1）污染物产生的途径　HCFC22及其生产所需的原料、催化剂、氯气、生产的副产物、中和用的碱等化学品都是一些对人和环境有害的物质。其形成途径见表2-7。

表2-7　污染物形成途径

污染物名称	污染物形成途径
氯仿	事故泄漏
无水氟化氢	事故泄漏
氯气	事故泄漏和过量通入反应釜由水洗液封处逸出
五氯化锑	事故泄漏和周期性更换
HCFC21	事故泄漏
HCFC22	事故泄漏和分析取样放空
HCFC23	事故泄漏及不凝气体排放
氯化氢	事故泄漏、五氯化锑与水分解
工业废水	活化、冷冻、除水设备产生的废水；冲洗地面与设备；中和碱；处理催化剂；处理稀酸
干污泥	中和处理盐酸压滤废水时过滤产生

2）污染物的防治　污染物的防治包括防止事故发生以及处理生产中形成的废催化剂、盐酸和废碱液。

① 防事故　HCFC22 生产中的污染事故，主要有催化剂发生器冒顶，反应釜腐蚀泄漏，水洗系统漏酸、跑气，因此预防重点应在：

a. 严格控制催化剂发生器的氯气通入量，防止因反应剧烈导致催化剂发生器冒顶，催化剂以及氯气大量泄漏。

b. 采取措施，防止或减轻反应釜的腐蚀泄漏。反应釜的腐蚀主要发生在气液结合部以及氟化氢插底管处。资料和生产实践证明，防范应从以下几个方面入手：严格控制原料的质量，防止因氯仿中含乙醛、乙醇等杂质对催化剂过度氟化而造成对反应釜的腐蚀；对原料进行脱水处理，防止往反应釜内带入过多的水，加重氟化氢对设备的腐蚀；选择适当的材质和增加设备厚度。

c. 采取必要的措施防止水洗系统事故发生。严格工艺控制，防止投料量失控导致液封处跑料；选择适合的材质制作盐酸管道，防止因有机物对管道的溶融作用造成管道泄漏；控制好盐酸温度，防止因高温软化盐酸管道而造成盐酸泄漏。

② 废催化剂的处理　废催化剂的处理方式一般采取碱中和处理的方式，处理过程中势必会产生一定的新污染物。

③ 盐酸的处理　生产中生成的盐酸的处理方法一般采取石灰石中和处理的方法，处理时会产生大量的工业废水，而且会生成污泥。因此，应该寻找更佳的处理方法。现在有的厂家采取生产磷酸氢钙的方法，但这种方法往往会因为受磷酸氢钙市场的影响，而不得不继续中和处理。

④ 废碱液的处理　碱处理系统生成的 5%以内的稀碱液须经中和处理，处理方法为将其与适量的盐酸中和至中性后排放。

2.2.1.2　HFC125 的生产工艺

五氟乙烷（HFC125）的 ODP（消耗臭氧潜能值）为零，GWP（全球增温潜能值）较低，是一种较为理想的制冷剂，属于第三代氢氟烃类（HFCs）制冷剂。五氟乙烷可与其他制冷剂复配使用，例如可与二氟甲烷（R32）按照 1∶1 比例混合制成新型制冷剂 R410A，可用来替代第二代制冷剂 R22（二氟一氯甲烷）。除制冷剂外，五氟乙烷也可用作推进剂、灭火剂、发泡剂等，高纯五氟乙烷还可应用在电子领域，用作半导体蚀刻剂。

在我国市场中，HFC125 生产商主要有巨化股份、鲁西化工、三美股份、永和股份、山东东岳、中化蓝天、梅兰化工、三爱富等。其中，巨化股份五氟乙烷产能为 4 万吨/年，三美股份产能为 5.2 万吨/年，山东东岳产能为 6 万吨/年。

目前成熟的工业生产路线主要有以下几种：以四氯乙烯为原料的气相催化氟化法；以三氯乙烯为原料的气相催化氟化法；以四氟乙烯为原料的液相催化氟化法。

（1）四氯乙烯气相催化氟化法

该合成反应分两步，分别在两个反应器中进行。氟化氢与四氯乙烯在氟化催化剂存在下在第一反应器中进行，这一步是液相氟化反应，反应温度110℃、压力1.2MPa，氟化催化剂为SbF_5和SbF_3的混合物，由此生产富含1,1-二氯-2,2,2-三氟乙烷（HCFC123）和1,1,1,2-四氟-1-氯乙烷（HCFC124）中间体的产品，反应式如下：

$$Cl_2C{=}CCl_2+3HF \longrightarrow CF_3CHCl_2+2HCl$$

$$Cl_2C{=}CCl_2+4HF \longrightarrow CF_3CHClF+3HCl$$

将相应的中间体与氟化氢在第二反应器中反应，第二反应器中是气相氟化反应，反应温度320℃、压力0.2MPa，氟化催化剂为氧氟化铬催化剂，由此获得含目标产物五氟乙烷的产品，反应式如下：

$$CF_3CHCl_2+2HF \longrightarrow CHF_2CF_3+2HCl$$

$$CF_3CHClF+HF \longrightarrow CHF_2CF_3+HCl$$

最终产物经分离，粗产品五氟乙烷再进一步精制，反应原料和中间产物分离后循环回收到第一反应器中继续反应。在实际生产中，以上反应并不是完全分开的，而是并列存在的。往往是某一特殊的反应条件，更有利于某一或几个反应的进行。因此由四氯乙烯合成HFC125的工艺是多样的，反应条件也有很大差异。

其典型的工艺流程方框图如图2-14所示。

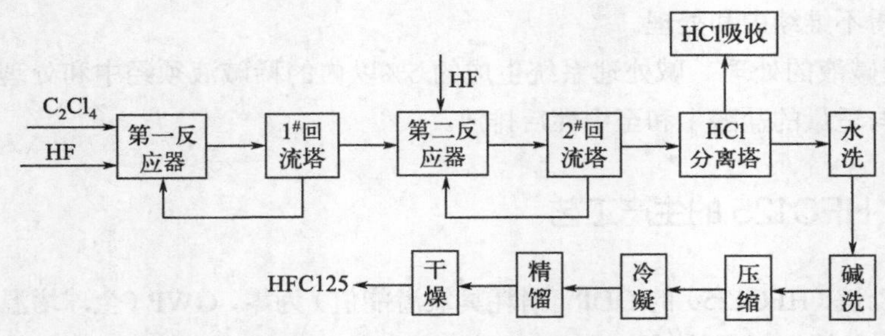

图2-14　四氯乙烯气相催化氟化法工艺流程方框图

这个反应工艺的特点是液相反应产物经除去HCl和四氯乙烯后再进入第2步气相反应，除去四氯乙烯可以延长气相氟化催化剂的寿命，除去HCl更有利于反应平衡向产物的方向移动，可以减少反应的副产物。此工艺的HFC125收率可达到97%～99%。四氯乙烯路线原料易得、成本较低、工艺简单，是目前工业生产HFC125的主导路线。

（2）三氯乙烯气相催化氟化法

以三氯乙烯生产HFC125工艺过程分为3步。第一步是三氯乙烯和HF进入第一反应器，在200～400℃下进行反应生成HCFC133a；第二步是HCFC133a经过提纯

及与 Cl_2 进行氯化反应生成 HCFC123；第三步是 HCFC123 经过提纯再与 HF 混合进入第二反应器，由氟化催化剂在 300～450℃下反应生成 HFC125。主要反应可由下列方程式表示：

$$CCl_2{=\!=}CHCl+3HF \longrightarrow CF_3CH_2Cl+2HCl$$

$$CF_3CH_2Cl+Cl_2 \longrightarrow CF_3CHCl_2+HCl$$

$$CF_3CHCl_2+2HF \longrightarrow CF_3CHF_2+2HCl$$

三氯乙烯气相催化氟化法工艺流程方框图如图 2-15 所示。

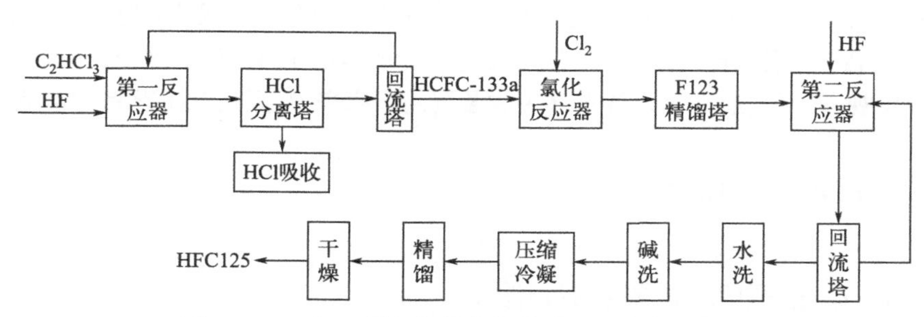

图 2-15　三氯乙烯气相催化氟化法工艺流程方框图

该路线由于经过氯化反应，工艺路线较长，选择性不高，有较多的副产物 CFC113a 生成，控制其他副产物和不需要的氢氟烃的产生难度较大。但是现有生产 HFC134a 的厂家可以通过比较小的改动生产出 HFC125，生产线具有灵活性。同时，由于采用较高纯度的物料进入气相反应器，因而有效提高了气相催化剂的使用寿命，降低了再生频率，对于现有 HFC134a 的生产厂家改造生产 HFC125 也是一种不错的工艺路线。

（3）四氟乙烯液相催化氟化法

此路线是以四氟乙烯和氟化氢为原料，经加成反应一步合成五氟乙烷。其反应方程式为：

$$F_2C{=\!=}CF_2 \xrightarrow{HF} F_3C{-}CHF_2$$

四氟乙烯液相催化氟化法工艺流程方框图如图 2-16 所示。

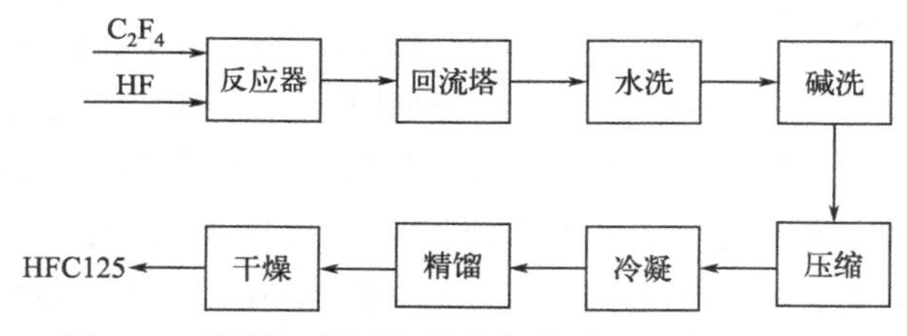

图 2-16　四氟乙烯液相催化氟化法工艺流程方框图

此反应是在装有回流冷凝器的高压釜内进行，反应温度为100℃、压力为1.0MPa，催化剂为$TaCl_5$或$NbCl_5$，四氟乙烯气体连续通入液态HF中进行反应，产物HFC125及时从冷凝器顶部排出。

由于此反应是以四氟乙烯和HF为原料，经加成反应一步合成HFC125，所以此工艺的特点是对HFC125的选择性相当高，一般在99.9%以上，反应产物经过简单处理即可得到纯度很高的产品。但由于之前四氟乙烯成本较高，采用这一路线生产成本高，且合成路线是以四氟乙烯为原料，存储和运输都相当困难，存在爆炸危险和产生聚合物等安全问题，所以此路线之前并没有在工业上得到广泛采用。但随着近年来市场对HFC125的需求量逐渐高涨，四氟乙烯制造成本的下降，目前这一合成路线逐渐受到了重视，对于已有四氟乙烯单体生成装置的厂家来说，采用此工艺是非常适宜的。

2.2.2 含氟精细化学品

2.2.2.1 4-三氟甲基烟酸合成方法

在有机物分子上引入氟原子能显著改善其物理和化学性质，开发高效的含氟芳香和杂环类化合物的合成方法，能促进该类化合物在农药和医药领域的广泛应用。氟啶虫酰胺是日本石原产业开发的含有三氟甲基吡啶杂环的烟酰胺类化合物，是一种昆虫生长调节剂类杀虫剂，具有安全、高效、低毒的优点。氟啶虫酰胺合成工艺的难点在于中间体4-三氟甲基烟酸的合成，然而4-三氟甲基烟酸的合成却面对极大挑战，从而限制了氟啶虫酰胺的推广使用。

（1）合成方法

4-三氟甲基烟酸合成方法众多，根据起始原料的不同分为3类：第1类是以三氟乙酰乙酸乙酯为起始原料进行产品合成；第2类是以三氟乙酰氯或三氟乙酸酐为起始原料进行产品合成；第3类是以三氟甲基吡啶系列化合物为原料进行产品合成。4-三氟甲基烟酸结构式如图2-17所示。

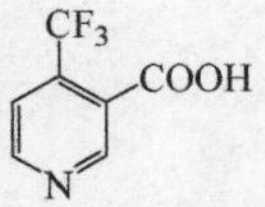

CF_3 COOH N

图2-17 4-三氟甲基烟酸结构式

① 以三氟乙酰乙酸乙酯为原料 使用三氟乙酰乙酸乙酯为原料制备4-三氟甲基烟酸一般要经过环化、氯化、水解、脱卤等步骤。第1步环化反应，三氟乙酰乙酸乙酯和氰基乙酰胺反应成环生成2,6-二羟基-3-氰基-4-三氟甲基吡啶。使用氢氧化钾作催化剂，此时产品纯度和收率较高，而且氢氧化钾具有来源广泛、价格低廉的特点，因此生产企业广泛采用氢氧化钾。第2步氯化反应，2,6-二氯-3-氰基-4-三氟甲基吡啶一般采用三氯氧磷作为卤化剂，有的通过加入碱提高氯化的效果。

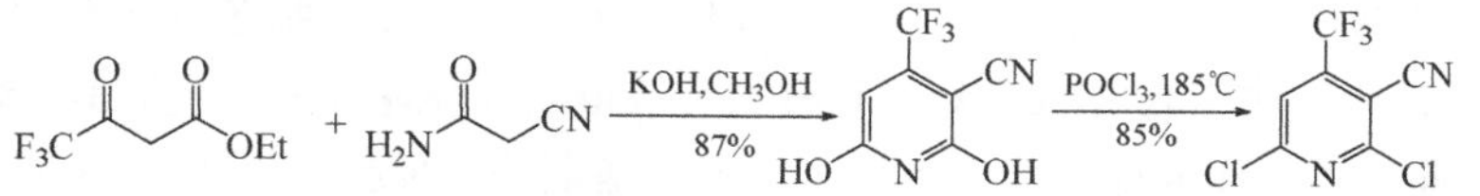

前 2 步反应路线成熟，收率均在 85%以上。后面合成路线有所不同，主要有以下三种合成途径。

a. 以 5%Pd/C 为催化剂，2,6-二氯-3-氰基-4-三氟甲基吡啶加氢脱氯，后再氰基水解成羧酸。氢化脱氯反应只能得到 50%的产率，这是由于三氟甲基的强吸电性，吡啶环呈现较低的电子云密度，极易被还原，该路线总收率约 34.0%。

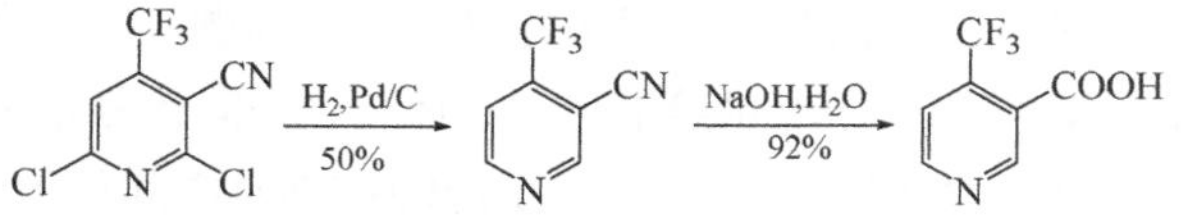

b. 使用硫酸、溴化钠将氰基水解成酰胺，再催化氢解脱氯，最后水解得到 4-三氟甲基烟酸。该路线也可以避免氰基被还原，但多了处理步骤，反应总收率约为 45.6%。

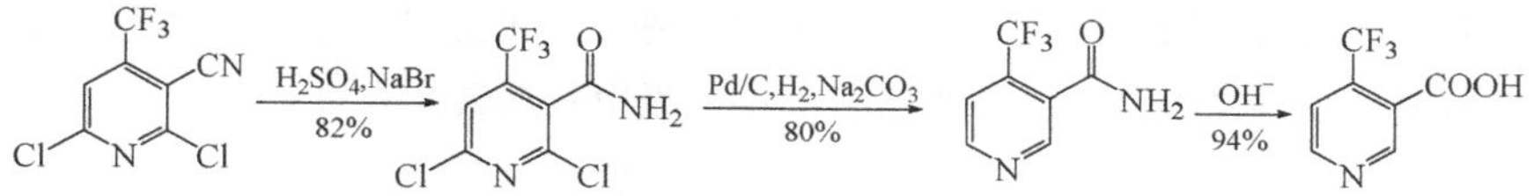

c. 2,6-二氯-3-氰基-4-三氟甲基吡啶经硫酸/硝酸水解得到羧酸，然后再加氢脱氯得到 4-三氟甲基烟酸，总收率达 48.3%。

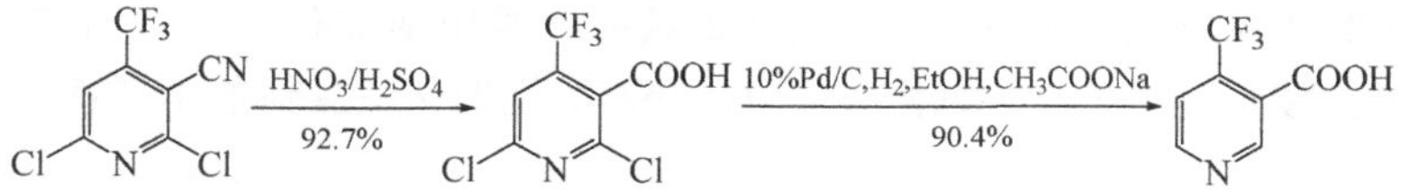

以三氟乙酰乙酸乙酯为原料的路线较为成熟，收率稳定，原料易得，但依然面临以下几个问题：三废量大、难处理的问题，如产生大量酸碱废水、含磷废水等；催化剂回收及改进的问题，文献报道的大多是钯催化剂，钯的成本较高，回收套用次数少。

② 以三氟乙酰氯或三氟乙酸酐为原料　使用三氟乙酰氯、三氟乙酸酐合成 4-三氟甲基烟酸，需要制备重要中间体 4-氨基-1,1,1-三氟-3-丁烯-2-酮。

a. 以三氟乙酸酐为原料　使用三氟乙酸酐制备 4-乙氧基-1,1,1-三氟-3-丁烯-2-酮，收率高达 91.2%，并进一步和氨水反应生成 4-氨基-1,1,1-三氟-3-丁烯-2-酮，收率为 92.9%。4-氨基-1,1,1-三氟-3-丁烯-2-酮再经过碱催化缩合和成环水解，制得 4-三氟甲基烟酸，反应总收率为 72.0%。

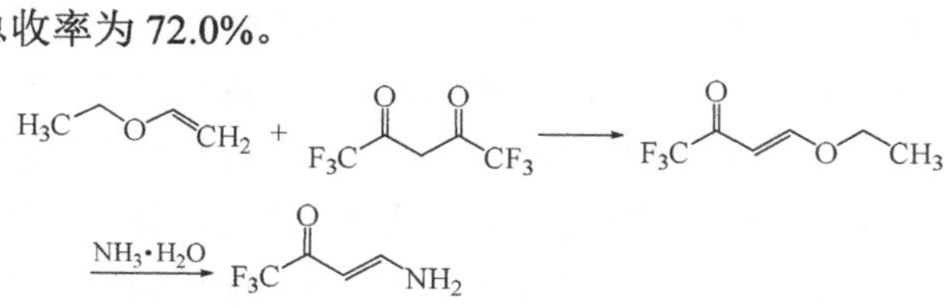

b. 以三氟乙酰氯为原料　三氟乙酰氯和乙烯基乙醚反应制备 4-乙氧基-1,1,1-三氟-3-丁烯-2-酮，收率为 87%，然后和氨水反应得到 4-氨基-1,1,1-三氟-3-丁烯-2-酮，再经过碱催化缩合和成环水解，制得 4-三氟甲基烟酸，反应总收率为 68.7%。

$$H_3C\text{-}O\text{-}CH{=}CH_2 + F_3C\text{-}CO\text{-}Cl \xrightarrow{\text{吡啶，甲苯}} F_3C\text{-}CO\text{-}CH{=}CH\text{-}O\text{-}CH_2CH_3$$

$$\xrightarrow{NH_3 \cdot H_2O} F_3C\text{-}CO\text{-}CH{=}CH\text{-}NH_2$$

以三氟乙酰氯或三氟乙酸酐为原料，路线新颖，三废少，具有较好的成本优势，特别是缩合、成环一并完成。同时，要解决好以下几个问题：原料易得性，有些原料只有特定的厂家提供，增加了原料供给的风险；原料、中间体稳定使用性，因为这个路线使用的原料、中间体大都活性较高，对反应的控制及中间体的使用要求都较高。

③ 以三氟甲基吡啶系列化合物为原料　以三氟甲基吡啶类化合物为原料制备 4-三氟甲基烟酸的方法也多有报道，主要分为以下两种：

a. 以 4-三氟甲基吡啶为原料　4-三氟甲基吡啶在低温下与正丁基锂反应，生成的碳负离子与二氧化碳反应，经酸化制备 4-三氟甲基烟酸。

$$\text{4-}CF_3\text{-吡啶} \xrightarrow[\text{②}CO_2\text{，HCl}]{\text{①}n\text{-BuLi,THF,}-78℃} \text{4-}CF_3\text{-3-COOH-吡啶}$$

b. 以 2-氯-4-三氟甲基吡啶为原料　2-氯-4-三氟甲基吡啶在−78℃下与正丁基锂反应，生成的碳负离子再与二氧化碳反应，经酸化、钯催化脱氯制备 4-三氟甲基烟酸。

$$\text{2-Cl-4-}CF_3\text{-吡啶} \xrightarrow[\text{②}CO_2\text{,HCl}]{\text{①}n\text{-BuLi,DIPA,}-78℃} \text{2-Cl-4-}CF_3\text{-3-COOH-吡啶} \xrightarrow[\text{②}CH_3OH]{\text{①Pd/C,}HCOONH_4} \text{4-}CF_3\text{-3-COOH-吡啶}$$

以三氟甲基吡啶类为原料的路线，虽然路线较短，但是需要用到正丁基锂等强碱，需要在严格无水的条件下操作，反应条件苛刻，且试剂价格昂贵，产率低，不易实现工业化生产。

（2）制备过程

以三氟乙酰乙酸乙酯为原料，经过环化、氯化、水解、脱氯等步骤制备 4-三氟甲基烟酸的典型制备过程如下。

① 2,6-二羟基-4-三氟甲基烟腈的合成　将三氟乙酰乙酸乙酯和氰基乙酰胺加入反应釜中，加入甲醇，启动搅拌器，加热至回流，固体逐渐溶解最终变为黄色澄清溶液。此时，缓慢滴加氢氧化钾，滴加完毕后，大约 2h 有大量浅黄色固体析出，继续反应 1h，反应结束。将反应液冷藏过夜，抽滤得到浅黄色固体，将固体转移到溶解釜中，加入一定量的水，加热并搅拌使其溶解后，滴加盐酸至 pH=2～3，析出大量白色

固体，抽滤、烘干得到 2,6-二羟基-4-三氟甲基烟腈。

② 2,6-二氯-4-三氟甲基烟腈的合成　在反应釜中加入 2,6-二羟基-4-三氟甲基烟腈、四甲基氯化铵和三乙胺，缓慢加入三氯氧磷，搅拌，升温至回流，固体全部溶解，溶液呈黄褐色，反应 8h 结束。反应液冷却后，缓慢地倒入适量的冰水混合物中，有大量棕色固体析出，抽滤、烘干得棕色固体 2,6-二氯-4-三氟甲基烟腈。

③ 2,6-二氯-4-三氟甲基烟酸的合成　在反应釜中加入浓硫酸，放置于冰浴中冷却，搅拌下缓慢加入浓硝酸并维持内部温度低于 10℃，然后升温至 70℃，缓慢加入 2,6-二氯-4-三氟甲基烟腈，加完后继续升温至反应液温度达到 100℃，2h 后反应结束。冷却反应液，缓慢倒入适量的冰水混合物中并不断搅拌，析出大量白色固体，抽滤、干燥得白色固体 2,6-二氯-4-三氟甲基烟酸。

④ 4-三氟甲基烟酸的合成　在反应釜中依次加入 2,6-二氯-4-三氟甲基烟酸、10%Pd/C、$CH_3COONa \cdot 3H_2O$ 和乙醇，搅拌溶解以后，氮气置换 3 次排出空气，氢气置换 2 次后，于氢气气氛下室温搅拌反应 8h 直至无氢气吸收结束反应。抽滤回收钯碳，用乙醇洗涤滤饼 3 次，滤液蒸馏除去溶剂，向得到的固体中加入一定量的水，充分振荡使其溶解，加入盐酸调节 pH=2～3，用乙酸乙酯萃取 3 次，合并有机相并用饱和食盐水洗涤 3 次，无水硫酸钠干燥，旋蒸得到淡黄色固体 4-三氟甲基烟酸。

2.2.2.2　盐酸芦氟沙星生产工艺

盐酸芦氟沙星为类白色至淡黄色结晶性粉末，无臭，味苦，是意大利米地兰制药公司研发的第三代长效含氟喹诺酮类抗菌药。盐酸芦氟沙星适用于肺炎、急慢性支气管炎、急性扁桃体炎、急慢性肾盂肾炎、感染性腹泻等，由于氟原子与芳香环结合，改变了分子内部电子云密度的分布，同时提高了该类化合物的脂溶性，因而具有抗菌谱广、活性强和毒性低等优点，可与第三、四代头孢菌素媲美。盐酸芦氟沙星结构式如图 2-18 所示。

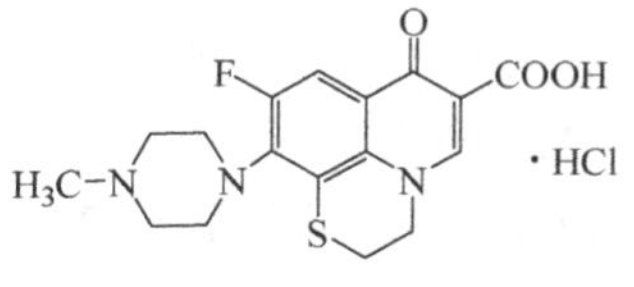

图 2-18　盐酸芦氟沙星结构式

（1）合成路线

盐酸芦氟沙星的合成路线可以从两个途径进行设计。一种是先合成苯并噻嗪环，再环合成喹诺酮酸环，然后引入 *N*-甲基哌嗪；另一种途径是先引入 *N*-甲基哌嗪，然后形成噻嗪环，最后再环合成喹诺酮酸环。国内主要第一种合成路线，目前采用的合成路线如下。

① 氟代苯并噻嗪的合成　以 2,3,4-三氟硝基苯为原料，与 2-巯基乙醇缩合得到 3,4-二氟-2-（2-羟乙基）巯基硝基苯，再经过还原、溴化、环合得到 7,8-二氟-2,3-二氢-1,4-苯并噻嗪。

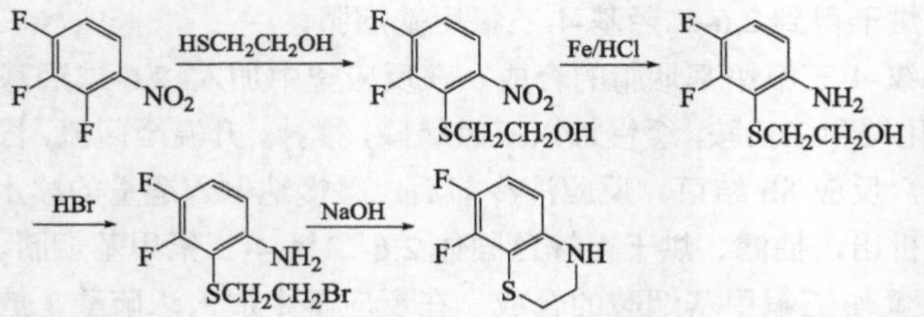

$$\text{2,3,4-三氟硝基苯} \xrightarrow{HSCH_2CH_2OH} \text{(F,F,}NO_2\text{,}SCH_2CH_2OH\text{)} \xrightarrow{Fe/HCl} \text{(F,F,}NH_2\text{,}SCH_2CH_2OH\text{)}$$

$$\xrightarrow{HBr} \text{(F,F,}NH_2\text{,}SCH_2CH_2Br\text{)} \xrightarrow{NaOH} \text{氟代苯并噻嗪}$$

② 盐酸芦氟沙星的合成　氟代苯并噻嗪经缩合、环合、酯交换、甲哌化、水解和酸化得到盐酸芦氟沙星，反应路线如下：

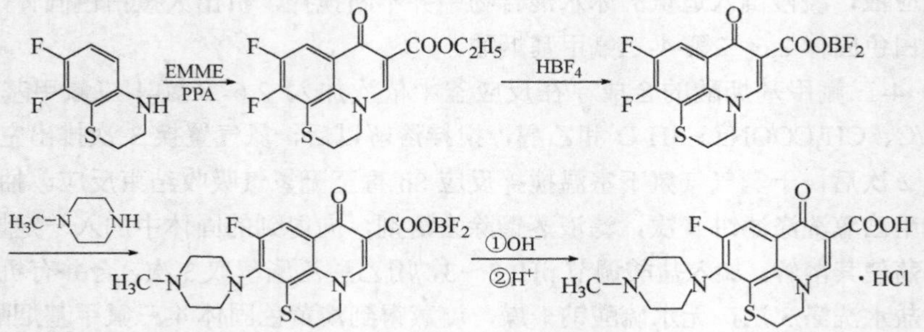

$$\text{氟代苯并噻嗪} \xrightarrow[PPA]{EMME} \text{三环酯(}COOC_2H_5\text{)} \xrightarrow{HBF_4} \text{三环酯(}COOBF_2\text{)}$$

$$\xrightarrow{H_3C-N\text{哌嗪}NH} \text{甲哌化产物(}COOBF_2\text{)} \xrightarrow[\text{②}H^+]{\text{①}OH^-} \text{芦氟沙星(}COOH\text{)}\cdot HCl$$

在甲哌化之前，以HBF_4与喹诺酮酸乙酯交换生成羧酸氟硼酸酯，使*O*-7的p电子跃迁到硼的空轨道上，然后通过共轭效应，使*C*-10上的电子密度减小，而*C*-9上的电子密度相对增加，因而活化了*C*-10的亲核进攻，且抑制了对*C*-9的亲核进攻。甲哌化前的三环酯通过螯合大大提高了*C*-10的活性，使甲哌化反应可以在温和的条件下进行，几乎不存在*C*-9被取代的异构体，所得产品的质量分数达到98.5%以上。该工艺的特点是反应条件温和，原料易得，副产物少，总收率达到32.5%，是一条适合工业化生产的工艺路线。

（2）生产工艺

1）2,3,4-三氟硝基苯的制备工艺　以2,6-二氯苯胺为原料，经重氮化、热分解制备2,6-二氯氟苯，再经硝化、氟化反应制备2,3,4-三氟硝基苯。

① 2,6-二氯氟苯的制备

a. 反应原理　2,6-二氯苯胺经重氮化、氟硼酸置换后制得重氮氟硼酸盐，再经干燥、加热分解制得2,6-二氯氟苯。

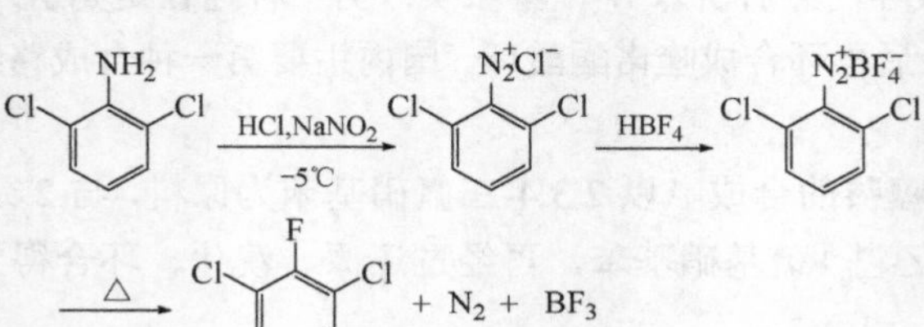

$$\text{2,6-二氯苯胺} \xrightarrow[-5℃]{HCl,NaNO_2} \text{(Cl,Cl,}N_2^+Cl^-\text{)} \xrightarrow{HBF_4} \text{(Cl,Cl,}N_2^+BF_4^-\text{)}$$

$$\xrightarrow{\triangle} \text{2,6-二氯氟苯} + N_2 + BF_3$$

b. 工艺流程　2,6-二氯氟苯的生产工艺流程图如图 2-19 所示。

将 2,6-二氯苯胺和盐酸加入反应釜，启动搅拌器，在冰盐水冷却下滴加亚硝酸钠溶液，控制反应温度不超过–5℃。滴加完毕，反应温度维持在–5℃以下继续反应 1h，加入 40%氟硼酸，搅拌反应 1h 至反应终点。过滤得白色粉末状固体，依次用冷水、乙醇洗涤，抽滤后得 2,6-苯重氮氟硼酸盐。

将 2,6-苯重氮氟硼酸盐加入热解反应釜，缓慢加热进行热分解反应，热分解产物经冷凝器冷凝得到 2,6-二氯苯胺粗品。将所得粗品经常压蒸馏，收集 167～169℃的馏分，得无色透明液体，即 2,6-二氯氟苯，收率约 83.5%。

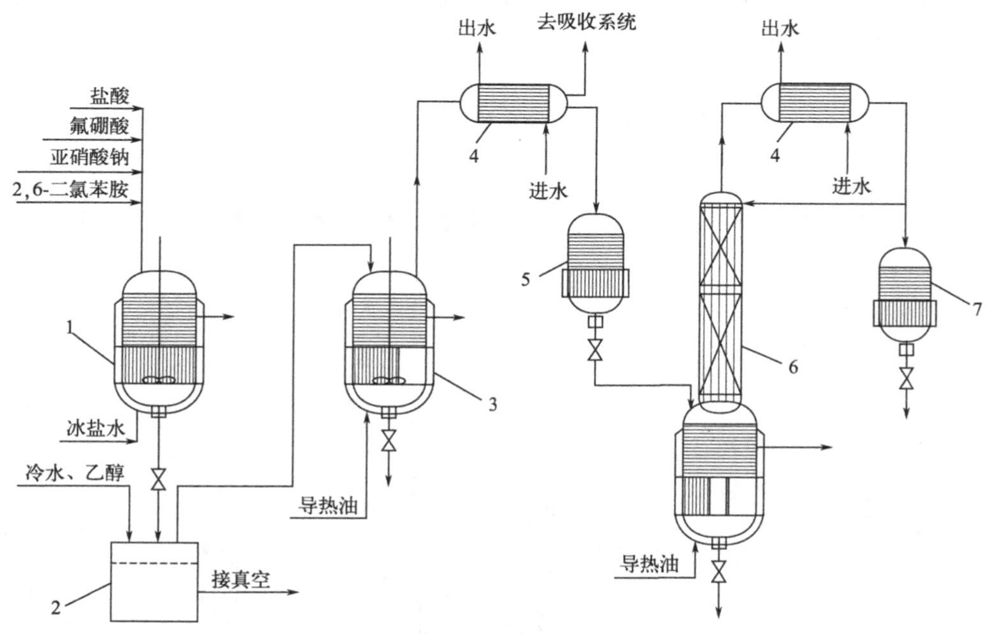

图 2-19　2,6-二氯氟苯的生产工艺流程图

1—反应釜；2—过滤器；3—热解反应釜；4—冷凝器；5—接收罐；6—精馏塔；7—馏分收集器

c. 反应条件及影响因素　由于重氮盐不稳定，温度稍高就会发生分解，因此重氮化反应应严格控制反应温度，一般应控制在–5℃左右。盐酸应过量，2,6-二氯苯胺和盐酸的投料摩尔比约为 1∶2.5，1mol 盐酸与亚硝酸钠生成亚硝酸，1mol 盐酸与重氮根离子形成氯化苯重氮盐，还有 0.5mol 盐酸维持体系的酸性。由于反应放热，滴加亚硝酸钠溶液不能太快，并要充分搅拌，以免产物分解。2,6-苯重氮氟硼酸盐的热分解必须在无水条件下进行，否则会分解为酚类和树脂状物质。

$$\text{2,6-Cl}_2\text{C}_6\text{H}_3\text{N}_2^+\text{BF}_4^- \xrightarrow[\triangle]{H_2O} \text{2,6-Cl}_2\text{C}_6\text{H}_3\text{OH}$$

2,6-苯重氮氟硼酸盐的热分解反应为放热反应，并放出大量的气体，反应初期加热速度不能太快。当分解反应开始后，应停止加热或减少供热量，使分解反应平稳进行。若反应过于剧烈，可用低温导热油冷却。反应后期可逐渐加大供热量，直至不再有烟雾释放为止。生成的三氟化硼必须用碱液吸收，以免造成环境污染。

② 2,3,4-三氟硝基苯的制备

a. 反应原理　2,6-二氯氟苯经混酸硝化制得 2,4-二氯-3-氟硝基苯，再经氟化反应制得 2,3,4-三氟硝基苯。

$$\text{2,6-Cl}_2\text{-1-F-C}_6\text{H}_3 \xrightarrow[H_2SO_4]{HNO_3} \text{2,4-Cl}_2\text{-3-F-C}_6\text{H}_2NO_2 \xrightarrow[DMSO]{KF} \text{2,3,4-F}_3\text{C}_6\text{H}_2NO_2$$

b. 工艺流程　2,6-二氯氟苯硝化和氟化制备 2,3,4-三氟硝基苯的生产工艺流程见图 2-20。

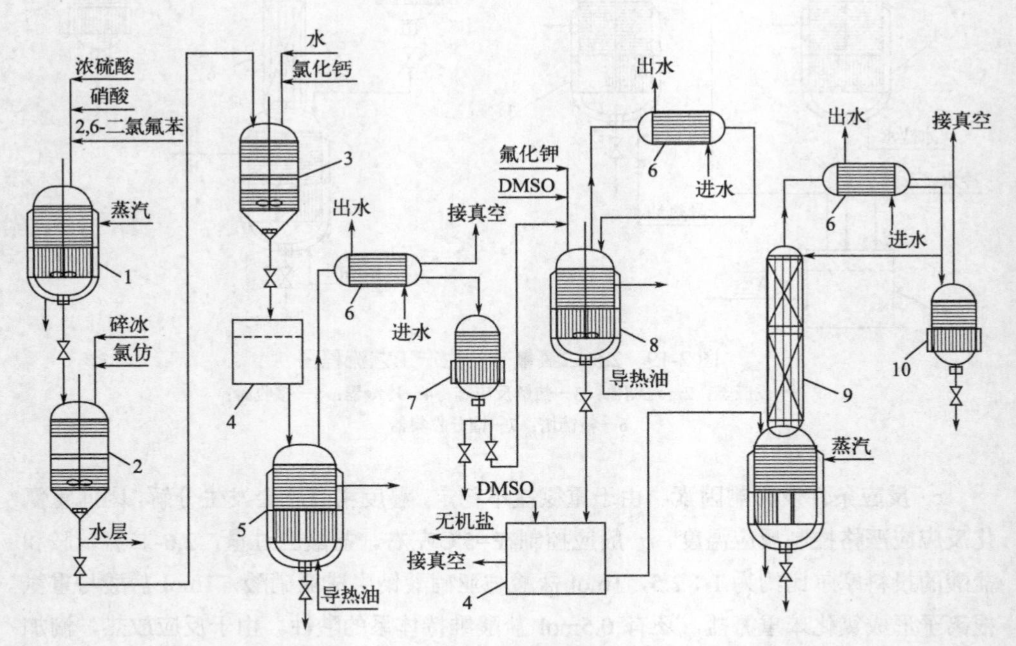

图 2-20　2,3,4-三氟硝基苯的生产工艺流程图

1—硝化釜；2—油水分离器；3—水洗釜；4—过滤器；5—蒸馏釜；6—冷凝器；7—接收罐；8—氟化釜；9—精馏塔；10—馏分收集器

将2,6-二氯氟苯和浓硫酸加入硝化釜，启动搅拌器，滴加由硝酸和浓硫酸配成的混酸，控制硝化反应的温度为90℃，搅拌反应2h后至反应终点。预先在油水分离器中加入适量的碎冰，在搅拌下将反应物放入油水分离器中，静置分层。分出油层，酸水层用氯仿萃取三次，合并油层和萃取液，水洗两次，加入适量的无水氯化钙干燥12h。过滤除去干燥剂，滤液加入蒸馏釜，先常压蒸馏回收氯仿，再减压蒸馏得到淡黄色油状液体，即2,4-二氯-3-氟硝基苯，收率约85%。

在氟化釜中加入适量的二甲基亚砜溶剂（DMSO），启动搅拌器，依次加入2,4-二氯-3-氟硝基苯和无水氟化钾，加热升温，回流2h后至反应终点。趁热过滤，滤渣用适量的二甲基亚砜溶剂洗涤。将滤液和洗液一并加入精馏釜，减压精馏，收集91～93℃（2.67kPa）的馏分，得到淡黄色液体，即2,3,4-三氟硝基苯，含量大于99%，收率约60%。

c. 反应条件及影响因素　硝化反应为苯环上的亲电取代反应，由于苯环上存在卤素吸电子基团，苯环上电子云密度降低，从而增加了反应难度，需要较高的反应温度，硝化反应温度可控制在90℃，温度太高将导致二硝化物增加。反应时间也不宜过长，否则会使二硝化物增加，控制在2h。氟化反应为苯环上的亲核取代反应，生产上常用强极性非质子溶剂，如二甲基亚砜（DMSO）或环丁砜等，在180℃以上反应。若用沸点较低的*N,N*-二甲基甲酰胺为溶剂，则收率明显下降。生产中采用活性氟化钾可显著降低氟化钾的使用量，缩短反应时间，提高收率。2,3,4-三氟硝基苯的质量对盐酸芦氟沙星的质量影响很大，其中可能含有2,4-二氯-3-氟硝基苯或2,3-二氟-4-氯硝基苯，它们是产品盐酸芦氯沙星主要杂质的源头物，因此精馏过程中2,3,4-三氟硝基苯的纯度必须控制在90%以上。

2）氟代苯并噻嗪的制备工艺　以2,3,4-三氟硝基苯为原料，与巯基乙醇反应制备3,4-二氟-2-（羟乙基）巯基硝基苯，再经过还原、溴化和环化制得氟代苯并噻嗪。

① 3,4-二氟-2-（2-羟乙基）巯基硝基苯的制备

a. 反应原理　以三乙胺为缚酸剂，2,3,4-三氟硝基苯与2-巯基乙醇缩合即得3,4-二氟-2-（2-羟乙基）巯基硝基苯。

$$\text{2,3,4-F}_3\text{C}_6\text{H}_2\text{NO}_2 \xrightarrow[(C_2H_5)_3N]{HSCH_2CH_2OH} \text{3,4-F}_2\text{-2-(SCH}_2\text{CH}_2\text{OH)C}_6\text{H}_2\text{NO}_2$$

b. 工艺流程　2,3,4-三氟硝基苯制备3,4-二氟-2-（2-羟乙基）巯基硝基苯的生产工艺流程见图2-21。

向反应釜中加入适量的无水乙醇，启动搅拌器，依次加入2,3,4-三氟硝基苯和2-巯基乙醇，通入冰盐水冷却。当釜内料液温度降至0℃，缓慢滴加三乙胺，控制料液温度为0℃，搅拌反应1h。反应结束后，将料液抽入蒸馏釜，减压蒸出溶剂。加入适

量水，用氯仿提取三次。油层用无水硫酸钠干燥，干燥后再过滤除去干燥剂，滤液再减压蒸出溶剂后得到黄色油状物，即3,4-二氟-2-(2-羟乙基)巯基硝基苯粗品，可直接用于下一步反应。

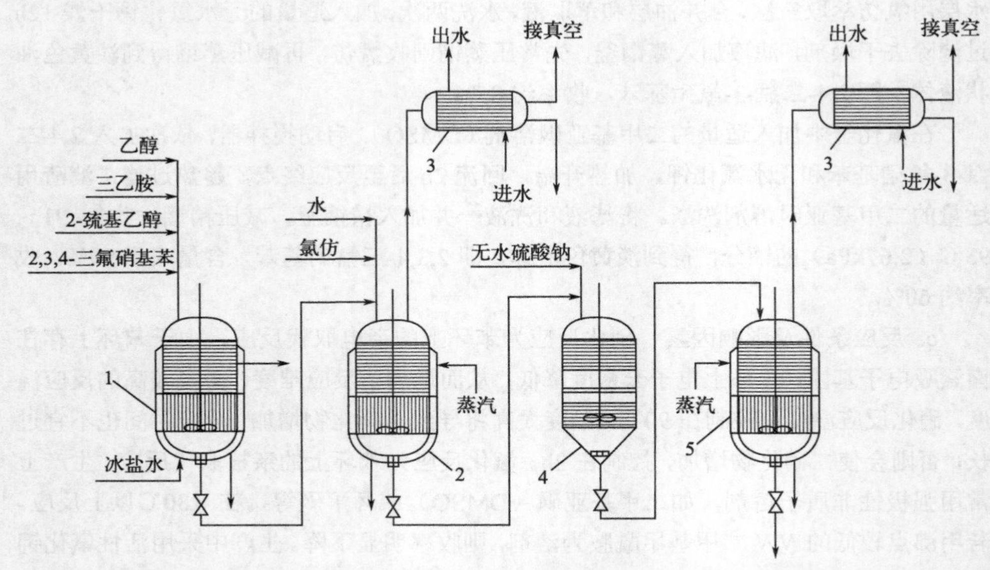

图 2-21　3,4-二氟-2-(2-羟乙基)巯基硝基苯的生产工艺流程图

1—反应釜；2,5—蒸馏釜；3—冷凝器；4—油水分离器

c. 反应条件及影响因素　2,3,4-三氟硝基苯很容易发生苯环上的亲核取代反应，硝基的邻位和对位都容易受亲核试剂进攻被取代。为了获得邻位被巯基取代的产物，反应需在低温下进行，温度太高，对位产物会增加，导致邻位产物收率下降。另外，反应时间也要适中，以减少副产物的生成。

② 3,4-二氟-2-(2-羟乙基)巯基苯胺的制备

a. 反应原理　以铁粉/盐酸为还原剂，将3,4-二氟-2-(羟乙基)巯基硝基苯还原成3,4-二氟-2-(2-羟乙基)巯基苯胺，收率可达90%。

$$\text{3,4-F}_2\text{-2-(SCH}_2\text{CH}_2\text{OH)-C}_6\text{H}_2\text{-NO}_2 \xrightarrow{\text{铁粉/盐酸}} \text{3,4-F}_2\text{-2-(SCH}_2\text{CH}_2\text{OH)-C}_6\text{H}_2\text{-NH}_2$$

b. 工艺流程　3,4-二氟-2-(2-羟乙基)巯基苯胺的生产工艺流程见图2-22。

将水、乙醇、氯化铵、铁粉及少量盐酸加入反应釜，启动搅拌器，升温至40℃，分批加入3,4-二氟-2-(羟乙基)巯基硝基苯粗品，控制反应温度在40～50℃，反应2h，过滤，铁泥用适量的乙醇洗涤三次。将滤液和洗液一起加入蒸馏釜，减压蒸出乙

醇后，用氯仿萃取三次，萃取液经无水硫酸钠干燥后，除去干燥剂，蒸出溶剂氯仿，得到棕红色油状物，即 3,4-二氟-2-（2-羟乙基）巯基苯胺。

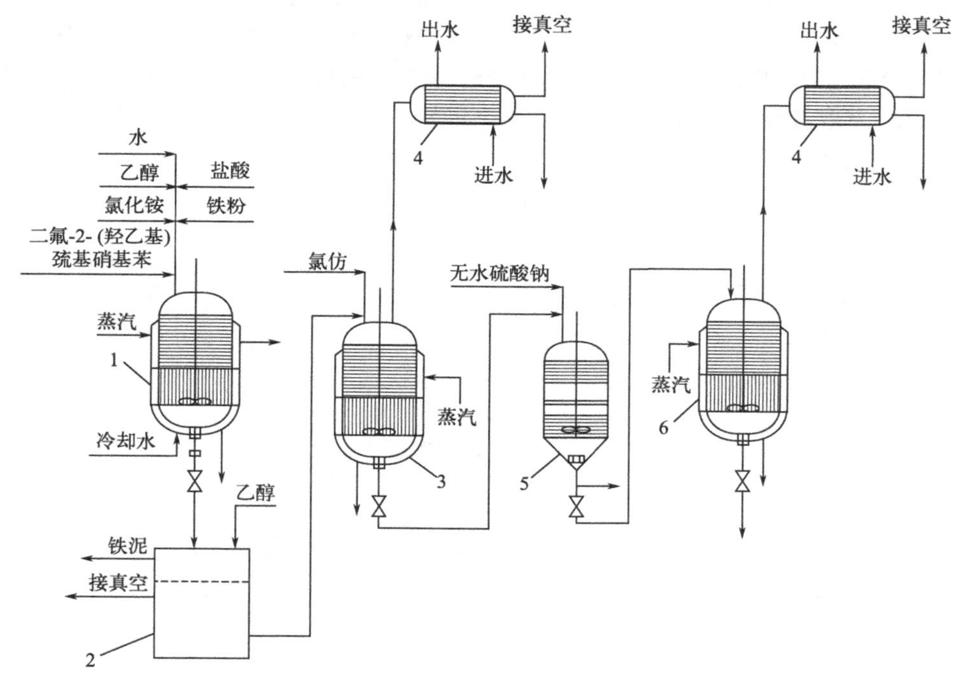

图 2-22　3,4-二氟-2-（2-羟乙基）巯基苯胺的生产工艺流程图

1—反应釜；2—过滤器；3,6—蒸馏釜；4—冷凝器；5—油水分离器

c. 反应条件及影响因素　3,4-二氟-2-（2-羟乙基）巯基硝基苯上的两个氟原子是吸电子基团，使硝基氮原子亲电性增强，易于被还原为氨基，铁粉还原 2h 即可完成反应。工业铁粉的成分不同，还原活性有显著差异，一般含硅的铸铁粉或灰铸铁粉效果较好，而熟铁粉、钢粉和化学纯铁粉效果较差。铁粉的粒度对反应也有较大的影响，铁粉粒度越小，反应越快，但太细的铁粉会给产品分离带来困难，工业生产中一般选用 60～100 目的铁粉。铁粉的密度较大，极易沉降，因此必须保持良好的搅拌，目前生产中大多采用桨式搅拌器。

③ 氟代苯并噻嗪的制备

a. 反应原理　3,4-二氟-2-（2-羟乙基）巯基苯胺经氢溴酸溴化、环合得到氟代苯并噻嗪。

$$\text{F}_2\text{C}_6\text{H}_2(\text{NH}_2)(\text{SCH}_2\text{CH}_2\text{OH}) \xrightarrow{\text{HBr}} \text{F}_2\text{C}_6\text{H}_2(\text{NH}_2)(\text{SCH}_2\text{CH}_2\text{Br}) \xrightarrow{\text{NaOH}} \text{氟代苯并噻嗪（NH, S 环）}$$

b. 工艺流程　氟代苯并噻嗪的生产工艺流程见图 2-23。

向反应釜中加入 40%的氢溴酸，启动搅拌器，加入 3,4-二氟-2-（2-羟乙基）巯基苯胺，升温至 120℃，反应 5h。反应结束后，减压蒸出氢溴酸，得 3,4-二氟-2-（2-溴乙基）巯基苯胺。然后加入乙醇，升温至 50～60℃，使其完全溶解，用浓氢氧化钠溶液调 pH 值至 9，升温至 70～75℃，反应 2h。反应结束后，减压蒸出乙醇，用氯仿萃取三次，萃取液经无水硫酸钠干燥后，蒸出溶剂，得黄色油状物，即氟代苯并噻嗪粗品，可直接用于下一步反应。

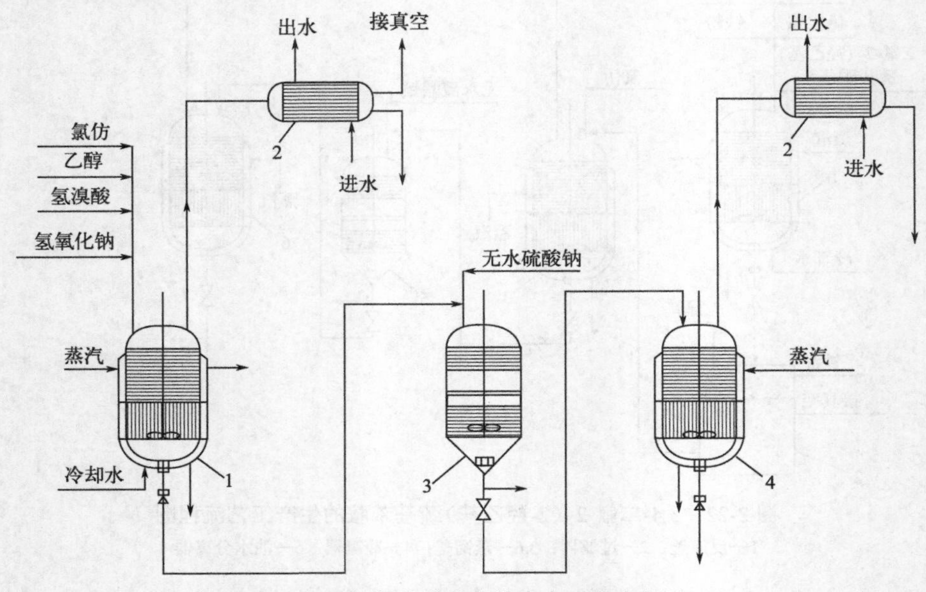

图 2-23　氟代苯并噻嗪的生产工艺流程图

1—反应釜；2—冷凝器；3—油水分离器；4—蒸馏釜

c. 反应条件及影响因素　环合反应为分子内亲核取代反应，氨基取代溴原子形成六元环，若体系呈酸性，氨基被质子化成盐，不利于反应。因此溴化反应结束后，应该将溴化氢完全蒸出，并用氢氧化钠作缚酸剂，这样有利于成环反应。

3）盐酸芦氟沙星的制备工艺　以氟代苯并噻嗪为原料，经与乙氧亚甲基丙二酸二乙酯反应形成喹诺酮酸环，再经过氟硼酸酯交换、甲哌化、水解和酸化制得盐酸芦氟沙星。

① 9,10-二氟-7-氧代-2,3-二氢-7*H*-吡啶并[1,2,3-de]-1,4-苯并噻嗪-6-羧酸乙酯的制备。

a. 反应原理　氟代苯并噻嗪与乙氧亚甲基丙二酸二乙酯共热，脱去一分子乙醇，缩合得到 7,8-二氟-2,3-二氢-1,4-苯并噻嗪亚甲基丙二酸二乙酯，再脱醇环合得到 9,10-二氟-7-氧代-2,3-二氢-7*H*-吡啶并[1,2,3-de]-1,4-苯并噻嗪-6-羧酸乙酯。

$\xrightarrow{C_2H_5OCH=C(COOC_2H_5)_2}$ $\xrightarrow{PPA}$ $COOC_2H_5$

b. 工艺流程　9,10-二氟-7-氧代-2,3-二氢-7*H*-吡啶并[1,2,3-de]-1,4-苯并噻嗪-6-羧酸乙酯的生产工艺流程图见图2-24。

将氟代苯并噻嗪与乙氧亚甲基丙二酸二乙酯（EMME）加入反应釜，启动搅拌器，升温至140℃，反应2.5h后，加入缩合剂多聚磷酸（PPA），温度升至160℃，继续反应1.5h后降温至120℃，加入适量水，保持100℃继续反应1.5h后降温至40℃以下。抽滤，滤饼用适量水洗涤，所得固体用*N,N*-二甲基甲酰胺（DMF）重结晶，得白色针状结晶，即为9,10-二氟-7-氧代-2,3-二氢-7*H*-吡啶并[1,2,3-de]-1,4-苯并噻嗪-6-羧酸乙酯。

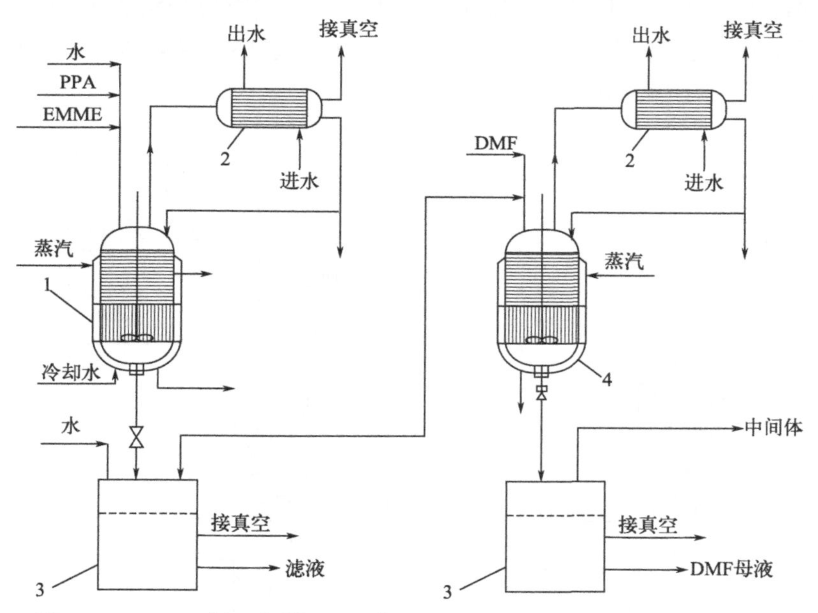

图2-24　9,10-二氟-7-氧代-2,3-二氢-7*H*-吡啶并[1,2,3-de]-1,4-苯并噻嗪-6-羧酸乙酯的生产工艺流程图

1—反应釜；2—冷凝器；3—过滤器；4—结晶釜

c. 反应条件及影响因素　由于苯环上的两个氟原子为强吸电子基团，降低了苯环上的电子密度，增加了苯环上亲电取代反应的难度，因此环合反应必须在较高的温度下进行。

② 9,10-二氟-7-氧代-2,3-二氢-7*H*-吡啶并[1,2,3-de]-1,4-苯并噻嗪-6-羧酸氟硼酸酯的制备。

a. 反应原理　9,10-二氟-7-氧代-2,3-二氢-7*H*-吡啶并[1,2,3-de]-1,4-苯并噻嗪-6-羧酸乙酯与氟硼酸反应制得 9,10-二氟-7-氧代-2,3-二氢-7*H*-吡啶并[1,2,3-de]-1,4-苯并噻嗪-6-羧酸氟硼酸酯。

$$\text{(F, F, O, S, N; } COOC_2H_5) \xrightarrow{HBF_4} \text{(F, F, O, S, N; } COOBF_2)$$

b. 工艺流程　9,10-二氟-7-氧代-2,3-二氢-7*H*-吡啶并[1,2,3-de]-1,4-苯并噻嗪-6-羧酸氟硼酸酯的生产工艺流程图见图 2-25。

向反应釜中加入 40%的氟硼酸，启动搅拌器，加入 9,10-二氟-7-氧代-2,3-二氢-7*H*-吡啶并[1,2,3-de]-1,4-苯并噻嗪-6-羧酸乙酯，升温至 50℃反应 2.5h。冷却反应物，并加入适量冰水，抽滤，用适量水将固体洗至中性，所得固体用 DMF 和乙醇（体积比 5：2）重结晶，得到棕色晶体，即为 9,10-二氟-7-氧代-2,3-二氢-7*H*-吡啶并[1,2,3-de]-1,4-苯并噻嗪-6-羧酸氟硼酸酯。

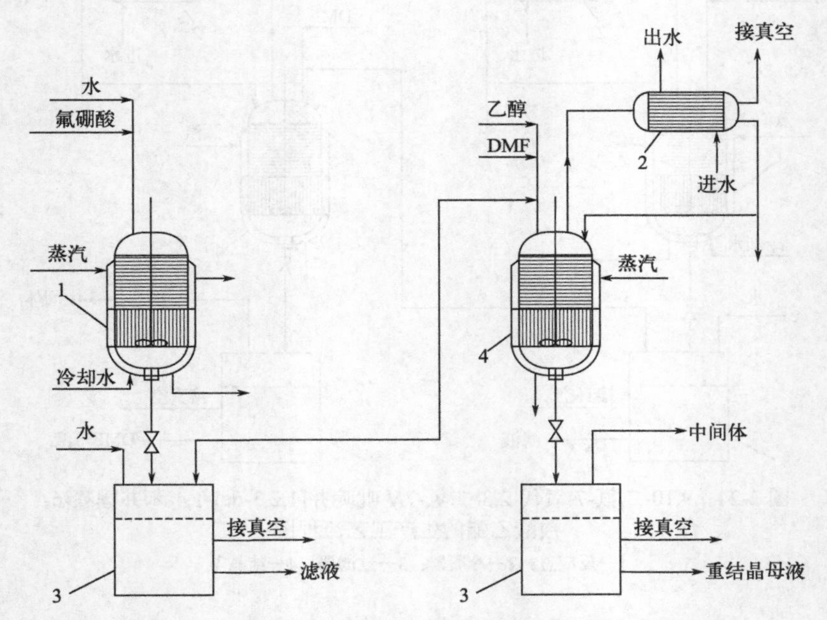

图 2-25　9,10-二氟-7-氧代-2,3-二氢-7*H*-吡啶并[1,2,3-de]-1,4-苯并噻嗪-6-羧酸氟硼酸酯的生产工艺流程图

1—反应釜；2—冷凝器；3—过滤器；4—结晶釜

c. 反应条件及影响因素 为保证反应顺利进行，反应釜中的氟硼酸应过量。产物不稳定，容易分解，所以反应的温度不能太高，保持在 50℃左右。

③ 盐酸芦氟沙星的制备。

a. 反应原理 9,10-二氟-7-氧代-2,3-二氢-7*H*-吡啶并[1,2,3-de]-1,4-苯并噻嗪-6-羧酸氟硼酸酯的 10 位碳原子上的氟原子具有较强的反应活性，容易和 *N*-甲基哌嗪反应，脱氟化氢缩合后，再经过水解和酸化可制得盐酸芦氟沙星。

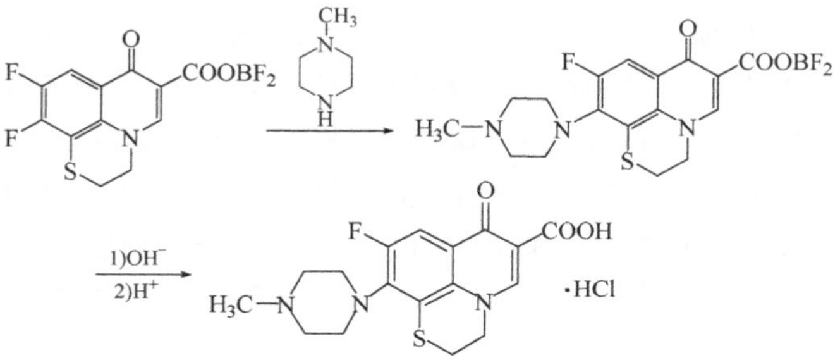

$$\xrightarrow[2)H^+]{1)OH^-}$$

b. 工艺流程 盐酸芦氟沙星的生产工艺流程图见图 2-26。

将 9,10-二氟-7-氧代-2,3-二氢-7*H*-吡啶并[1,2,3-de]-1,4-苯并噻嗪-6-羧酸氟硼酸酯、*N*-甲基哌嗪、三乙胺和 DMF 加入反应釜，搅拌混合，保持 50～60℃反应 3h。反应完毕后，减压蒸出溶剂得到黄绿色固体。再向釜内加入适量的 5%氢氧化钠溶液使固体充分溶解，过滤，滤液用稀盐酸调节 pH 值为中性，过滤，固体用 30%的乙醇重结晶得到淡黄色晶体，即盐酸芦氟沙星。

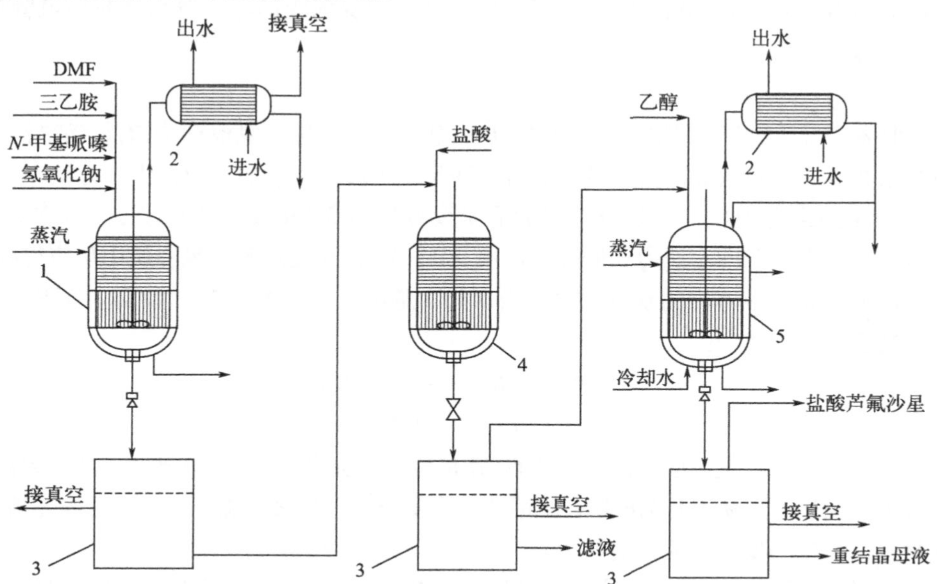

图 2-26 盐酸芦氟沙星的生产工艺流程图

1—反应釜；2—冷凝器；3—过滤器；4—溶解釜；5—结晶釜

c. 反应条件及影响因素　通过形成氟硼酸酯螯合物，使甲哌化反应可以在温和的条件下进行，产物中几乎不存在 C9 异构体，但温度不能太高（50～60℃），反应时间也不能太长（3h），否则产品选择性会下降。

2.2.2.3 六氟磷酸锂生产工艺

锂离子电池具有循环寿命长、无污染、循环效率高等优点，已经在小型移动电源、电动车、电动汽车等领域广泛使用。锂离子电池中应用最广泛的电解质是六氟磷酸锂（$LiPF_6$），该物质具有在电解液中易于解离、可提高电解液电导率、合成工艺简单等一系列优点，可在电极材料表面形成 SEI 膜，抑制集流体腐蚀。虽然其热稳定性差，受热易分解，但是与其他新型电解质锂盐相比，如二氟草酸硼酸锂、二氟磷酸锂等，六氟磷酸锂的综合性能仍为最优。目前，$LiPF_6$ 仍然在锂离子电池电解质中占有主要地位。

$LiPF_6$ 对水非常敏感，在潮湿的空气中或者接触到水分时会立刻分解，生成五氟化磷和氟化锂等物质，进而降低产品纯度，所以，该产品通常在氮气或者真空条件下进行保存。$LiPF_6$ 的热稳定性较差，在高温下容易发生分解，生成氟化锂和五氟化磷。在有机溶剂中的溶解度较高，易溶于丙酮、碳酸二甲酯、碳酸二乙酯、碳酸丙烯酯、碳酸乙烯酯、乙腈、碳酸甲乙酯等有机溶剂。同时，由于反应原料及反应产品具有强腐蚀性，$LiPF_6$ 整个生产过程对设备的要求较高，一般都是衬四氟管道和衬四氟反应釜。

（1）生产方法

制备六氟磷酸锂的方法较多，主要包括气固反应法、氟化氢溶剂法、有机溶剂法、络合法和离子交换法等，其中氟化氢溶剂法是现阶段最主要的工业化生产方法。

① 氟化氢溶剂法　AHF 溶剂法是目前商业化制备 $LiPF_6$ 的经典方法。该方法是在氮气保护下，在一定压力和低温下，用 LiF、PCl_5 在无水氟化氢介质中反应得到。该方法要求将反应器中的水分除去，当水分含量小于 10×10^{-6} 时，副反应将不会发生。其反应方程式为：

$$PCl_5+5HF \longrightarrow PF_5+5HCl$$

$$LiF+PF_5 \longrightarrow LiPF_6$$

该方法的优点是反应在液相中进行，反应物可以充分接触，反应迅速且转化率高，适合大规模生产。缺点是 HF 具有腐蚀性，给安全生产带来隐患，反应器需要使用耐氟材料；反应为低温反应，能耗大。

② 气固反应法　气固反应法是最早的 $LiPF_6$ 制备工艺，主要的工艺路线是利用无水 HF 对 LiF 进行处理形成多孔材料，然后再通入 PF_5 气体与多孔 LiF 反应，最终

得到 $LiPF_6$。反应方程式如下：

$$LiF+HF \longrightarrow LiHF_2$$

$$LiHF_2 \longrightarrow LiF（多孔质）+HF$$

$$LiF（多孔质）+PF_5 \longrightarrow LiPF_6$$

该工艺具有操作简单、反应少的特点。但是，由于生产原料中有强氧化性 HF，对设备的密封要求较高，同时还需要利用惰性气体进行保护。该工艺是气固反应，需要在高温、高压下进行，并且由于六氟磷酸锂性质的影响，需要在无水的环境下反应，这导致反应过程中生成的六氟磷酸锂会包覆在氟化锂表面，阻止反应的进一步进行，转化率较低，需要进一步纯化分离，加大了产品后处理的难度。

③ 有机溶剂法　有机溶剂法是将固体 LiF 溶于有机溶剂中制得 LiF 有机悬浮液，然后向其中缓慢通入高纯度的 PF_5 气体，反应得到的 $LiPF_6$ 直接溶解于有机溶剂中，这些有机溶剂大多为应用于锂离子电池电解液的溶剂，常用的有机溶剂包括碳酸酯类、腈类、醚类，等等。反应方程式如下：

$$LiF+PF_5 \longrightarrow LiPF_6$$

该方法的优点是反应过程中未使用高腐蚀性的 HF，对设备防腐蚀要求降低，有利于安全生产；反应物充分接触，反应转化率高。缺点是反应速度慢，且反应过程中 PF_5 会与有机溶剂反应而引入大量杂质；有机溶剂与 $LiPF_6$ 会形成复合物，使产品中溶剂的脱除十分困难。

④ 络合法　络合法又称有机溶剂分散法，是将反应原料分散于有机溶剂中形成悬浮态体系使反应连续进行，该工艺制备的 $LiPF_6$ 与有机溶剂易形成配合物，需再进行纯化处理。其反应方程式为：

$$LiF+PF_5+4CH_3CN \longrightarrow Li(CH_3CN)_4PF_6 \longrightarrow LiPF_6$$

络合法在反应过程中未使用 HF，对反应容器防腐蚀要求降低，操作相对安全；反应迅速，所生成的 $LiPF_6$ 纯度较高。但反应过程中因 PF_5 与有机溶剂反应而引入杂质。此外，有机溶剂与 $LiPF_6$ 会形成复合物，难以甚至不能分离出 $LiPF_6$ 晶体，因而限制了 $LiPF_6$ 的实际应用。

⑤ 离子交换法　离子交换法又称转化法，是一种利用含锂化合物与六氟磷酸盐（XPF_6，其中 $X=Na^+$，K^+，NH_4^+ 等）在有机溶剂中发生离子交换反应制备 $LiPF_6$ 的方法。其反应方程式为：

$$XPF_6+Li^+ \longrightarrow LiPF_6+X^+$$

该方法的优点为反应可在较低温度下进行，且反应过程中无 HF、PF_5 等强腐蚀性原料，对设备防腐蚀要求低，是一种较为安全绿色的工艺。缺点是由于原料中的 XPF_6 往往过量，所制得的 $LiPF_6$ 纯度不高，含有未反应的六氟磷酸盐杂质，必须对产品进行进一步纯化；XPF_6 中的 X 可能会与有机溶剂发生副反应，生成难以去除的醇类杂质；生产原料贵，生产成本高，且原料易吸水潮解，难以实现大型生产，目前还处于实验室研究阶段。

（2）工艺过程

① 氟化氢溶剂法　将氟化锂溶入无水氟化氢配制氟化锂溶液，然后在一定温度和压力下，PCl_5和无水氟化氢接触生成 PF_5气体，再将 PF_5气体以低流量导入氟化锂溶液中反应，反应结束后，冷却结晶，过滤，干燥，得到高纯 $LiPF_6$产品。反应生成的大量氯化氢气体、保护气体氮气及少量未反应的氟化氢和五氟化磷气体采用先冷凝除去大部分氟化氢气体，然后再通过填料对尾气进行吸收除去常压下难冷凝的氯化氢和五氟化磷，副产含氟稀盐酸。工艺流程见图 2-27。

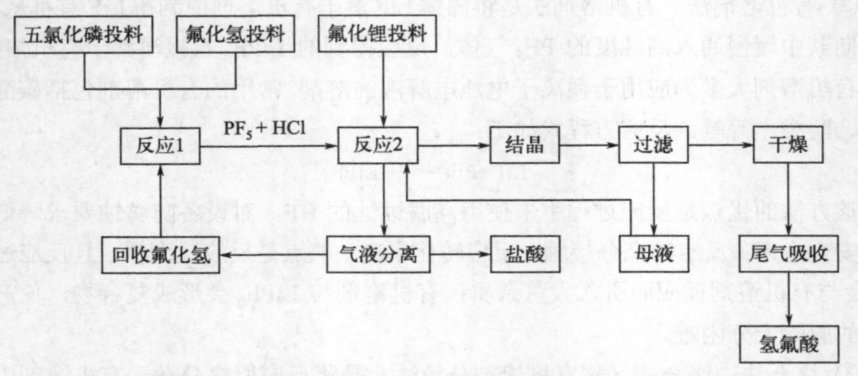

图 2-27　氟化氢溶剂法生产六氟磷酸锂的工艺流程

② 气固反应法　首先将固体氟化锂与氟化氢气体混合，在室温或略高于室温下制得高纯度氟化锂络合盐，即氟化氢锂（$LiHF_2$）。将所得的氟化氢锂在 600～700℃下完全除去 HF 后便可制得具有高度活性的多孔质氟化锂，降温到 80～100℃将制得的多孔质氟化锂与气态五氟化磷反应，即可制得六氟磷酸锂粗产品。所得粗产品中含有未反应的 LiF，将此粗产品溶于无水乙醚中，取上部清液，再结晶可得 99.9%纯度的六氟磷酸锂。工艺流程见图 2-28。

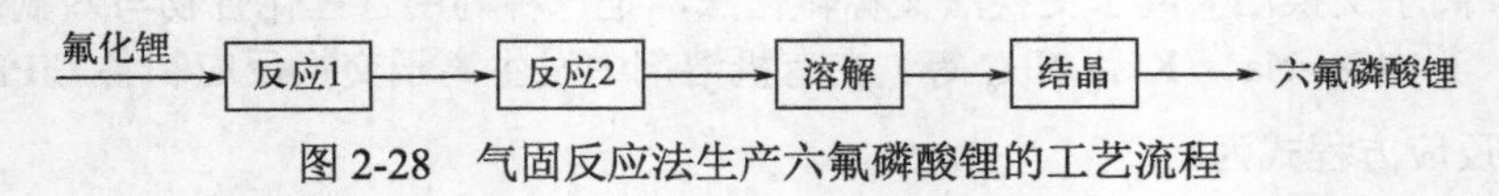

图 2-28　气固反应法生产六氟磷酸锂的工艺流程

③ 有机溶剂法　将纯 LiF 置入装有提纯后的醚的反应釜中，搅拌成悬浮液，然后再逐步通入 PF_5气体，温度控制在 29～25℃下进行反应。分离结晶得到 $LiPF_6$粗产品。将粗产品在约 30Pa 真空度、30℃下进行干燥，重结晶得 $LiPF_6$纯产品。该方法中也可以用 PCl_5或 $POCl_3$来代替 PF_5，以降低成本。不过 LiF 难溶于醚，要加入相转

移催化剂使 LiF 溶于醚中，反应才能进行。工艺流程见图 2-29。

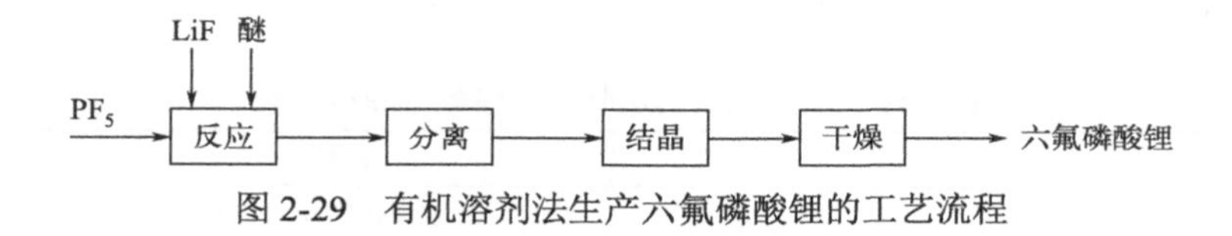

图 2-29　有机溶剂法生产六氟磷酸锂的工艺流程

④ 络合法　以乙腈为配合物，将固体 LiF 溶于乙腈，缓慢通入 PF_5 气体，在一定温度下反应。反应结束后，冷却，结晶，过滤和干燥，获得 $Li(CH_3CN)_4PF_6$ 粗品，用乙腈作溶剂重结晶，再通过减压挥发除掉 CH_3CN 后得到 $LiPF_6$。工艺流程见图 2-30。

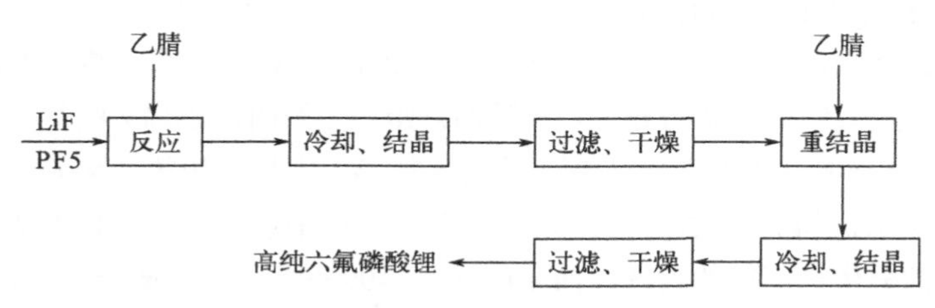

图 2-30　络合法生产六氟磷酸锂的工艺流程

（3）原料规格要求

氟化氢溶剂法是国内外固体六氟磷酸锂的主要生产工艺，要提高六氟磷酸锂产品纯度，首先从控制原辅料的纯度开始，尽可能地少带入杂质。氟化锂选用电池级的，符合 YS/T 661—2016 标准要求，无水氟化氢符合 GB 7746—2011 标准中 I 类品质量要求，氟化锂和无水氟化氢的工业规格要求见表 2-8 和表 2-9。五氯化磷质量分数≥99.0%，Fe 和 As 等杂质含量≤5mg/kg。氮气质量分数≥99.995%，露点低于–60℃，可以使用管道氮气或液氮汽化，需保持稳定供应。

表 2-8　氟化锂的工业规格要求

项目	规格	项目	规格
氟化锂含量（质量分数）	≥99.95%	水含量（质量分数）	≤0.02%
Al、Ca、Fe、K、Mg、Na、Zn 含量	≤10mg • kg^{-1}	SO_4^{2-} 和 Cl^- 含量	≤20mg • kg^{-1}
Cu、Ni、Pb 含量	≤5mg • kg^{-1}		

表 2-9　无水氟化氢的工业规格要求

项目	规格	项目	规格
氟化氢含量（质量分数）	≥99.99%	氟硅酸和不挥发酸含量	≤20mg • kg^{-1}
水分含量	≤5mg • kg^{-1}	Fe、As 等杂质含量	≤5mg • kg^{-1}

（4）原料消耗

氟化氢溶剂法制备六氟磷酸锂的原料消耗见表 2-10。

表 2-10　氟化氢溶剂法制六氟磷酸锂原料消耗

原料	消耗	原料	消耗
氟化锂（LiF）	0.19t	无水氟化氢（AHF）	1.25t
五氯化磷（PCl_5）	1.75t		

表中数据为每生产 1t 六氟磷酸锂的原料消耗。

（5）生产关键技术

① 设备材质的选择　氟化氢具有极强的腐蚀性，反应和结晶设备与液体物料接触，设备材质的耐腐蚀性和耐用性至关重要。不锈钢材质的优点是可以加快过程传热、提高热效率、降低能耗、设备易于加工，缺点是 Cr、Ni 等金属元素容易溶于反应液中，而影响六氟磷酸锂产品的纯度。不锈钢衬塑（如聚四氟乙烯）的优点是可以有效防止 Cr、Ni 等金属元素的溶出，缺点是设备制造成本高、传热效果差、能耗高。生产普通品质（HG/T 4066—2015）的六氟磷酸锂采用不锈钢设备有较大的成本优势，这是国内大部分生产厂家的首选；而生产纯度≥99.99%、各金属杂质≤$1mg \cdot kg^{-1}$的高品质六氟磷酸锂则选用不锈钢衬塑（如聚四氟乙烯）设备。干燥设备接触的是固体物料，可以选择不锈钢设备，以减少六氟磷酸锂干燥时的受热时间，减少热分解产生氟化锂而影响品质。

② 反应终点控制　在反应过程中，精确控制 PCl_5 的投料速度，使得氟化锂反应完全，是反应环节提高产品纯度的关键。采用定量控制 PCl_5 自动加料的装置来控制反应过程平稳进行，通过 DCS 控制系统实现物料计量、投入速度、反应温度、反应系统压力、反应终点等自动化控制，采用 PLC 来控制 PCl_5 投料阀门和投料速度，采用成熟而稳定的 MODBUS 通信协议实现 PLC 和 DCS 双方相互监视和操控，精确实现氟化锂的完全反应。

③ 结晶控制　采用动态结晶法，温度梯度调控。影响结晶的主要因素是溶液的初始浓度、降温速度和三维流动状态，同时需要考虑：结晶设备内表面的光洁度，表面毛刺容易形成晶簇而影响传热；搅拌方式和速度会影响饱和溶液三维流动状态，通过调整搅拌折流板的角度、搅拌转速、降温速度、设备高径比等参数对晶体的粒度、包晶和晶簇的影响，最终可以将结晶的粒度范围控制在 120～200μm。

④ 干燥控制　合理设计干燥设备及相应的工艺，缩减高热干燥区段时间，有效分离游离酸和控制六氟磷酸锂热分解。根据六氟磷酸锂热分解曲线实施分阶段干燥，整个干燥过程采用 PLC 控制系统实现对工艺的自动化控制和操作显示，在 N_2 正压保护下分阶段进行：a.过滤得到的固体在相对低温的条件下，采用缓慢加热的方式

去除结晶表面残余的酸，温度在热分解曲线的第一个吸热峰值以下；b.去除产物晶体内部的酸和少量表面残酸，保持振动状态在较高的温度下进行快速加热，促使晶体内部的游离酸挥发，在游离酸指标达到要求后进行快速冷却，以减少高温区对不溶物的影响。

（6）尾气回收工艺改进

围绕清洁生产和绿色化工的国家政策要求，多氟多新材料股份有限公司针对氢氟酸溶剂法工艺含氟尾气处理技术进行改进，以期实现副产资源综合利用，同时避免工艺尾气超标排放带来的环境污染和停产整顿，对促进行业稳定生产和节能减排至关重要。

① 现有工艺尾气处理技术　氢氟酸溶剂法制备六氟磷酸锂主要是以五氯化磷和无水氟化氢反应生成五氟化磷气体，然后通入氟化锂溶解于无水氟化氢形成的 LiF·HF 溶液中反应得到合成液，再经降温结晶、分离干燥得到产品。制备五氟化磷过程中，由于反应剧烈放热，造成大量无水氟化氢挥发，并伴随着作为惰性保护气的氮气的挥发，反应后气体混合物经过滤器、冷凝器后进入含氟化锂的氢氟酸溶液中进行反应，此过程中大量五氟化磷与氟化锂反应而消耗掉，反应生成的大量氯化氢气体、保护气体氮气及少量未反应的氟化氢和五氟化磷气体一同逸出成为工艺尾气。现有工业常用的尾气处理方法大多采用先冷凝除去大部分氟化氢气体，然后再通过填料对尾气进行吸收除去常压下难冷凝的氯化氢和五氟化磷，副产含氟稀盐酸。

实施过程中存在以下问题：a. 1t 六氟磷酸锂约产生 $4500m^3$ 尾气，由于尾气量大，冷凝器无法彻底冷凝氟化氢气体，造成氟资源浪费。b.尾气中氟、氯资源分离不彻底，导致后续尾气吸收时得到含氟稀盐酸，行业多用于无水氯化钙的制备，但工艺复杂，处理成本高。c.合成阶段过量的五氟化磷气体未采用有效手段进行回收，而是通过尾气吸收溶于含氟稀盐酸中，不仅造成氟、磷资源浪费，而且影响含氟稀盐酸的再利用。d.氯化氢吸收过程为放热反应，造成吸收介质温度升高，吸收效果降低。使用填料塔进行吸收时，采用一次水作为吸收介质，钙镁离子与尾气中氟化氢反应生成氟化钙，使填料结垢，影响传质效果。产业化生产异常时尾气流量波动，若超过吸收塔处理能力，尾气排放极易超标。e.六氟磷酸锂合成、结晶、过滤、干燥各个过程会消耗大量的氮气，按照传统处理工艺，经过水吸收处理后氮气直接随之排空，造成浪费。如直接回用，因氮气夹带大量水分，而六氟磷酸锂对水分很敏感，遇水易分解，对六氟磷酸锂产品质量会造成影响。

② 改进后的工艺尾气处理技术　针对上述工艺尾气处理技术存在的问题，多氟多新材料股份有限公司从以下方面进行改进。

a. 增强氟化氢冷凝效果。目前工业上尾气冷凝多采用列管式换热器，由于含氟尾气腐蚀性较强，为避免换热管和壳体均遭受腐蚀，工艺尾气一般走管程。初始阶段氟化氢气体冷凝在列管壁面成液膜流下，是典型的膜状冷凝。尾气中含有大量非凝结性气体氮气，随着HF气体流向气液分界面，并在壁面处堆积，氮气在壁面处的分压增高，形成一个扩散层。后期HF气体再冷凝时需要穿过氮气组成的扩散层和列管壁面液膜，增大了热交换阻力，使热交换强度降低，且随着尾气中氮气含量升高，冷凝传热系数的降低更加严重。该公司增加了多套串联的冷凝装置，或者在氮气用量特别高的尾气处理工序中，单独设置冷凝系统。

由于生产过程中废气流量会有波动，异常情况下流量过大会增加后续吸收压力，易造成尾气排放不达标，所以冷凝器的设计应留有余量。同时，对进入冷凝器的尾气流量进行监控，并且与冷却介质进口形成联锁，通过模拟计算以及实践经验动态调整冷媒流量，既保证设备处理能力，又实现工艺节能降耗。在冷凝器后端增设气液分离器，防止氮气等不凝性气体产生夹液现象，提升氟化氢的分离效率。

b. 加压冷凝分离氯化氢和五氟化磷。对于常压下沸点较低，使用常用冷冻设备难以达到冷凝降温的气体，可加压处理提高其沸点再冷凝。氢氟酸溶剂法工艺尾气各组分性质见表2-11。由表2-11可知，工艺尾气中五氟化磷和氯化氢常压下沸点较低，如利用冷凝液化，则需要用到超低温冷冻机，不仅设备费用增加，而且能耗过大，可行性较低。采用加压冷凝技术实现二者分离，即对除去氟化氢的尾气进行压缩，使五氯化磷和氯化氢的沸点均提升至–35℃以上，而六氟磷酸锂工业化生产一般会用到–45℃冷媒，此时，再通过冷凝器降温即可冷凝下来。

表2-11　尾气中各组分性质

尾气种类	沸点/℃	临界温度/℃	临界压力/MPa
五氟化磷	–84.50	–19.00	3.39
氯化氢	–85.00	51.40	8.26
氟化氢	19.54	188.00	6.48

c. 氮气循环利用。利用加压冷凝可以除去大部分五氟化磷气体和部分氯化氢气体，但由于氯化氢在尾气中占比很高，无法全部液化，而氮气的临界温度为–147.05℃，所以最终尾气中成分主要为氮气和氯化氢、微量五氟化磷和氟化氢气体。

Ⅰ. 尾气可循环用于六氟磷酸锂半成品的初步干燥。六氟磷酸锂半成品干燥前期含酸量较高，如直接用高温氮气吹干，则物料脱酸速度过快易造成物料板结，使结块物料内包裹的氢氟酸更难分离出来，影响干燥效果，降低产品质量。使用经过冷凝的低温尾气可以解决这个问题，在不引入外来杂质的前提下，提升干燥效率，降低工艺能耗。

Ⅱ. 尾气可用于气流搅拌。在六氟磷酸锂合成阶段，大量五氟化磷气体与氟化锂溶液反应时，通入冷凝过的尾气进行气流搅拌，代替传统的搅拌器，不仅可避免桨叶腐蚀和磨损，而且可实现气液传质，使液相浓度更均匀，反应更充分。同时，由于合成反应属于放热过程，输入低温尾气可对溶液降温，降低氢氟酸汽化损耗，进一步提升反应效率。

d. 氯化氢回收利用。经冷凝处理后，尾气中主要成分为氯化氢，通常使用水吸收氯化氢技术得到稀盐酸，可直接外售，用于钢材酸洗等行业，创造一定的经济效益。氯化氢的吸收过程常选择使用填料塔，具有处理负荷高、投资省、操作简单、修理维护方便等优点。对于在系统中循环的吸收介质而言，随着吸收过程的进行，溶解热越来越多，吸收液温度的升高不可避免，会使吸收效果降低。比如氯化氢在水中的溶解度 0℃时为 82.3mL·(100g)$^{-1}$，30℃时为 67.3mL·(100g)$^{-1}$。因此，为了增大吸收效果，可对吸收循环水作冷却处理，使整个系统维持较高的吸收能力。同样，对于循环水还可进行预处理，降低硬度，以延长填料塔清理周期。

③ 工艺改进效果　常规尾气处理工艺改进优化后的整个流程如图 2-31 所示，尾气处理效果得到较大的改善，氟化氢、氯化氢及五氟化磷气体回收利用率显著提升，处理后尾气达标排放。同时，这些优化措施还带来了良好的经济效益。如六氟磷酸锂合成阶段，为确保氟化锂完全反应，通入的五氟化磷气体量通常为理论需求的 1.2 倍。改进前因五氟化磷难以回收，过量部分大多进入吸收系统被浪费，改进后使用压缩再冷凝的方法，过量部分五氟化磷回收率可达 80%。每生产 1t 六氟磷酸锂，可回收 132.6kg 五氟化磷，折合为原料消耗即五氯化磷 218.9kg 和氟化氢 105.2kg。六氟磷酸锂每年产能按 2 万吨，五氯化磷市场价格为 1.8 万元/t，无水氟化氢市场价格为 1.35 万元/t 推算，单五氟化磷回收一项每年即可节省原料消耗费用为 10720.8 万元，成效显著。

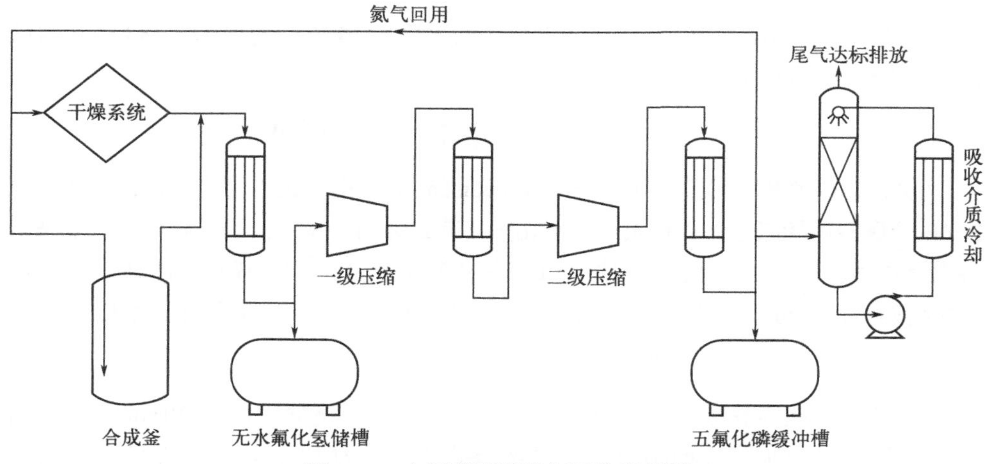

图 2-31　六氟磷酸锂尾气回收流程图

2.2.3 聚四氟乙烯

聚四氟乙烯（PTFE）是1938年美国杜邦公司的Royliunkett博士在研究含氟制冷剂的过程中偶然发现的，它是世界上第一个工业化生产的氟树脂，也是至今为止生产规模最大的氟树脂品种。聚四氟乙烯具有优异的化学稳定性、热稳定性、不粘性、润滑性、电绝缘性、抗辐射性等，被广泛用于涂料、石油化工、机械、电子、建筑、航空航天、纺织等国民经济的各个领域。

2.2.3.1 四氟乙烯

（1）四氟乙烯的生产路线

① 二氟一氯甲烷热解法　最早的四氟乙烯工业生产技术路线是20世纪40年代末美国杜邦公司发明的。该方法以二氟一氯甲烷（F22）为原料，通过热裂解制备四氟乙烯。由于本方法原料二氟一氯甲烷的生产工艺比较简单，因此该法被广泛采用，直到现在世界各国的公司仍都采用此路线。反应式如下：

$$2CHClF_2 \longrightarrow F_2C{=}CF_2+2HCl$$

② 氟仿热解法　美国Pennsalt公司采用氟仿制备四氟乙烯，氟仿的转化率为95%，分解产物中四氟乙烯和六氟丙烯占96%，其中四氟乙烯的单程收率为42.5%。该方法的优点是将制备二氟一氯甲烷的副产物氟仿加以利用，并可同时获得四氟乙烯和六氟丙烯两种含氟单体；缺点是热解温度很高，能耗大。反应方程式如下：

$$2CHF_3 \longrightarrow F_2C{=}CF_2+2HF$$

$$3CF_2{=}CF_2 \longrightarrow 2CF_3CF{=}CF_2$$

③ F114加氢法　1964年美国Allied公司采用F114与氢气在375～430℃，通过催化剂Cr_2O_3-CuO-BaO制备四氟乙烯，反应式如下：

$$F_2ClC{-}CClF_2 \xrightarrow[Cr_2O_3\text{-}CuO\text{-}BaO]{H_2} F_2C{=}CF_2+2HCl$$

④ F12热解法　1070年意大利Montedison公司采用F12为原料，在极性溶剂DMF或碳酸丙烯酯中，以钠汞齐为催化剂，萜二烯为阻聚剂，通过脱氯和二聚来制备四氟乙烯。该路线的优点是甲烷一步氟氯化制F12工艺取得成功，同时F12热解法制备四氟乙烯可以避免产生含氢的杂质。但由于采用钠汞齐催化剂，使工艺复杂。

$$2CCl_2F_2 \xrightarrow[\text{钠汞齐}]{\triangle} CF_2{=}CF_2+2Cl_2$$

⑤ 三氟乙酸热解法　美国3M公司开发了将三氟乙酸与10%～20%的氢氧化钠粉末混合，并在200℃以上的温度下加热制备四氟乙烯的方法。由于原料有水分存在，生成的副产物中有氯仿，而使四氟乙烯分离困难，很难得到高纯的四氟乙烯。反应式

如下：

$$2CF_3COOH \xrightarrow[225℃]{NaOH} F_2C{=}CF_2 + 2CO_2 + 2NaF$$

⑥ 聚四氟乙烯热分解法　聚四氟乙烯热分解法主要用于实验室制备四氟乙烯单体。当温度高于 200℃时，聚四氟乙烯开始缓慢分解；高于 415℃时，聚四氟乙烯发生解聚，析出气态分解物。温度越高，反应越快。分解产物主要是四氟乙烯、六氟丙烯和八氟异丁烯等。反应式如下：

$$\left[CF_2CF_2\right]_n \longrightarrow CF_2{=}CF_2 + CF_3CF{=}CF_2 + F_3C{-}C(CF_3){=}CF_2$$

尽管实验室、中试和部分工业化装置从多种途径都制备得到了聚四氟乙烯，但迄今为止工业上仍以二氟一氯甲烷制备四氟乙烯的工艺路线为主。

（2）二氟一氯甲烷热解法反应原理

F22 热解过程很复杂，热解产物有 30 多个组分，主产物为四氟乙烯，副产物除了氯化氢外，还有六氟丙烯、八氟环丁烷、三氟氯乙烷和八氟异丁烯等。目前还不能解释所有副产物的生成机理，一般认为该吸热反应的初期产物是四氟乙烯和氯化氢，低转化率时为一级反应，随转化率升高，副产物逐渐增多。F22 热解生成四氟乙烯的总反应式如下：

$$2CHClF_2 \longrightarrow F_2C{=}CF_2 + 2HCl$$

该反应可分为两步，第一步是 F22 分解成 CF_2:和氯化氢，是吸热反应；第二部是 CF_2:二聚生成四氟乙烯，是微放热反应。

$$CHClF_2 \longrightarrow CF_2\!: + HCl$$

$$CF_2\!: + CF_2\!: \longrightarrow CF_2{=}CF_2$$

该反应的主要副反应有：

$$CF_2\!: + CF_2{=}CF_2 \longrightarrow CF_2{=}CF{-}CF_3$$

$$CF_2{=}CF_2 + HCl \longrightarrow CHF_2CClF_2$$

$$2CF_2{=}CF_2 \longrightarrow c\text{-}C_4F_8$$

$$CHClF_2 + CF_2{=}CF_2 \longrightarrow CHF_2CF_2CClF_2$$

F22 中各种共价键的离解能不同，C—Cl 键为 $326kJ \cdot mol^{-1}$，C—H 键为 $87.413kJ \cdot mol^{-1}$，C—F 键为 $1485kJ \cdot mol^{-1}$。受热时，首先脱氢，其次脱氯，氯和氢原子结合生成氯化氢，而 C—F 键不易断开，生成了活泼的 CF_2:自由基。CF_2:自由基除了自聚生成四氟乙烯外，还会与产物反应，生成一系列副产物。

（3）生产工艺

1）热裂解法　热裂解法是美国杜邦公司最早开发并进行工业化的生产方法。F22在管式炉中于800～900℃，在常压和没有稀释剂的情况下进行热解反应。当F22的单程转化率为35%时，四氟乙烯的选择性为90%～95%；而单程转化率为90%时，四氟乙烯的选择性降低到30%。为了保持四氟乙烯的高选择性，F22的单程转化率只能降低到30%左右。该方法的优点是方法简便、设备简单、技术成熟，较容易实现工业化生产。主要缺点是F22单程转化率较低，设备的生产能力也较低，未反应的原料在设备中循环，大大降低了设备利用率；热解气中高沸物增多，四氟乙烯产率不易提高；当热解管由小放大时，会带来传热不均匀等问题。

① 热裂解过程的影响因素　热裂解过程主要受到温度、压力和停留时间的影响。

a. 温度的影响　从热力学看，反应是吸热的，升高温度有利于反应的进行，在较高的温度下可以得到较高的平衡转化率，因此采用较高的温度有利于反应的进行。然而在反应时同时进行主反应和副反应，在高温下虽然主反应的反应速度增加，但副反应的反应速度也增加，使主反应在竞争中不能占据优势。试验结果表明，温度上升，F22转化率增加，四氟乙烯选择性下降。因此一般不采用超过900℃的高温，宁可降低反应的单程转化率也不使四氟乙烯的选择性下降，这是目前F22热解制备四氟乙烯的最显著特点之一。试验结果也表明，温度升高，四氟乙烯选择性下降。压力为常压，接触时间为1.8～2s时的数据见表2-12。

表2-12　不同温度下的F22转化率及四氟乙烯选择性

温度/℃	转化率/%	选择性/%
687	38.4	93.1
797	69.1	78.9
841	81.9	63.8
907	89.0	31.2

b. 压力的影响　F22热解反应是分子数增加的反应，根据勒夏特列原理，对于反应后分子数增加的反应，降低压力有利于反应平衡向右移动，得到较高的平衡转化率。副反应大多是双分子的加成反应，增加压力使副产物含量增加，四氟乙烯产率下降。当温度为700℃时，压力对F22转化率和选择性的影响见表2-13。

表2-13　压力对F22转化率和选择性的影响

压力/Pa	转化率/%	选择性/%
0.5	50	89
1.0	23	79
4.0	23	56

由表可见，降低反应压力，不仅可以提高原料的转化率，还可以提高产物的选择性，因此采用低压操作对反应有利，生产中一般采用常压操作。采用引入惰性气体稀释反应物的方法也可以起到与降低总压力相同的效果。

c. 停留时间的影响　停留时间增加，F22 的转化率增加。试验结果表明，在较短的停留时间里，转化率的增加几乎与停留时间成直线关系。但是原料转化率增加又导致四氟乙烯选择性下降，副产物含量增加。这是因为转化率提高后，产物分子浓度增加，引起 CF_2: 自由基和反应物、产物和副产物分子的碰撞频率增加，从而增加了副反应。生产上物料停留时间一般选择 0.05～0.1s。

② 工艺流程　新鲜和回收的 F22 在储槽中混合，经气化器和缓冲器进入热解炉反应，反应温度为 750～850℃，反应压力为常压，停留时间为 0.05～0.1s。裂解气离开反应器后进入急冷器冷却，经水洗和碱洗除去盐酸后进入气柜。水洗废液去中和池达到排污要求后排放。热解气自气柜通过压缩再经过冷冻脱水，并通过分油器除油、硅胶干燥器干燥使水分含量小于 1×10^{-4}，再进入中间冷凝器和尾气冷凝器冷凝，液体进入裂解液中间槽，槽中加入三乙胺阻聚剂。裂解液自中间槽进入脱气塔，塔顶气体排空或返回气柜，塔釜组分进入精馏塔，塔顶搜集四氟乙烯进入单体储槽，塔釜组分进入单体回收塔。单体回收塔塔顶组分返回气柜，塔釜液进入 F22 回收塔，在塔顶收集回收 F22 并返回裂解系统，塔釜高沸残液送往残液储槽，进行集中处理。工艺流程图见图 2-32，热解气组成见表 2-14。

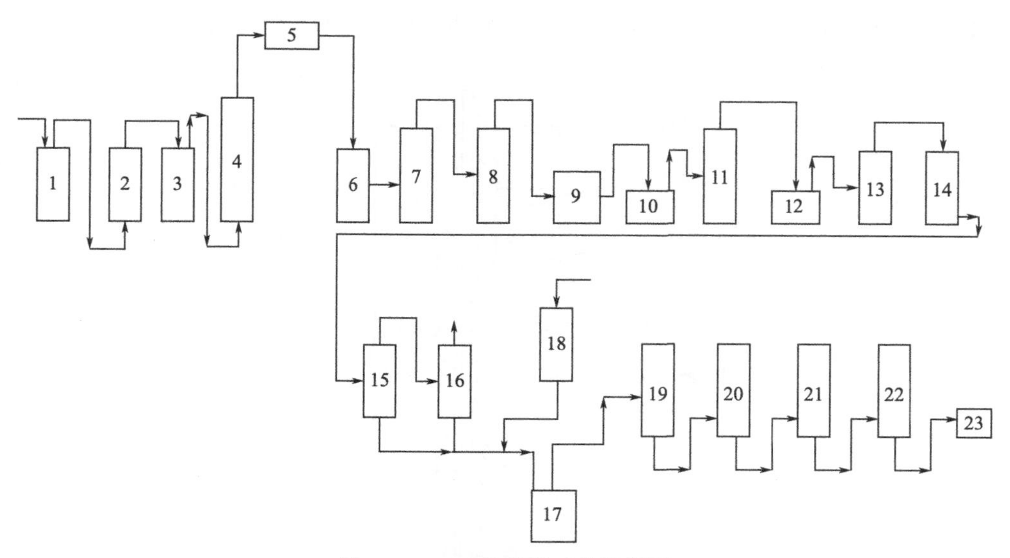

图 2-32　F22 热裂解工艺流程图

1—F22 储槽；2—气化器；3—缓冲器；4—热解炉；5—急冷器；6—文丘里流量计；7—水洗塔；8—碱洗塔；9—气柜；10—一级压缩机；11—冷冻脱水机；12—二级压缩机；13—分油器；14—硅胶干燥器；15—中间冷凝器；16—尾气冷凝器；17—中间槽；18—三乙胺槽；19—脱气塔；20—精馏塔；21—单体回收塔；22—F22 回收塔；23—残液储槽

表 2-14 热解气组成

组分	质量分数/%	组分	质量分数/%
二氟一氯甲烷	69～73	氟乙烯	0.001～0.003
四氟乙烯	22～25	三氟氯乙烯	0.7～1.1
偏氟乙烯	0.002～0.003	八氟环丁烷	0.1～0.3
三氟乙烯	0.002～0.005	六氟丙烯	1.09～1.44
二氟甲烷	0.4～0.6	1,1,2,2-四氟氯乙烷	0.6～1.1

③ 热解反应器　生产中裂解反应器一般选用管式裂解炉，单管式裂解炉的结构示意图见图 2-33。管式裂解炉通常由内外双套管所组成，内管为物料管，F22 由内管下口进入，裂解气由上口出来。外管为加热管，外管通过电加热将得到的热量通过辐射、对流和传导的方式传给内管。裂解炉内管直径为 38～46mm，长约 9m，外管直径为 76mm 或 84mm，长约 8.5m，组装时加热管与内管的同心度要好，有利于延长使用寿命。外管用经变压的直流电源直接通电加热，裂解反应最高点温度一般不超过 900℃，温度过高会使裂解炉使用寿命降低，它有一个最佳操作区。管外用耐火砖和膨胀蛭石保温，外保温壳为铝板或铁板，直径为 1～1.1m。炉身上中下分别装有热电偶测温管，炉底用支架支撑。反应器管材有铂金、银、石墨、镍和镍铬合金等，由于热解温度很高，所以管材必须选择能耐高温，同时又能耐腐蚀的材料。最好选择使用铂金管，但价格昂贵，工业上一般使用镍铬合金管或纯镍管，使用寿命一般为 3 个月到 1 年。

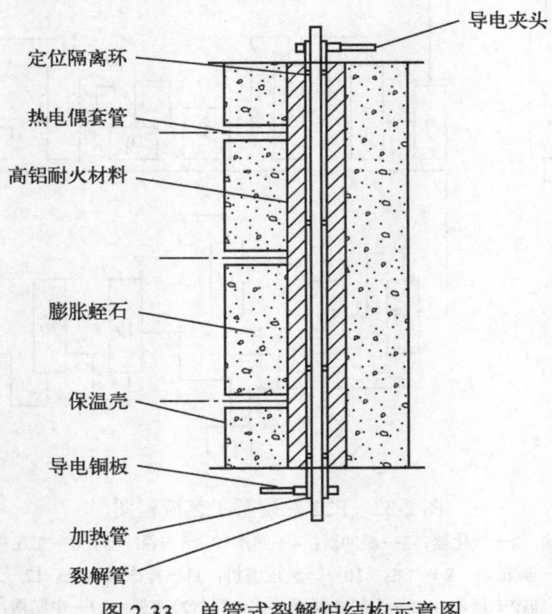

图 2-33　单管式裂解炉结构示意图

由于传热不均匀，单管炉的直径不宜过大，所以单台设备的生产能力受到限制。目前对反应管做出改进，在一个加热炉中装有几十根管子，每根管子的直径很小，传热很均匀，可在较好的条件下进行热解反应，对提高产率和单台设备的生产能力均有利。

2）水蒸气稀释热解法　水蒸气稀释热解是 20 世纪 50 年代末至 60 年代初发展起来的新工艺。由于该方法转化率高，副产物少，产率高，已成为工业上制备四氟乙烯的重要方法之一。水蒸气稀释热解法是以高于热解温度的过热水蒸气作为热载体，与预热到接近反应温度的 F22 原料预先进行混合并热解，过热水蒸气既提供了热解反应所需的能量，又降低了原料的分压，获得了较好的反应效果。该方法的缺点是需要建立一套产生过热水蒸气的设备，同时由于水蒸气并不参与反应，所以反应后全部水蒸气又变成常温的水，因此能耗较大。另外，水蒸气过热炉的开停车周期很长，升温和降温都不能很快，也不宜操作。

① 水蒸气稀释热解过程的影响因素

a. 稀释比　稀释比是指加入的过热水蒸气与原料 F22 的投料量之比，一般按照分子比计算。加入一定量的水蒸气对提高四氟乙烯的选择性效果比较明显。例如，日本大金公司采用熔融石英制球状反应器，热解温度为 800℃，原料空速为 $4500h^{-1}$，当原料 F22 转化率为 75%时，所得结果见表 2-15。从表中可以看出，水蒸气用量增加有效抑制了副反应，提高了四氟乙烯的选择性。

表 2-15　稀释比对四氟乙烯选择性的影响（日本大金公司）

稀释比	高沸副产物摩尔分数/%	游离 HF 摩尔分数/%	选择性摩尔分数/%
1.0	18.5	2.4	79
2.3	11.1	1.9	87
3.0	5.3	1.7	93
5.7	3.3	1.7	95

英国 ICI 公司在大幅度范围内调节稀释比，结果显示当 F22 转化率达到 90%时，四氟乙烯的选择性仍可保持在 90%以上，见表 2-16。不过过高的稀释比，不仅对提高 F22 转化率和四氟乙烯选择性意义不大，而且消耗的水蒸气多，成本高，一般适宜的稀释比为 4～12。

表 2-16　稀释比对四氟乙烯选择性的影响（英国 ICI 公司）

稀释比	F22 进口温度/℃	水蒸气进口温度/℃	F22 流量 /mol・h^{-1}	水蒸气流量 /mol・h^{-1}	转化率/%	选择性/%
4.8	500	950	60	285	60.2	97.6
5.9	500	950	60	352	63.1	97.3

续表

稀释比	F22 进口温度/℃	水蒸气进口温度/℃	F22 流量 /mol·h^{-1}	水蒸气流量 /mol·h^{-1}	转化率/%	选择性/%
10.9	510	850	43	470	65.0	98.4
14.8	375	970	43	635	90.6	96.0
19.4	400	900	32	620	91.2	94.4
25.2	420	970	26	655	96.2	89

b. F22 和水蒸气预热方式和预热温度　F22 和水蒸气的预热可采用管式炉分别预热。F22 一般预热到 400℃，预热温度高可减少水蒸气的消耗量，但预热温度超过 500℃，则会发生早期裂解反应。水蒸气的过热温度为 900～1000℃，水蒸气温度低，则需要的水蒸气量多，导致为达到一定生产能力所需的设备比较大，因而不经济，而过热温度高，则水解严重，而且设备要达到很高的温度也比较困难，最高水蒸气温度不超过 1200℃。由于该绝热反应的反应气体温度从高到低是一个变值，因而 F22 转化率和四氟乙烯的选择性主要取决于裂解区末端的出口温度。当稀释比一定时，F22 转化率随反应器出口温度升高而提高，而四氟乙烯选择性下降；当反应器出口温度恒定时，F22 转化率随稀释比增加而提高，四氟乙烯选择性略有下降。

c. 停留时间　缩短热解反应的停留时间有利于提高四氟乙烯选择性。例如，在反应器出口温度为 700℃时，调节热解产物的停留时间可使热解产物发生变化，如表 2-17 所示。随停留时间延长，选择性下降，通常采用 0.01～0.05s 的停留时间。但是采用短停留时间，反应物受热均匀比较困难，因此需在绝热下进行反应，需要良好的混合装置使 F22 和水蒸气充分混合，且要求达到湍流状态。

表 2-17　停留时间对热解反应的影响

停留时间/s	反应器出口温度/℃	F22 转化率/%	四氟乙烯选择性/%
0.0216	700	54.2	98.2
0.0283	700	63.1	97.3
0.0352	700	70.6	96.8
0.0366	700	80.8	94.9
0.0467	700	86.2	94.5

② 生产流程　F22 通过孔板流量计计量，经过管式预热器预热至 220～230℃进入管式反应器的混合区。水蒸气通过孔板流量计通过预热器和过热器预热至 950～970℃同时进入管式反应器的混合区。F22 和水蒸气（稀释比为 6～9，停留时间 0.05～0.06s）经过充分混合并反应，裂解混合物由水、盐酸喷射急冷，然后经过石墨冷凝器冷却，使混合气体的温度降到 50℃以下，混合气体经过气液分离，分出盐酸，气体混

合物进入洗涤系统，除去痕量的盐酸，经浓硫酸干燥后进行压缩增压，进入除氧器除氧，再经过冷凝液化后进入后续的分馏系统。工艺流程图见图 2-34，裂解气组成见表 2-18。

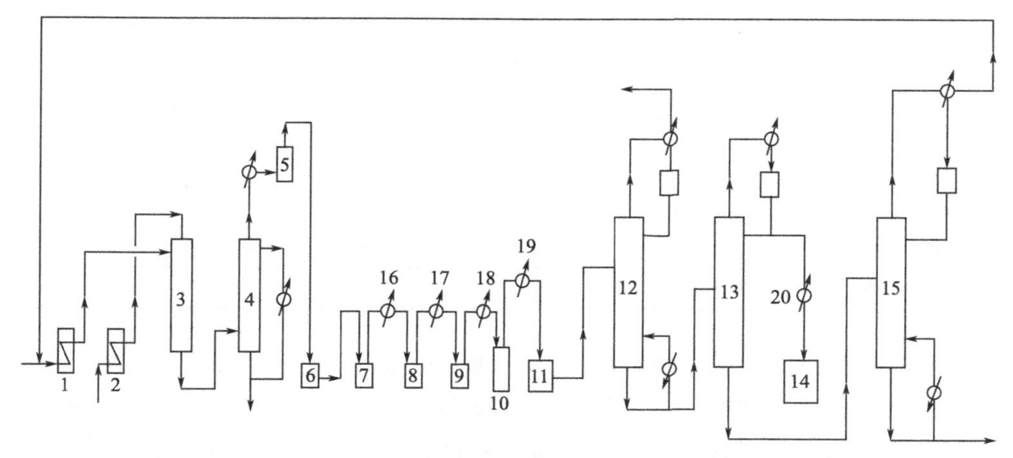

图 2-34　F22 水蒸气稀释裂解工艺流程图

1—F22 预热器；2—水蒸气预热器；3—反应器；4—急冷器；5—石墨冷凝器；6—浓硫酸干燥器；7～9—压缩机；10—除氧器；11—储存器；12—脱轻塔；13—精馏塔；14—单体储槽；15—F22 回收塔；16～18—冷却器；19, 20—冷凝器

表 2-18　裂解气组成

组分	质量分数/%	组分	质量分数/%
二氟一氯甲烷	41.4	六氟丙烯	0.345
四氟乙烯	55.5	二氟二氯甲烷	0.185
三氟甲烷	0.173	八氟环丁烷	0.483
三氟乙烯	0.027	1,1,2,2-四氟氯乙烷	0.149
二氟甲烷	0.013	CO	1.68

（4）四氟乙烯安全生产技术及其有机氟残液处理

国内外四氟乙烯生产厂家多次发生爆炸、中毒事件，这对整个行业都是一个威胁。因为四氟乙烯性质活泼，非常易爆，同时四氟乙烯裂解产物中副产物众多，可达数百种，它的重组分对人体危害很大，其中八氟异丁烯毒性最强。

① 残液组分及危害性　大多数含氟烃是有毒的，有些含氟烯烃毒性差异很大。氟原子和全氟烷基的强电负性使烯烃双键易受亲核试剂进攻，反应活性增强。含氟化合物的毒性主要数据如表 2-19 所示，二氟氯甲烷、八氟环丁烷毒性很小，四氟乙烯、六氟丙烯和三氟氯乙烯毒性中等，动物试验表明这些化合物会刺激呼吸道，损伤肾脏

和肝脏。毒性最强的八氟异丁烯会引起急性肺水肿和损伤其他组织。

表 2-19　四氟乙烯裂解产物毒性

化合物	毒性	对人体的危害
六氟丙烯	LC_{50}=0.3%	刺激上呼吸道黏膜，引起血管受损，损伤心肌和肾脏
八氟环丁烷	ALC＞80%	有麻醉作用，引起四肢无力
八氟异丁烯	ALC＞0.5×10^{-6}	剧毒，有麻醉和刺激作用，会引起上部呼吸道刺激，损伤心肌，引起肾脏病变、肺水肿
六氟乙烷	ALC＞80%	—
四氟化碳	ALC＞80%	—
四氟乙烯（4h）	LC_{50}=0.4%	高浓度下刺激眼睛，恶心，呕吐，呼吸困难
偏氟乙烯（4h）	LC_{50}=12.8%	基本无毒

操作人员在处理高沸残液时发生过多次重大中毒伤亡事故，严重阻碍了生产的发展。为了减少有机氟化物对人体的危害，有关部门制定了一系列环保措施以及限制人与有机氟化物接触的制度，规定了有机氟化物在车间空气中的最高允许浓度，数据见表 2-20。

表 2-20　有机氟化物最高允许浓度

氟化物	车间空气中最高允许浓度/mg・m^{-3}	氟化物	车间空气中最高允许浓度/mg・m^{-3}
四氟乙烯	6.0	氟化氢	0.1
六氟丙烯	1.0	氟光气	0.3
八氟异丁烯	0.05	八氟环丁烷	12
三氟氯乙烯	8.0		

② 防毒技术　尽管在四氟乙烯的生产过程中产生的八氟异丁烯等剧毒性物质比较少，但在生产过程中仍需要注意其防毒问题。特别是对残液的处理。可采取的措施有：

a. 不能将残液直接排入下水道或河流中，应对其进行综合治理或进行焚烧处理；

b. 在四氟乙烯的生产过程中，采用先进的工艺以减少副产物的量，如采用水蒸气稀释热解等；

c. 采用先进的仪器仪表进行自控操作，可大大减少工人与有毒气体的接触，防止有机氟中毒，在人必须与有毒气体接触时，须戴好防毒面具；

d. 在检修装有有毒物的容器和设备前，必须对容器和设备进行解毒处理，然后充空气置换，分析合格后，再抽真空，方可检修。

③ 四氟乙烯的防爆措施　四氟乙烯在空气中遇热、静电、火花、冲击和摩擦等

会发生爆炸，可采取的防爆措施有：

a. 隔离操作　四氟乙烯的蒸馏、储存和使用必须进行隔离。有关的设备和容器应有防爆装置（防爆墙、防爆膜等），并采用遥控操作。此外，以上各场所均应有良好的通风设施，以防空气中单体累积。

b. 控制氧含量　氧是引起四氟乙烯爆炸的关键因素，因此应严格控制四氟乙烯中的氧含量，一般应控制在$\leqslant 30\times10^{-6}$，排除氧可采用深冷法和吸收法，如在冷凝器中通低温盐水，将四氟乙烯液化，不凝性气体和氧从冷凝器顶部排出，以达到除氧的目的。

c. 使用阻聚剂　在单体中加入阻聚剂，移去和减少四氟乙烯中存在的微量氧，防止单体在精制和储存过程中自聚。主要的阻聚剂有：萜烯、双戊烯、萜二烯等带有双键的不饱和烃类，以及三乙胺、三丁胺等胺类化合物，还有低价的 Cr^+、Cu^+等金属盐。阻聚剂的加入量一般为单体的1.2%～12%，所加入的阻聚剂可在聚合前采用蒸馏、洗涤或吸收的方法去除，处理后的浓度一般在 1×10^{-7} 以下，不会影响聚合及聚合物性能。

d. 在低温下储存　在低温下，四氟乙烯相对比较安全，因此液相单体储存温度应低于–20℃，压力不应高于 0.7MPa（绝对压力），储存压力在 0.3MPa 以下几乎无危险性。气相单体储存压力在室温 20℃下不应超过 0.2MPa，在 0.15MPa 下更为安全。

e. 控制 pH 值　由于四氟乙烯在酸性条件下易自聚，且在酸性条件下对设备具有腐蚀性，所以在四氟乙烯的储存和使用过程中一般都控制 pH≥7。一旦 pH≤6，需要加三乙胺等阻聚剂进行调节，直到 pH≥7。

④ 有毒残液处理方法　在四氟乙烯生产过程中产生的有毒高沸残液必须按照合适、安全的方法进行处理。

a. 化学处理方法　美国杜邦公司用甲醇处理含有八氟异丁烯的残液，八氟异丁烯与甲醇反应生成 α-氢-八氟异丁基甲醚，有毒的氟醚加碱处理后，生成一种透明略带浅黄色的液体，毒性大大降低。这种解毒方法不仅为有机氟残液降低毒性提供了有效的方法，也为有机氟残液的综合利用提供了途径。

$$(CF_3)_2C{=}CF_2 + CH_3OH \longrightarrow (CF_3)_2CH{-}CF_2OCH_3$$

b. 焚烧处理法　将有机氟残液与燃料气通入焚烧炉进行高温焚烧，生成 CO_2、HF 及微量的 CF_4 等混合气体，再经石灰乳吸收中和，CO_2 等混合气体经高烟囱排入大气，HF 等与石灰中和后生成氟化钙经沉淀后排放（流程见图 2-35）。排出的废气和废水均符合国家工业“三废”排放标准。

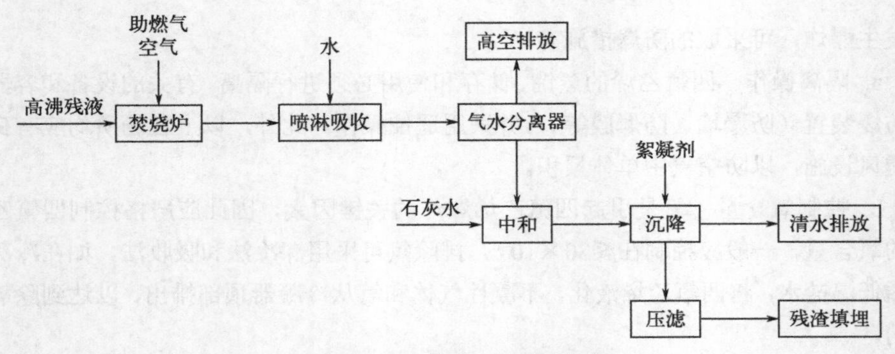

图 2-35　焚烧法工艺流程图

c. 综合利用法　有机氟残液中含有许多有价值的物质，采用焚烧法不经济，于是提出了有机氟残液的资源化利用，将其转化为有用的化学品。例如，将残液分成气相和液相两部分，气相精馏分出六氟丙烯、F22、八氟环丁烷和四氟氯乙烷；在液相中加入高锰酸钾氧化，生成六氟丙酮、三氟乙酸和全氟丙酸等有用化学品。六氟丙酮是有机氟工业非常重要的精细中间体，可以加氢得到六氟异丙醇，它是生产七氟醚的原料。综合利用法流程见图 2-36。

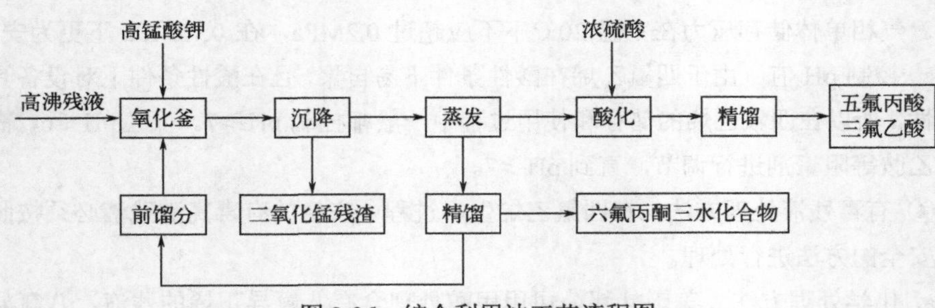

图 2-36　综合利用法工艺流程图

⑤ 含氟废盐酸综合治理　在四氟乙烯生产过程中往往会产生相当数量的含氟废盐酸。例如，一个万吨规模的聚四氟乙烯生产装置每年排出近十万吨的副产废盐酸。含有氢氟酸的废盐酸严重腐蚀设备管道。如果将这些含氟废盐酸直接排放，不仅浪费资源，还严重污染环境，因此综合治理含氟废盐酸就显得非常关键。

a. 回收利用或重复利用　对于氯化氢含量高于 5%的含氟废盐酸，应当首先考虑综合利用，对于低浓度的含氟废盐酸可在工艺过程中循环使用，使其浓度提高后再考虑回收利用，只有在无回收利用价值时才进行中和处理。不少地区成立了废酸回收机构，经过调查，摸清生产厂家用酸及排酸的浓度、成分、数量，研究调配方案，然后将废酸运至需要使用废酸的单位加以利用。

b. 中和处理　利用碱性废水或碱性废渣使酸性废水得到中和，该方法处理成本较高，污泥较多，脱水麻烦。利用石灰石、白云石作中和滤料，采用升流变速膨胀过滤中和的方法，使酸性废水通过上述滤料进行中和。该方法具有操作简单、出水 pH 值稳定、投资省、成本低和沉渣少等优点，但进水酸浓度不宜过高。升流变速膨胀过滤中和的方法比石灰中和方法要好，因此该方法普遍用于生产中。还有一种联合治理法，该方法是将废盐酸和石灰石反应生成的氯化钙与有机氟残液焚烧废水（其中主要含有氟化氢等卤化氢）反应，生成胶体状的氟化钙，从而达到去除氟离子的目的。这种联合治理法不仅解决了含氟废水的排放问题，还解决了含氟废盐酸的排放问题，环境效益和经济效益都比较显著。

c. 综合利用　将聚四氟乙烯生产过程中产生的 10%～20%的含氟废盐酸与石灰石反应制成无水氯化钙。副产盐酸中 1%的氟化氢与石灰石生成氟化钙，经过沉淀、过滤可以除去氟化钙，再经精制除去其他杂质后蒸发、烘干，可以制得 95%～96%以上符合相关标准的无水氯化钙，可作为化工原料。除了将含氟废盐酸制成无水氯化钙之外，还可将 20%浓度的含氟废盐酸与镁矾土反应制备石棉瓦，或制备三氯化铝、氯化铵等，可作为化工、医药、印染工业的原料。

2.2.3.2　聚四氟乙烯

（1）聚合机理

四氟乙烯单体中的氟原子具有强吸电子性，使单体中 C═C 双键的键能减弱为 406～440kJ · mol^{-1}，容易聚合，聚合热达到 155kJ · mol^{-1}。在无机过氧化物或 Fe/HSO_3^- 氧化还原体系等引发剂引发下，四氟乙烯的自由基连锁聚合历程按照链引发、链增长、链终止三步进行。

链引发：

$$Fe^{3+} + HSO_3^- \longrightarrow Fe^{2+} + HSO_3\cdot$$

$$HSO_3\cdot + CF_2{=}CF_2 \longrightarrow HSO_3(CF_2CF_2)\cdot$$

链增长：

$$HSO_3(CF_2CF_2)\cdot + (m-1)CF_2{=}CF_2 \longrightarrow HSO_3(CF_2CF_2)_m\cdot$$

链终止：

$$HSO_3(CF_2CF_2)_m\cdot + HSO_3(CF_2CF_2)_n\cdot \longrightarrow HSO_3(CF_2CF_2)_{m+n}SO_3H$$

四氟乙烯中的C—F键键能大，达到485kJ · mol^{-1}，C—H键键能为413kJ · mol^{-1}，聚合体系中自由基很难捕捉聚四氟乙烯的 F 而转移或歧化终止，大多是自由基偶合终止。四氟乙烯在水介质中属于沉淀聚合，聚四氟乙烯完全不溶于水，长链自由基被包埋，因此自由基寿命较长，只有等短链自由基扩散进来才有可能偶合终止。

（2）悬浮聚合工艺

四氟乙烯的悬浮聚合是指从水相中沉析出来的初级粒子聚附成粗粒，在搅拌作用下悬浮在水中，进行单釜间歇聚合的方式。四氟乙烯悬浮聚合本质上是自由基引发的水溶液沉淀聚合，聚合体系主要由四氟乙烯、水、引发剂和活化剂四组分组成。

① 聚合体系　四氟乙烯单体纯度对产品聚合度影响较大，如单体中偏氟乙烯、三氟乙烯和二氟甲烷等组分含量超标，在聚合时会导致链转移反应和歧化终止反应的可能性大大增加，降低了聚四氟乙烯产品的聚合度。四氟乙烯单体与微量氧易形成过氧化物，该化合物极易分解爆炸。在微量氧存在下，四氟乙烯易热分解，强烈放热，引起暴聚。通常用于悬浮聚合的四氟乙烯单体应达到表2-21中的质量指标。

表 2-21　用于悬浮聚合的四氟乙烯单体质量指标

组分	体积分数/%	组分	体积分数/%
C_2F_4	≥99.98	C_2F_3H	≤0.0001
$CHClF_2$	≤0.007	$C_2H_2F_2$	≤0.0001
CHF_3	≤0.005	C_4H_8	≤0.0002
C_2F_3Cl	≤0.0002	O_2	≤0.002
$C_2F_2Cl_2$	≤0.0008	$(C_2H_5)_3N$	≥0.3
CH_2F_2	≤0.015		

水中的含氧量也要控制，因为聚合体系中的氧具有阻聚作用，并使产品的热稳定性变差。水中的各种金属离子含量要求尽可能少，以提高产品的色泽和电性能。通常用于悬浮聚合的去离子水中铁离子浓度不超过 $0.008mg \cdot L^{-1}$，氧化物浓度不超过 $0.75mg \cdot L^{-1}$。

自由基引发剂可采用过硫酸铵、过硫酸钠等无机过氧化物，或者采用亚硫酸氢钠和硫酸铁组成的氧化还原体系。为了保持较快的初始聚合速度，还需要加入盐酸等类型的活化剂。

② 工艺条件　在四氟乙烯悬浮聚合过程中，主要控制工艺指标有聚合温度、聚合压力、引发剂用量和搅拌速度。随着聚合温度升高，引发剂分解速度增大，反应速度加快，四氟乙烯聚合热较大，因此从反应平稳性和产品性能的要求看，聚合温度一般控制在10～60℃。随着聚合压力增大，四氟乙烯在水中溶解度增大，从而加快聚合速度。引发剂用量对四氟乙烯聚合速率和聚四氟乙烯性能影响很大，随着引发剂用量增加，产生的初级自由基增多，聚合速率加快，但自由基终止的机会也增多，产品分子量下降，聚合物性能下降，引发剂理想的用量为单体质量的0.15%～1.00%。四氟乙烯在水中溶解度极小，为使聚合反应不受单体溶于水的传质过程控制，需要足够的搅拌速度，以提高四氟乙烯在水中的溶解速度。

③ 工艺流程　四氟乙烯悬浮聚合的工艺流程如图 2-37 所示。

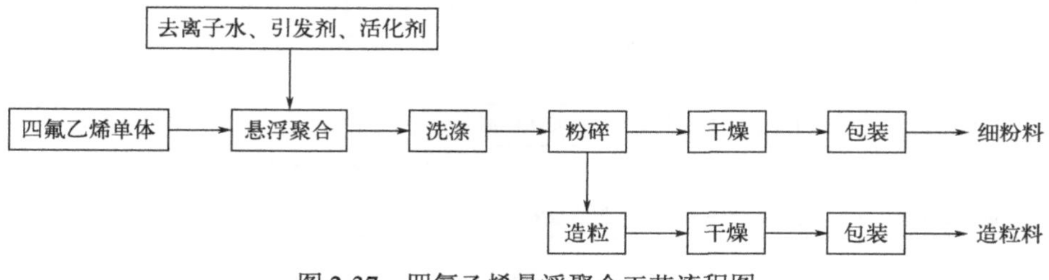

图 2-37　四氟乙烯悬浮聚合工艺流程图

对聚合反应釜进行抽真空，压力达到–0.096MPa 后，停止抽真空，保持釜内压力 5min 后若无变化，则往聚合釜中加入去离子水、过硫酸铵，通过抽真空、充氮气交替操作除氧，再充氮气至 2MPa，30min 后压力无变化，则认为聚合釜气密性合格，并进行氧含量取样分析。氧含量检测合格后，开启聚合釜搅拌（转速 200r • min^{-1}）和夹套进出口，当釜内温度达到 0～10℃时，开始通入四氟乙烯进行聚合反应。调节四氟乙烯进料速度，维持聚合压力在 1.0～1.5MPa 之间，聚合温度在 10～50℃之间。经过 3h 聚合后，将釜内尚有少量氮气和未反应的四氟乙烯送至焚烧处理，悬浮液从聚合釜放出，进行固液分离、水洗、初碎、细碎和干燥，最后得到聚四氟乙烯细粉料。

（3）乳液聚合工艺

四氟乙烯乳液聚合是在以含氟表面活性剂为乳化剂，以液体石蜡或氟氯烃为分散稳定剂的水介质中，由过硫酸盐等过氧化物引发剂引发的聚合。聚合体系除了四氟乙烯、去离子水、引发剂和活化剂外，还有乳化剂和稳定剂。

① 聚合体系　全氟辛酸铵、全氟壬酸钾和全氟戊醇的磷酸酯等含氟表面活性剂可用作乳化剂。乳化剂的加入方式对四氟乙烯性能有较大影响，采用分步加乳化剂的方式，聚四氟乙烯的相对密度、拉伸强度和断裂伸长率均有明显改善。乳液聚合初期，加入较少量的乳化剂，可减少生成的聚四氟乙烯微粒数量；在聚合过程中，再均匀加入剩余的乳化剂，使聚合体系中的乳化剂数量满足聚四氟乙烯微核生长的需要，得到粒径分布范围窄的树脂，可有效降低挤塑压力，提高成型比，改善挤出收缩率，提高树脂的力学性能。

稳定剂的作用也很重要，乳液聚合体系中加入稳定剂，可以减少氟树脂对反应器壁和搅拌桨的黏结现象，还可以减少氟树脂微粒之间因碰撞而形成大颗粒的概率，使聚合体系更加稳定，防止凝聚物的产生。稳定剂的用量对聚合过程和聚合物性能有重要影响。如果用量过少，聚合体系稳定性差，生产过程中容易产生凝聚物；如果用量过多，会增加后处理难度，也容易将其带进产品，影响产品质量。

② 工艺流程　四氟乙烯乳液聚合的后处理流程分为加热浓缩法和凝聚法，分别可制得聚四氟乙烯乳液和聚四氟乙烯粉末料，其工艺流程如图 2-38 所示。下面以制备聚四氟乙烯粉末料操作过程为例。

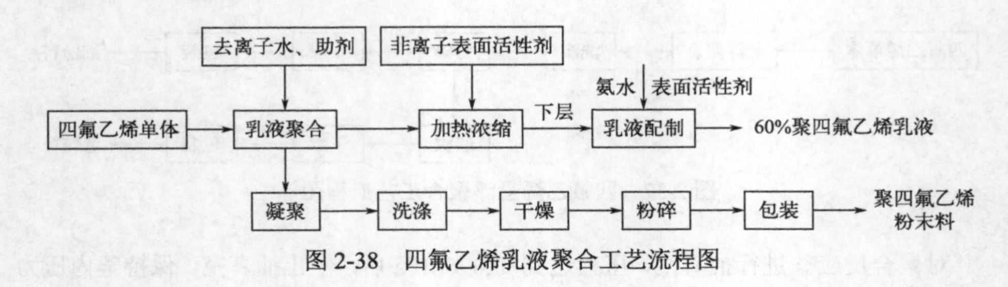

图 2-38　四氟乙烯乳液聚合工艺流程图

首先检查高压釜的密封性能，然后对高压釜抽真空和充氮气以排除氧气，重复几次，直至聚合体系的氧含量达到要求。往聚合反应釜中加入去离子水和引发剂、乳化剂、稳定剂等助剂后，通入四氟乙烯单体至聚合压力，加热至聚合温度，开始聚合反应。在聚合反应过程中，通过补加四氟乙烯单体来保持釜内压力在一恒定区间内。聚合反应结束后，将聚四氟乙烯乳液用去离子水稀释，放入带有推进式搅拌器的反应釜中进行机械搅拌凝聚，直到树脂全部脱水而上浮为止，然后将浮在水上的树脂用去离子水洗涤、过滤、干燥和粉碎，得到聚四氟乙烯粉末料。

悬浮聚合法工艺的优点是聚合物粒子上的分散剂量少，较容易脱除，产品纯度高，后处理工序简单，生产成本较低，粒状树脂可直接用于加工；缺点是聚合速率慢，生产效率低，聚合过程较难控制。

乳液聚合法工艺的优点是在较高温度下聚合，聚合速率快，制得的聚四氟乙烯乳液可直接应用于使用胶乳的场合；缺点是需要使用固体聚合物时，乳液需经过凝聚、洗涤、过滤、干燥、粉碎等工序，生产成本较悬浮法高，产品中留有乳化剂等，难以完全除尽，影响产品的色泽和性能。

2.3 工艺改革

在聚合物生产工艺中，大多数工艺为釜式间歇式反应，含氟聚合物的生产也不例外。在浙江巨化股份有限公司含氟聚合物的生产系统中，生产装置遇到了关键性的瓶颈问题，严重制约了装置的生产效率，导致生产装置运行不够经济，如何突破瓶颈是企业发展的关键问题。含氟单体和含氟溶剂的回收是制约生产装置生产能力的关键因素，如何解决含氟单体和含氟溶剂的快速回收是装置高效运行的关键问题。

2.3.1　传统回收技术

巨化公司的含氟聚合物工艺采用的是间歇式反应器，反应物料在聚合物反应结束后，需要放料到专门的回收设备中进行含氟单体和含氟溶剂的回收。这个回收过程也是含氟聚合物与含氟单体和含氟溶剂的分离过程，在含氟单体和含氟溶剂与含氟聚合物分离完成后，得到含氟聚合物。在现有的生产过程中，反应釜反应周期为 15h，物料在回收器中回收所用的时间为 24h。如果反应釜中下一批产品反应结束后，回收器中的物料仍在回收，不能及时空出设备用于下一批物料的处理，将大大影响生产装置的运行效率。

2.3.2　改进实例

在原有的生产工艺中，含氟单体和含氟溶剂的回收速度是制约装置效率的最主要因素，整个回收过程分成含氟单体和含氟溶剂的回收，以及高沸点溶剂的回收和置换脱挥两个阶段。

原有的生产工艺流程如图 2-39 所示，产品在回收器中停留时间远远大于在反应釜中的停留时间。在回收器中用于含氟单体和含氟溶剂的回收的时间平均为 16h，用于高沸点溶剂回收和残留物置换的时间平均为 8h。根据生产工艺流程特性，第一批产品在反应结束后放料到回收器中回收，反应釜就可以进行第二批料的生产。但是，第二批料反应结束后，回收器中的物料仍在回收过程中，无法接收第二批的反应产品。第二批产品不能够及时地进行回收，使得生产装置出现了一段时间的停滞，使得实际的单釜生产周期等于物料在回收器内的停留周期，即 24h，存在资源的浪费。

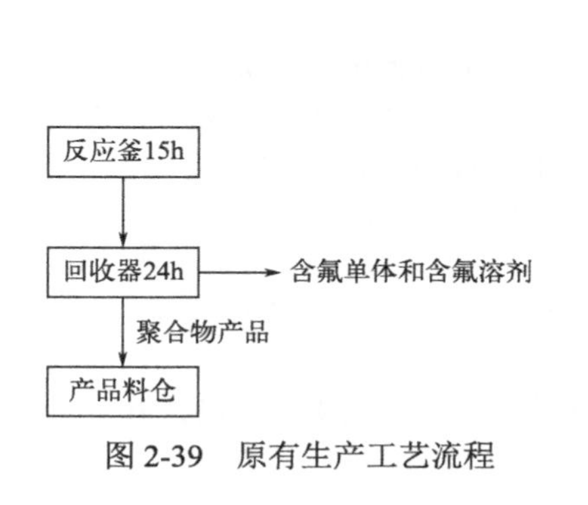

图 2-39　原有生产工艺流程

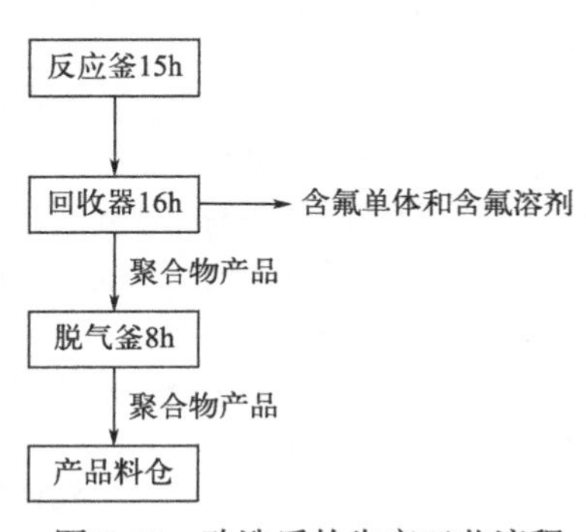

图 2-40　改造后的生产工艺流程

为了提高现有生产装置的生产效率，在回收器的下面增设一台脱气釜，使回收过程的第二阶段在脱气釜中完成，这样产品在回收器中停留的时间可缩短至 16h。经改进后，第二批产品可在 16h 后放料到回收器。改造后的生产工艺流程如图 2-40 所示。改造所需的设备结构简单，装置现场布置容易，成本低。

2.3.3 改进效果

经过上述工艺流程改造，反应釜的投料间隔大大缩短，接近于反应釜的运行周期，有效地提升了原有含氟聚合物生产装置的生产效率，年产能得到了较大的提升。该套含氟聚合物生产装置的年生产能力得到有效提升，按照每年运行 300 天计算，改造前每年可以投料的批数为 300 批，改造后，每年可投料 450 批，生产能力为原来的 1.5 倍。

参考文献

[1] 陈鸿昌. 氟化工行业生产技术近况[J]. 有机氟工业，2014，(3)：61-64.

[2] 滕名广. 中国氟化工发展中的问题和对策[J]. 化工新型材料，2002，30（11）：1-6.

[3] 赵立群. 我国氟化工行业现状分析与建议[J]. 有机氟工业，2021（4）：49-53.

[4] 张建君. 中国氟化工产业面临的挑战和发展机遇[C]. 中国化学会第十五届全国氟化学会议，中科院上海有机所，2018.

[5] 吴海峰. 无机氟化工行业综述[J]. 无机盐工业，2013，45（11）：1-4.

[6] 徐登平. 我国氟化工产业发展存在的问题及对策探究[J]. 当代化工研究，2018（4）：4-5.

[7] 胡伟. 氟化工生产技术[M]. 北京：科学出版社，2010.

[8] 滕名广. 世界氟化工行业的竞争态势和应对方法[J]. 有机氟工业，2012（2）：39-42，51.

[9] 吴海峰，侯利芳. 无机氟化工氟资源综合利用发展现状与建议[J]. 无机盐工业，2011，43（12）：9-11.

[10] 陈早明，李立清. 我国无机氟化工的现状及展望[J]. 江西化工，2007（4）：40-42.

[11] 赵立群. 国外氟材料发展现状及趋势分析[J]. 化学工业，2021，39（4）：22-27.

[12] 张增英，毛树标. 关于浙江省氟化工行业发展的建议[J]. 2022，53（2）：1-8.

[13] Kirsch P. 当代有机氟化学——合成　反应　应用　实验[M]. 朱士正，吴永明，译. 上海：华东理工大学出版社，2006.

[14] 2022 年中国氟化工产业链上中下游市场分析[Z]. 中商情报网，2021-11-16. https://www.askci.com/.

[15] 许新爱，周小平，冯好收，等. 浅谈智能制造在氟化工行业的发展趋势[J]. 河南化工，2019，36（4）：15-17.

[16] 陈石义，张寿庭. 我国氟化工产业中萤石资源利用现状与产业发展对策[J]. 资源与产业，2013，15（2）: 79-83.
[17] 宋秀云. 氟化工产品的发展与应用[J]. 化工管理，2017（2）: 54.
[18] 焦锋刚. 含氟中间体及精细化学品现状及发展分析[J]. 有机氟工业，2017（2）: 54-57.
[19] 张泗文，崔学慧. 生产技术制约我国氟化工的发展[J]. 氯碱工业，2005（7）: 5-9.
[20] 杨晓勇. 中国特种氟橡胶研究进展[J]. 高分子通报，2014（5）: 10-14.
[21] 顾榴俊. 聚四氟乙烯及其应用研究进展[J]. 浙江化工，2020，51（3）: 1-5.
[22] 张志君，刘亚欣. 氟化技术在合成含氟精细化学品中的应用[J]. 有机氟工业，2022（1）: 27-33.
[23] 曾本忠. 四氟乙烯尾气回收工艺中替代溶剂的应用[J]. 化工新型材料，2009，37（3）: 106-107，110.
[24] 程伟. 二氟一氯甲烷合成装置中三氟甲烷的精制回收工艺研究[J]. 有机氟工业，2022（2）: 23-25.
[25] 杨琳，候翠华，宋曙光，等. 二氟一氯甲烷生产的污染与防治[J]. 有机氟工业，2003（2）: 16-19.
[26] 付强. 二氟一氯甲烷/三氟甲烷吸附分离机理及工艺研究[D]. 天津: 天津大学，2018.
[27] 杨林，朱利霞，张蓓，等. 中国冰晶石生产技术现状及发展趋势[J]. 无机盐工业，2009，41（9）: 8-10.
[28] 周少强，张俊辉，钟雄. 氢氟化工艺尾气处理技术改进[C]. 中国核科学技术进展报告，2015.
[29] 马超峰，石能富，马潇，等. 回收技术在氟化工中的应用研究进展[J]. 浙江化工，2021，52（8）: 1-9.
[30] 应韵进. 五氟乙烷（HFC-125）工业化生产工艺比较[J]. 有机氟工业，2011（1）: 29-30.
[31] 冒其昆. 4-三氟甲基烟酸及其衍生物的合成工艺[D]. 南京: 南京理工大学，2016.
[32] 李辉虎，陈毛，瞿祥昌. 一种 4-三氟甲基烟酸的制备工艺: CN 113480477A [P]. 2021-10-08.
[33] 邱辉强. 一种 4-三氟甲基烟酸的制备方法及设备: CN 109232407A[P]. 2019-01-18.
[34] 李文明. 六氟磷酸锂合成工艺研究进展[J]. 化工设计通讯，2020，46（1）: 78-79.
[35] 杨鹏举，王永智，王学真，等. 高品质六氟磷酸锂合成工艺研究进展[J]. 浙江化工，2020，51（10）: 8-12.
[36] 路振国，王艳君，赵彦安. 六氟磷酸锂工业化生产中的尾气处理方法及改进措施[J]. 河南化工，2022，39（8）: 43-45.
[37] 王学真. 六氟磷酸锂生产工艺研究及产业化难点探究[J]. 云南化工，2020，47（4）: 86-87.
[38] 陈伟，李华，蒋强，等. 氟啶虫酰胺中间体 4-三氟甲基烟酸合成研究进展[J]. 农药，2020，59（10）: 707-710，714.
[39] 雷游生，黄天梁，邱秋生. 氟化氢传统工艺装备的改进[J]. 厦门理工学院学报，2017，25（5）: 21-27.
[40] 应自卫，王学真，徐贤统. 无水氟化氢生产过程中“废气”治理提升实践[J]. 无机盐工业，

2020，52（10）: 117-120.
[41] 谢永中. 无水氟化氢的工艺安全改进研究[J]. 化工管理，2022（5）: 130-133.
[42] 朱顺根. 四氟乙烯的生产与工艺[J]. 有机氟工业，1997（1）: 4-27.
[43] 丑磊. 含氟聚合物生产装置产能提升研究[J]. 有机氟工业，2016（2）: 20-21.
[44] 周铮，曹承安，赵晨曦. 氟化工行业研究报告：高端氟精细化工品未来发展空间巨大[Z]. 腾讯网，2022-10-24. https://new.qq.com/rain/a/20221024A00VAB00.

第3章 生产安全

3.1 个人安全

氟化工生产过程中存在高温高压、有毒有害、易燃易爆、噪声等职业性危害因素。在氟化工生产装置设计阶段就应辨识出相关的职业性危害因素，并通过工程控制措施，尽可能地消除或减少作业人员在作业过程中接触到职业性危害因素。但是以目前的工程控制技术，还不能完全控制职业性危害因素，作业人员在作业过程中，必须使用有针对性的个体防护装备（劳动防护用品），防止或降低职业性危害因素对作业人员的伤害。

个体防护装备（劳动防护用品）是作业人员安全的最后一道防线！

3.1.1 个体防护装备

什么是“个体防护装备”？

依据GB 39800.1—2020《个体防护装备配备规范 第1部分：总则》，个体防护装备（也称劳动防护用品）是指从业人员为防御物理、化学、生物等外界因素伤害所穿戴、配备和使用的护品的总称（注：在生产作业场所穿戴、配备和使用的劳动防护用品也称个体防护装备）。

个体防护装备有哪些？

按照个体防护装备的防护部位可以分为：①头部防护（如安全帽、防静电工作帽等）；②眼面防护（如焊接眼护具、激光防护镜、强光源防护镜、职业眼面防护具等）；③听力防护（如耳塞、耳罩等）；④呼吸防护（如长管呼吸器、动力送风过滤式呼吸器、自给闭路式压缩氧气呼吸器、自给闭路式氧气逃生呼吸器、自给开路式压缩空气

呼吸器、自给开路式压缩空气逃生呼吸器、自吸过滤式防毒面具、自吸过滤式防颗粒物呼吸器等)；⑤防护服装(如防电弧服、防静电服、职业用防雨服、高可视性警示服、隔热服、焊接服、化学防护服、抗油易去污防静电防护服、冷环境防护服、熔融金属飞溅防护服、微波辐射防护服、阻燃服等)；⑥手部防护(如带电作业用绝缘手套、防寒手套、防化学品手套、防静电手套、防热伤害手套、电离辐射及放射性污染物防护手套、焊工防护手套、机械危害防护手套等)；⑦足部防护(如安全鞋、防化学品鞋等)；⑧坠落防护(如安全带、安全绳、缓冲器、缓降装置、连接器、水平生命线装置、速差自控器、自锁器、安全网、登杆脚扣、挂点装置等)；⑨其他防护(表 3-1)。

表 3-1　个体防护装备分类编号

序号	防护分类	防护分类编号	序号	防护分类	防护分类编号	序号	防护分类	防护分类编号
1	头部防护	TB	4	呼吸防护	HX	7	足部防护	ZB
2	眼面防护	YM	5	防护服装	FZ	8	坠落防护	ZL
3	听力防护	TL	6	手部防护	SF	9	其他防护	QT

氟化工行业作业过程主要配备哪些个体防护装备？

① 头部防护(安全帽)；②眼面防护(职业眼面防护具)；③听力防护(耳塞、耳罩)；④呼吸防护(长管呼吸器、自给开路式压缩空气呼吸器、自吸过滤式防毒面具、自吸过滤式防颗粒物呼吸器)；⑤防护服装(防静电服、隔热服、化学防护服)；⑥手部防护(防化学品手套、防热伤害手套、机械危害防护手套)；⑦足部防护(安全鞋、防化学品鞋)；⑧坠落防护(安全带、安全绳、缓冲器、连接器、水平生命线装置、速差自控器)；⑨其他防护。

个体防护装备如何管理？

个体防护装备实施全生命周期管理，包括个体防护装备的选型、采购、教育、发放、使用、报废、回收这几个环节，都需要建立管理制度和相关管理记录。建立一人一档，便于个人防护装备到期更换管理。

个体防护装备如何判废？

个体防护装备出现以下情况，就可以判废进行更换：

① 个体防护装备经过检验或检查存在隐患判定不合格的。

② 个体防护装备超过有效期的。

③ 个体防护装备功能失效的。

④ 个体防护装备使用说明书规定的其他判废或更换条件的。

注意：判废后的个人防护装备要及时更换，更换后要交由有资质单位回收，不允许再次使用。

3.1.1.1　防护规范

（1）如何选用个体防护装备

首先，要进行作业过程的危险因素辨识，辨识国家法律法规、标准、制度，作业现场、生产工艺、作业环境、作业人员、设施设备、相关物料等正常操作情况和技术、材料、工艺等发生变化、设备故障或失效、人员误操作等非正常情况下，可能存在的危险因素。其次，对辨识出来的危害因素进行评估，判断职业接触限值和实际的危害水平，结合危害因素存在的位置、危害方式、发生的时间、途径及后果，来确定作业人员需要防护的部位和防护水平。最后，根据辨识危险因素和危害评估结果，以及需要防护部位、防护功能、适用范围、现场环境和作业人员的适合性，选择合适的个体防护装备。

个体防护装备选择过程如图 3-1。

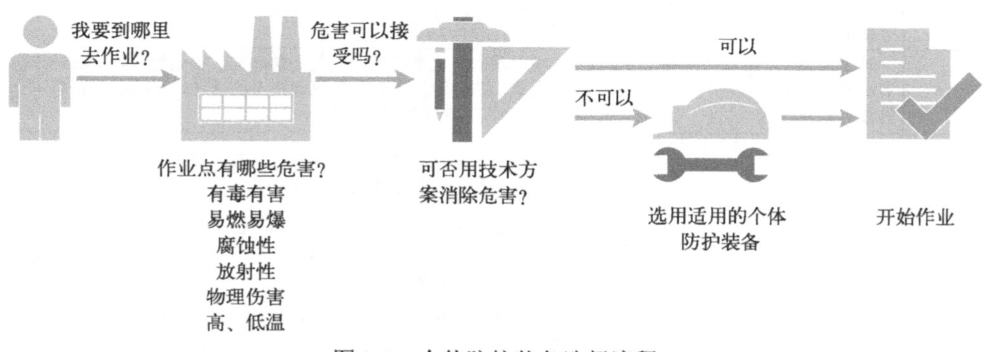

图 3-1　个体防护装备选择流程

（2）氟化工行业生产有哪些危险作业

依据 GB 39800.2—2020《个体防护装备配备规范 第 2 部分：石油、化工、天然气》辨识出氟化工行业生产过程中存在以下危险作业：

易燃易爆区域作业、吸入性气相毒物作业、沾染性毒物作业、吸入性粉尘作业、有限空间作业、腐蚀性作业、噪声区域作业、高温热接触或热辐射作业、低温作业、高处作业、存在物体坠落/撞击的作业、有碎屑或液体飞溅的作业、操作转动机械作业、接触锋利器具的作业、地面存在尖利器物的作业、带电作业、强光作业、人工搬运作业。

（3）氟化工行业如何选择个体防护装备

根据氟化工行业危险介质特性，个体防护装备使用划分为几个典型应用场景（表 3-2）。

表 3-2 个体防护装备典型应用场景

序号	作业应用场景	个体防护装备
1	厂区办公室办公	防静电服、安全鞋
2	控制室 DCS 操作	防静电服、安全鞋
3	进入生产区域	防静电服、安全鞋、安全帽、防护眼镜
4	进入易燃易爆区域巡检	防静电服、安全鞋、安全帽、防护眼镜
5	进入腐蚀性化学品罐区或装置区巡检和操作	防静电服、安全鞋、安全帽、防护眼镜、职业性眼面防护具（防护面屏）、非全包覆式化学防护服、防化学品手套
6	进入粉尘区域巡检和操作	防静电服、安全鞋、安全帽、防护眼镜、防尘口罩
7	进入高噪声区域巡检和操作	防静电服、安全鞋、安全帽、防护眼镜、耳塞或耳罩
8	进入有机氟裂解气、残液气、热解气（如八氟异丁烯等）罐区或装置区巡检和操作	防静电服、安全鞋、安全帽、长管呼吸器或空气呼吸器、防化学品手套
9	涉及腐蚀性、毒性化学品（不包括有机氟裂解气、残液气、热解气）排放、取样等有接触风险的作业	喷射液密型化学防护服、防化学品鞋、安全帽、防护面罩、防化学品手套、过滤式防毒面具、长管呼吸器或空气呼吸器
10	涉及有机氟裂解气、残液气、热解气（如八氟异丁烯等）排放、取样等有接触风险的作业	非全包覆式化学防护服、安全鞋、安全帽、防护面罩、防化学品手套、长管呼吸器或空气呼吸器
11	涉及腐蚀性、毒性化学品（不包括有机氟裂解气、残液气、热解气等）管线打开等作业	喷射液密型化学防护服、防化学品鞋、安全帽、防护面罩或防护头罩、防化学品手套、过滤式防毒面具（使用防护头罩时不建议使用）、长管呼吸器或空气呼吸器
12	涉及有机氟裂解气、残液气、热解气（如八氟异丁烯等）管线打开等作业	喷射液密型化学防护服、防化学品鞋、安全帽、防护面罩、防化学品手套、长管呼吸器或空气呼吸器
13	涉及加压液化化学品（制冷剂）管线打开等作业	喷射液密型化学防护服、防化学品鞋、防护面罩或防护头罩、防寒手套、过滤式防毒面具（使用防护头罩时不建议使用）、长管呼吸器或空气呼吸器
14	氟化氢槽车或钢瓶充装作业	喷射液密型化学防护服、防化学品鞋、防护面罩或防护头罩、防化学品手套、过滤式防毒面具（使用防护头罩时不建议使用）、长管呼吸器或空气呼吸器
15	高处作业	安全带
16	受限空间作业	安全带、安全绳
17	应急处置	气密性化学防护服、空气呼吸器（建议配备有通信系统）

注：1. 一项作业涉及多种作业场景的，个体防护装备需要综合分析全面防护，如在高处进行氟化氢管线打开作业（序号 11 和 15 作业），就要分析高处防护和氟化氢接触的防护要求，在个体防护装备选用时要选用喷射液密型化学防护服、防化学品鞋、安全帽、防护面罩、防化学品手套、过滤式防毒面具、长管呼吸器或空气呼吸器和安全带。

2. 涉及有机氟裂解气、残液气、热解气（如八氟异丁烯等）作业，特别注意呼吸系统防护，不能使用过滤式防毒面具，必须使用隔离式防护面具。

3. 过滤式防毒面具的使用是有一定条件的，使用环境要求：氧含量在 18%～21.5%、空气污染物浓度低于 IDLH（立即威胁生命或健康的浓度）；在毒物或毒物浓度不明、毒物浓度大于 IDLH、缺氧环境中禁止使用。IDLH 可以在 GB/T 18664—2002《呼吸防护用品的选择、使用与维护》附件中查询；建议作业过程中使用的过滤式防毒面具应为全面罩型，半面罩型适用于逃生。

4. 受限空间作业在氧含量低于 19.5%或浓度不明，有毒物质浓度大于 GBZ 2.1—2019《工作场所有害因素职业接触限值 第 1 部分：化学有害因素》或浓度不明情况下，必须使用隔离式呼吸器（如空气呼吸器、长管呼吸器等）；使用空气呼吸器时需注意受限空间人员进出点直径，要大于人员背负空气呼吸器后的直径。

（4）氟化工行业个体防护装备选型特殊要求

氟化工行业普遍使用氟气、氟化氢、氢氟酸等氟化物，因其特有化学性质对个体防护装备的破坏性，在选用化学防护服、防化学品鞋、防化学品手套时要选用经过氟化氢或氢氟酸渗透防护试验的产品。

如选用生产标准为GB 24540—2009《防护服装 酸碱类化学品防护服》的化学防护服就不适用于有氢氟酸的作业，因该标准在适用范围中明确不适用于针对氢氟酸的防护服。

如防护手套可以参考欧盟BS EN ISO 374-1：2016《危险化学品和微生物防护手套 第1部分：化学风险术语和性能要求》，渗透测试的化学物质中有40%氢氟酸，代码为S。在防护手套上有化学危害防护标志图（图3-2），标明测试用的化学品介质代码。

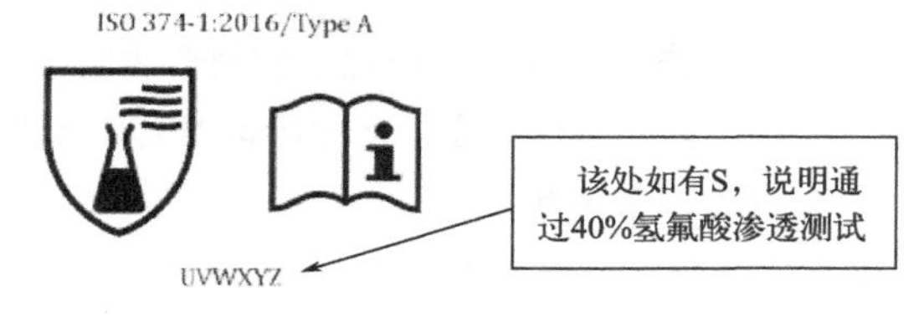

图3-2 防护手套防护等级标志

过滤式防毒面具的过滤件应选择对有毒气体有针对性的，只有先辨识出作业环境存在的有毒气体，才能选择合适的过滤件。依据GB 2890—2022《呼吸防护 自吸过滤式防毒面具》将过滤件划分为普通过滤件、多功能过滤件、综合过滤件、特殊过滤件。普通过滤件的类型分类见表3-3。

表3-3 普通过滤件的类型分类

过滤件类型	防护气体类型	标色	防护对象举例
A	用于防护沸点大于65℃的有机气体或蒸气	褐色	苯、四氯化碳、硝基苯、环己烷等
B	用于防护无机气体或蒸气	灰色	氯化氰、氢氰酸、氯气
E	用于防护二氧化硫和其他酸性气体或蒸气	黄色	二氧化硫
K	用于防护氨及氨的有机衍生物	绿色	氨
CO	用于防护一氧化碳气体	白色	一氧化碳
Hg	用于防护汞蒸气	红色	汞
H_2S	用于防护硫化氢气体	蓝色	硫化氢
AX	用于防护沸点不大于65℃的有机气体或蒸气	褐色	二甲基醚、异丁烷
SX	用于防护某些特殊化合物	紫色	

针对氟化氢气体的过滤件，没有在表3-3防护对象中明确标识出，选择过滤件前需要与过滤件厂家确认，能否有效防范氟化氢气体。

涉及氟化氢或氢氟酸介质的作业过程中，需要作业人员较长时间穿着喷射液密型化学防护服，在高温季节需要考虑降温防中暑措施，如降温背心、通气喷射液密型化学防护服等。

（5）建立个体防护装备选型矩阵表

为了让岗位员工在作业前能快速选用个体防护装备，需要根据不同作业的危害和所配备个体防护装备编制选型矩阵表，实现个体防护装备的选用可视化管理，降低和避免在作业过程中因个体防护装备选用不当而造成人员伤害。个体防护装备选型矩阵表见表 3-4。

3.1.1.2 事故说明与处理

氟化工企业因作业人员在作业过程中未按规定使用个体防护装备，导致人员伤害的事故案例有很多，下面介绍几起案例。我们从中吸取教训，对照自己工作行为，查找漏洞，消除隐患，避免同类事故发生。

事故案例 1：未按规定使用个体防护装备

2020 年 12 月 9 日某企业六氟磷酸锂生产车间在更换过滤器滤芯过程中，滤芯内残留的无水氟化氢泼溅到作业人员身上，灼伤人员在现场立即使用淋浴器冲洗和应急救治，导致氟化氢中毒，造成 1 人死亡。

（1）事故直接原因

未穿戴有效防护用品的操作人员更换过滤器滤芯时，过滤器滤芯内残留的无水氟化氢流出，溅到操作人员身上，造成事故发生。

（2）事故间接原因

① 公司安全生产规章制度不健全。未按规定制定操作规程，尤其是过滤器滤芯更换操作规程存在缺陷，未严格执行检维修制度。

② 公司安全风险识别不到位。对无水氟化氢可能导致人员急性中毒死亡的风险认识不足，生产工艺和设备存在缺陷，滤芯更换作业方式不安全。

③ 公司安全检查和隐患排查不到位。对作业票证等现场管理不到位，未按规定时间对过滤器滤芯进行吹扫，对有毒气体长期报警管理不到位，对员工的安全培训教育不到位，导致员工安全意识淡薄。

事故案例 2：未按规定正确使用个体防护装备

2014 年 2 月 22 日某企业 TFE 装置北侧外管架管道更换施工作业过程中，因脚手架跳板滑动，导致一名承包商人员和钢管从 6 米高空坠落，被落下的钢管砸中头部，造成 1 人死亡。

表 3-4 个体防护装备选型矩阵表示例

工作场景	安全帽	安全鞋	防护手套	防护眼镜	防护面屏	通气式头罩	降噪耳塞	降噪耳罩	半面罩防颗粒物面具
进入装置区域	√	√		√	√				
黄线内的巡回				√	√				
涉及危化品的操作			√	√	√				
涉及危化品的管线打开			√			√			
涉及氢氟酸、浓硫酸的操作			√	√	√				
涉及氢氟酸、浓硫酸的管线打开			√			√			
冰机房内							√	√	
除尘器更换布袋或其他有粉尘区域作业									√
工作场景	半面罩防毒面具（单罐）	半面罩防毒面具（双罐）	全面罩防毒面具（双罐）	正压式空气呼吸器	呼吸器通信系统	恒流式空气呼吸器	巡回服	A 级气密式防护服	
进入主装置和罐区区域							√		
黄线内的巡回							√		
涉及危化品的操作							√		
涉及危化品的管线打开								√	
涉及氢氟酸、浓硫酸的操作							√	√	
涉及氢氟酸、浓硫酸的管线打开								√	
作为应急逃生配备	√								
操作人员日常巡检或在低浓度酸性气体区域		√							
在毒气浓度低于 2%，氧气含量大于 19%区域使用			√						
在毒气浓度高于 2%，氧气含量低于 19%区域使用				√					
与正压式空气呼吸器配合使用					√				
在受限空间作业时使用						√			
在 HF 大量泄漏应急抢险时使用									√

（1）事故直接原因

承包商人员登高作业前安全带连接不符合要求，未将安全带绳带绕上，直接将钩挂在工字钢凹槽上；又擅自移动毛竹片后未进行固定，在作业过程中因毛竹片滑移，承包商人员从管架缺口处坠落；坠落过程中，承包商人员安全帽脱落，被拆除后随同落下的钢管砸中头部。

（2）事故间接原因

① 承包商公司施工现场安全管理不力，施工班组在作业施工过程中，未有效履行现场监督检查职责，未及时发现并消除施工作业现场存在的安全隐患；施工人员未严格执行登高作业的安全操作规程，擅自违章冒险作业，导致事故发生。

② 承包商管理单位未严格履行发包单位的安全管理职责，未严格落实各项安全管理规章制度，应依法加强对外包单位的管理。

③ 业主单位对现场施工监管不到位，公司门岗管理不规范，致使没有取得进出厂证的外来施工人员进厂施工。

事故案例 3：未按规定正确选用个体防护装备

2015 年 1 月 29 日某企业 R134a 装置反应器出口取样作业（样品含有氟化氢），取样结束后现场整理负压抽吸软管时，少量残余液体（含有氟化氢，大约 200mL）流到地面，现场洗消过程中一名取样人员左小腿处沾染氢氟酸灼伤，入院治疗。

（1）事故直接原因

取样人员自我保护意识不强，防护服使用错误，该企业对含有氟化氢物料取样个人防护装备的使用要求为连体防护服，实际受伤取样人员使用巡检服，在地面有残液的情况下蹲下作业，下蹲时巡检服衣角碰地面带酸液，人员站立后巡检服衣角触碰工作裤小腿处，致使取样人员左小腿灼伤。

（2）事故间接原因

取样作业负压抽吸系统置换不畅，抽吸力差，同时冬天气温较低，气态的反应气经过 10 多米长的负压抽吸管抽吸，温度从约 100℃降至常温，其中的氟化氢冷凝形成残液，部分滞留在负压抽吸管中。

事故案例 4：未按规定正确管理个体防护装备

2013 年 8 月 12 日某企业 R22 装置抽吸系统有水氢氟酸管线更换作业，因防化学品手套未正确管理使用，导致一名作业人员左手食指、中指氢氟酸灼伤，入院治疗。

（1）事故直接原因

作业人员在 12 日有水氢氟酸管线更换作业过程中，所使用的防化学品手套接触到浓度为 15%左右的有水氢氟酸，因天气炎热作业结束后，防化学品手套外层干燥无残留水迹，作业人员未对所使用的防化学品手套进行清洗；作业人员在脱卸手套后将手套外层变为内层，13 日作业人员继续使用该防化学品手套，原沾染在防化学品手套上干燥的有水氢氟酸，由于作业人员手部汗水浸泡，转化为液态有水氢氟酸，灼伤作业人员左手食指、中指。

（2）事故间接原因

① 企业防护用品使用教育缺失，导致作业人员未能按要求对个体防护装备使用后清洗。

② 作业人员安全风险识别不到位。对有水氢氟酸在防护用具残留的风险认识不足。

通过以上四起事故案例可以看出，作业过程中个体防护装备能否起到有效保护作用，需要在个体防护装备的选择、教育、使用、管理和更换等环节进行全过程管理，每个环节缺一不可，任何一处的疏漏都会导致个体防护装备在作业过程不能起到保护作用，引发人身伤害事故。作为一名作业人员自觉正确地使用个体防护装备，保护自己是对自己生命的尊重、对家庭的关爱。如果发现在作业过程中有未按规范使用个体防护装备的情况，请及时指出纠正，如果视而不见，等发生人身伤害事故，后悔莫及。

3.1.2　职业健康

职业健康是研究并预防因工作导致的疾病，同时防止原有疾病的恶化。主要表现为工作中因环境及接触有害因素引起人体生理机能的变化。1950 年国际劳工组织和世界卫生组织联合职业委员会给出的定义：职业健康应以维持并促进各行业职工的生理、心理及社交处在最好状态为目的；防止职工的健康受工作环境影响；保护职工不受健康危害因素伤害；将职工安排在适合他们的生理和心理的工作环境中。职业健康是健康中国建设的重要基础和组成部分，事关广大劳动者健康福祉与经济发展和社会稳定大局。党中央、国务院高度重视职业健康工作。

国家为了预防、控制和消除职业病危害，防治职业病，保护劳动者健康及相关权益，促进经济社会发展，制定了《中华人民共和国职业病防治法》《职业病分类和目录》《中华人民共和国工伤保险条例》等法律法规。

什么是职业病？

依据《中华人民共和国职业病防治法》，职业病是指企业、事业单位和个体经济组织等用人单位的劳动者在职业活动中，因接触粉尘、放射性物质和其他有毒、有害因素而引起的疾病。

《职业病分类和目录》将职业病分为职业性尘肺病及其他呼吸系统疾病、职业性皮肤病、职业性眼病、职业性耳鼻喉口腔疾病、职业性化学中毒、物理因素所致职业病、职业性放射性疾病、职业性传染病、职业性肿瘤、其他职业病 10 类 132 种。

职业病防治工作方针：预防为主、防治结合。

什么是职业病危害因素？

职业病危害，是指对从事职业活动的劳动者可能导致职业病的各种危害。

职业病危害因素，是指生产工作过程及其环境中产生和（或）存在的，对职业人群的健康、安全和作业能力可能造成不良影响的一切要素或条件的总称。

职业病危害因素包括：职业活动中存在的各种有害的化学、物理、生物等因素，以及在作业过程中产生的其他职业有害因素。职业病危害因素可以分为很多种，包括：职业活动中存在的各种有害的化学（如有机溶剂类毒物，铅、锰等金属毒物，粉尘等）、物理（如噪声、高频、微波、紫外线、X 射线等）、生物（如炭疽杆菌、森林脑炎病毒等）因素，以及在工作过程中产生的其他职业有害因素（如不合适的生产布局、劳动制度等）。

《中华人民共和国安全生产法》第四十四条提出了“生产经营单位应当关注从业人员的身体、心理状况和行为习惯，加强对从业人员的心理疏导、精神慰藉，严格落实岗位安全生产责任，防范从业人员行为异常导致事故发生。”将传统职业健康范围从防范从业人员人身伤害扩展到从业人员心理健康方面，体现了安全管理“以人为本，坚持人民至上、生命至上，把保护人民生命安全摆在首位”的原则。

3.1.2.1 生产过程中的健康隐患

氟化工企业生产过程中的健康隐患一般常指职业病危害隐患。《职业病危害因素分类目录》（国卫疾控发〔2015〕92 号）将职业病危害因素分为 6 大类，分别为粉尘（52 项）、化学因素（375 项）、物理因素（15 项）、放射性因素（8 项）、生物因素（6 项）、其他因素（3 项）。职业病危害因素按其来源可以分为生产过程、作业过程和生产环境中产生的危害因素三类。

生产过程中的危害因素：生产技术、机器设备、使用材料和工艺流程中产生的，与生产过程有关的原材料、工业毒物、粉尘、噪声、振动、高温、辐射及生物性因素，如化学因素、物理因素、生物因素。

作业过程中的危害因素：在作业过程中涉及作业人员、作业对象、作业工具三个要素，主要与生产工艺的劳动组织情况、生产设备工具、生产制度有关。如：①劳动组织和制度不合理，劳动作息制度不合理等，如劳动时间过长，休息制度不合理、不健全等；②精神（心理）性职业紧张，如驾驶员等；③劳动强度过大或生产定额不当，如安排的作业与劳动者生理状况不相适应，超负荷加班加点等；④个别器官或系统过度紧张，如长时间疲劳用眼；⑤长时间不良体位或使用不合理的工具等，如工作台位不合理，处于半蹲状态。

生产环境中的危害因素：生产场地的厂房建筑结构、空气流动情况、通风条件以及采光、照明等。如：①自然环境中的因素，如异常气象条件高温、高气压、低气压；②生产场所设计不符合卫生标准或要求，如厂房建筑或布局不合理；③缺少必要的防护设施，如缺少防尘防毒、防噪声、防暑降温、通风换气设施；④由不合理生产过程所致的危害。

与职业健康危害因素相关的术语：

职业接触限值（OELs）是劳动者在职业活动过程中长期反复接触某种或多种职业性有害因素，不会引起绝大多数接触者不良健康效应的容许接触水平。化学有害因素的职业接触限值分为时间加权平均容许浓度、短时间接触容许浓度和最高容许浓度三类。

时间加权平均容许浓度（PC-TWA）：以时间为权数规定的8h工作日、40h工作周的平均容许接触浓度。

短时间接触容许浓度（PC-STEL）：在实际测得的8h工作日、40h工作周平均接触浓度遵守PC-TWA的前提下，容许劳动者短时间（15min）接触的加权平均浓度。

最高容许浓度（MAC）：在一个工作日内，任何时间、工作地点的化学有害因素均不应超过的浓度。

漂移限值（EL）又称超限倍数，是指对未制定PC-STEL的化学有害因素，在符合8h时间加权平均容许浓度（PC-TWA）的情况下，任何一次短时间15min接触的浓度均不应超过的PC-TWA的倍数值。

3.1.2.2　生产性粉尘对人体健康影响

生产性粉尘指在生产活动中产生的能够较长时间飘浮于生产环境中的颗粒物，是污染作业环境、损害劳动者健康的重要职业性有害因素，可引起包括尘肺病在内的多种职业性肺部疾病。

生产性粉尘按照其性质可分为无机粉尘和有机粉尘两大类，见图3-3。

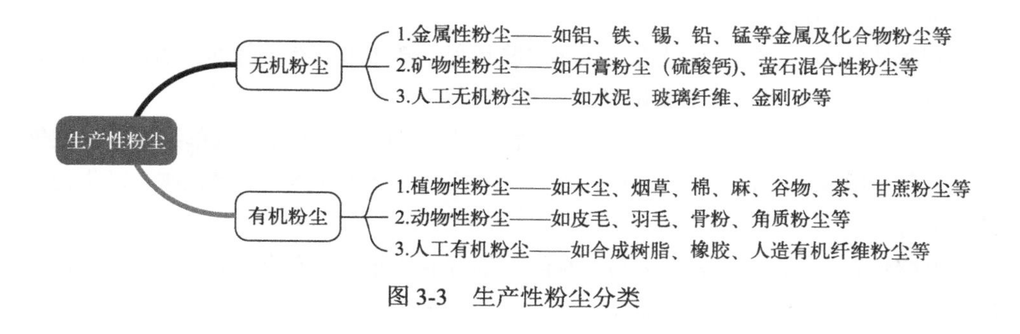

图3-3　生产性粉尘分类

在生产过程中，多数情况下为两种以上粉尘混合存在。

工作场所空气中粉尘的化学成分和浓度直接决定其对人体危害的性质和严重程度。不同化学成分的粉尘可导致纤维化、刺激、中毒和致敏等。所有粉尘颗粒对劳动者的身体都是有害的，不同特征的生产性粉尘，可能引起机体不同部位和程度的损害。

生产性粉尘对人体直接的健康损害以呼吸系统为主，局部以刺激作用为主。生产性粉尘对人体影响最大的是呼吸系统损害，包括尘肺、粉尘沉着症、呼吸道炎症和呼吸系统肿瘤等疾病。生产性粉尘还可以对人体产生局部作用，粉尘作用于呼吸道黏膜，长期会造成萎缩性病变，呼吸道抵御功能下降。皮肤长期接触粉尘可导致阻塞性皮脂炎、粉刺、毛囊炎、脓皮病。金属粉尘还可引起角膜损伤、浑浊。沥青粉尘可引起光感性皮炎。生产性粉尘还有中毒作用，含有可溶性有毒物质的粉尘（如含铅、砷、锰等）可在呼吸道黏膜很快溶解吸收，导致中毒，呈现出相应毒物的急性中毒症状。生产性粉尘还可以产生肿瘤，某些粉尘本身是或者含有人类肯定致癌物，如石棉、游离二氧化硅、镍、铬、砷等是国际癌症研究中心 （IARC） 提出的人类肯定致癌物，含有这些物质的粉尘可能引发呼吸和其他系统肿瘤。放射性粉尘也能引起呼吸系统肿瘤。

3.1.2.3 生产性毒物对人体健康影响

生产性毒物，是指在生产中使用、接触，能使人体器官组织机能或形态发生异常改变而引起暂时性或永久性病理变化的物质。

生产性毒物在生产过程中常以气体、蒸气、粉尘、烟和雾的形态存在并污染空气环境。生产性毒物可以通过呼吸道、消化道、皮肤进入人体，主要通过呼吸道和皮肤进入人体。生产性毒物对人体的危害主要是中毒。中毒分为急性、亚急性和慢性。急性中毒是指毒物一次短时间（几分钟至数小时）内大量吸收进入人体而引起的中毒。慢性中毒是由于少量的毒物持续或经常地侵入人体内而逐渐发生病变的现象。介于两者之间，称为亚急性中毒。氟化工生产过程中常见的氟化氢、八氟异丁烯中毒以急性中毒为主。

生产性毒物可以分为：

刺激性气体，对眼、呼吸道黏膜和皮肤具有刺激作用的有害气体。如氯、氨、光气、氮氧化物、氟化氢、二氧化硫、三氧化硫等。

窒息性气体，气态吸入引起窒息的有害气体。窒息性气体又分为单纯性窒息性气体如氮气、甲烷、二氧化碳、水蒸气等，和化学性窒息性气体如一氧化碳、氰化物和硫化氢等。

麻醉性毒物，毒物进入人体后对神经系统有麻痹作用的有害物质。如芳香族化合物、醇类、脂肪族硫化物、苯胺等。

溶血性毒物，毒物进入机体后与红细胞结合，破坏细胞膜或形成海因茨小体，引起溶血作用和肝肾障碍。如砷化氢、苯肼、苯胺、硝基苯等。

致敏性毒物，毒物进入机体后引起变态反应，是一种免疫损伤反应，与接触毒物剂量无关，而与发病者的个体敏感性有关。如镍盐、对苯二胺、甲苯二异氰酸酯、对硫磷等。

生产性毒物对人体直接的健康损害包括：①呼吸系统，在工业生产中，呼吸道最容易接触毒物，尤其是刺激性毒物，一旦吸入，轻者会引起呼吸道炎症、诱发过敏性哮喘，重者会引起化学性肺炎或肺水肿，还可以导致呼吸道肿瘤等。②神经系统，可损害中枢神经和周围神经。可引起神经衰弱综合征、周围神经病、中毒性脑病和脑水肿等。③血液系统，许多毒物会对血液系统造成损害，引起造血功能抑制、血细胞损害、出血凝血机制障碍、低色素性贫血、再生障碍性贫血、组织细胞缺氧窒息等。④消化系统，消化系统是毒物吸收、生物转化、排出和经肠肝循环再吸收的场所，许多生产性毒物可损害消化系统，引起水银毒性口腔炎、氟斑牙、血性胃肠炎、腹绞痛、中毒性肝病等。⑤循环系统，毒物可引起心血管系统损害，引起心肌损害、心律失常、房室传导阻滞、心室颤动、血压下降、冠状动脉粥样硬化等。⑥泌尿系统，肾脏是毒物最主要的排泄器官，泌尿系统的各部分可能受到有毒物质的损害。可以引起中毒性肾病、泌尿系统肿瘤以及其他中毒性泌尿系统疾病。⑦皮肤系统，生产性毒物可对皮肤造成多种损害，化学灼伤是化工生产中常见的急症，还可以引起接触性皮炎、职业性皮肤溃疡等。⑧视觉系统，可引起眼部接触性损伤如腐蚀性毒物引起的眼睛灼伤，和中毒性损伤如神经炎等。

3.1.2.4 物理因素对人体健康影响

常见对人体造成伤害的物理因素有噪声、高温、振动、激光、低温、微波、工频电磁场等。

生产性噪声是指在生产过程中，由于机器转动、气体排放、工件撞击与摩擦等产生的噪声，称为生产性噪声或工业噪声。长期接触一定强度的噪声，可对人体产生不良影响，引起操作工人身体不适或产生职业病。早期多为可逆性、生理性改变，但长期接触噪声，机体可出现不可逆、病理性损伤甚至发生噪声聋。作业人员接触噪声后多表现为心烦意乱、情绪波动或睡眠不佳，从而导致工作能力下降。生产性噪声可归纳为：①空气动力噪声：气体压力变化引起气体扰动，气体与其他物体相互作用所致。例如，各种风机、空气压缩机等压力脉冲和气体排放发出的噪声。②机械性噪声：机械撞击、摩擦或质量不平衡旋转等机械力作用下引起固体部件振动所产生的噪声。例如，各种车床、球磨机、织布机等发出的噪声。③磁性噪声：磁场脉冲、磁致伸缩引起电气部件振动所致。如电磁式振荡器和变压器等产生的噪声。噪声可以对人体的听觉系统、神经系统、心血管系统、消化系统造成伤害。

高温作业是指高气，或有强烈的热辐射，或伴有高气湿（相对湿度≥80%）的异常作业条件，湿球黑球温度指数（WBGT 指数）超过规定限值。包括高温天气作业和工作场所高温作业。高温天气是指地市级以上气象主管部门所属气象站向公众发布的日最高气温 35℃以上的天气。高温天气作业是指用人单位在高温天气期间安排劳动者在高温自然气象环境下进行的作业。工作场所高温作业是指在生产劳动过程中，工作地点平均 WBGT 指数≥25℃的作业。高温作业时，人体会出现一系列生理功能改变，这些变化在一定限度范围内是适应性反应，但如超过范围，则会产生不良影响，甚至引起热射病、热痉挛、热衰竭。高温可以对人体的水盐代谢、消化系统、神经内分泌系统、泌尿系统造成伤害。

3.1.2.5 氟化工企业的常见有害因素

氟化工企业常见的职业病危害因素包括粉尘、化学因素、物理因素（见表 3-5）。氟化工企业常见的职业病粉尘危害因素接触限值见表 3-6。氟化工企业常见的职业病噪声危害因素接触限值见表 3-7。氟化工企业常见的职业病化学危害因素接触限值见表 3-8。氟化工企业常见化学品爆炸限值及动火作业分析指标见表 3-9。

表 3-5 氟化工企业的常见职业病危害因素

序号	类别	有害因素	对人体伤害
1	粉尘	石膏粉尘（硫酸钙）、萤石混合性粉尘、其他粉尘（电石粉尘、含氟树脂粉尘）等	尘肺病
2	化学因素	氯气、氟及其无机化合物、有机含氟聚合物单体及其热裂解物、四氯化碳、氯乙烯、三氯乙烯、乙炔、四氯乙烯、二氯二氟甲烷、二氯甲烷、氯仿（三氯甲烷）、三氯一氟甲烷、氯化氢及盐酸、三氟化氯、氢氧化钠、三氟化硼、锑及其化合物、六氟丙酮、钨及其不溶性化合物、硫酸、甲醇等	中毒、接触性皮炎、化学性皮肤灼伤、化学性眼部灼伤、牙酸蚀病等
3	物理因素	噪声、高温、低温等	噪声聋、中暑等

表 3-6 氟化工企业常见的职业病粉尘危害因素接触限值

序号	粉尘名称	PC-TWA/mg·m^{-3}		临界不良健康效应
		总尘	呼尘	
1	石膏粉尘	8	4	上呼吸道、眼和皮肤刺激；肺炎等
2	萤石混合性粉尘	1	0.7	硅肺
3	石灰石粉尘	8	4	眼、皮肤刺激；尘肺
4	其他粉尘（电石粉尘、FEP 粉尘、PTFE 粉尘、PFA 粉尘、PVDF 粉尘）	8	—	—

表3-7 氟化工企业常见的职业病噪声危害因素接触限值

日接触时间/h	接触限值（A计权）/dB	日接触时间/h	接触限值（A计权）/dB
8	85	1	94
4	88	0.5	97
2	91		

表3-8 氟化工企业常见的职业病化学危害因素接触限值

序号	化学品名称	OELs/mg·m^{-3}			临界不良健康效应
		MAC	PC-TWA	PC-STEL	
1	氨	—	0.3	—	甲状腺效应；恶心
2	氯气	1	—	—	上呼吸道刺激
3	氟及其化合物（不含氟化氢）（按F计）	—	2	—	眼和上呼吸道刺激；骨损害；氟中毒
4	氯乙烯	—	10	—	肝血管肉瘤；麻醉；昏迷、抽搐；皮肤损害；神经衰弱、肝损伤、消化功能障碍、肢端溶骨症
5	三氯乙烯	—	30	—	中枢神经系统损伤
6	四氯乙烯	—	200	—	中枢神经系统损害
7	二氯二氟甲烷	—	5000	—	眼及上呼吸道刺激；心脏毒性；液体接触皮肤灼伤
8	二氯甲烷	—	200	—	碳氧血红蛋白血症；周围神经系统损害
9	氯仿（三氯甲烷）	—	20	—	肝损害；胚胎/胎儿损害；中枢神经系统损害
10	氯化氢及盐酸	7.5	—	—	上呼吸道刺激
11	三氟化氯	0.4	—	—	眼和上呼吸道刺激；肺损害
12	氢氧化钠	2	—	—	上呼吸道、眼和皮肤刺激
13	三氟化硼	3	—	—	下呼吸道刺激；肺炎
14	锑及其化合物（按Sb计）	—	0.5	—	皮肤和上呼吸道刺激
15	六氟丙酮	—	0.5	—	睾丸损害；肾损害
16	硫酸及三氧化硫	—	1	2	肺功能改变
17	六氟丙烯	—	4	—	肝肾及肺损害
18	氢氧化钾	2	—	—	上呼吸道、眼和皮肤刺激
19	过氧化氢	—	1.5	—	上呼吸道和皮肤刺激；眼损伤
20	氟化氢（按F计）	2	—	—	呼吸道、皮肤和眼刺激；肺水肿；皮肤灼伤；牙齿酸蚀症
21	一氧化碳	—	20	30	碳氧血红蛋白血症；周围神经系统损害
22	四氯化碳	—	15	25	肝损害
23	碘	1	—	—	眼、上呼吸道和皮肤刺激

续表

序号	化学品名称	OELs/mg·m^{-3}			临界不良健康效应
		MAC	PC-TWA	PC-STEL	
24	二氟氯甲烷	—	3500	—	中枢神经系统损害；心血管系统影响
25	黄磷	—	0.05	0.1	眼及呼吸道刺激；吸入性损伤；肝损害
26	甲醇	—	25	50	麻醉作用和眼、上呼吸道刺激；眼损害
27	六氟化硫	—	6000	—	窒息
28	全（八）氟异丁烯	0.08	—	—	上呼吸道刺激；血液学效应
29	三氟甲基次氟化物	0.2	—	—	
30	羰基氟	—	5	10	下呼吸道刺激；骨损害
31	钨及其不溶性化合物（按W计）	—	5	10	下呼吸道刺激
32	五氟一氯乙烷	—	5000	—	心律不齐；昏迷甚至死亡；冻伤

表 3-9　氟化工企业常见化学品爆炸限值及动火作业分析指标

序号	品名	爆炸范围（体积分数）/%	动火指标
1	甲醇	5.5～44	≤0.5%
2	一氯甲烷	7～19	≤0.5%
3	半水煤气	12～66	≤0.5%
4	乙二醇	3.2～15.3	≤0.2%
5	二氯甲烷	12～19	≤0.5%
6	氢气	4.1～74.1	≤0.5%
7	乙炔	2.1～80	≤0.2%
8	乙醇	3.3～19	≤0.2%
9	汽油	1.3～6	≤0.2%
10	三氯乙烯	12.5～90	≤0.5%
11	1,1-二氯乙烯	6.5～15	≤0.5%
12	1,1,1-三氟乙烷（R143a）	9.5～19	≤0.5%
13	二氟甲烷（R32）	12.7～33.4	≤0.5%
14	乙腈	3.0～16	≤0.2%
15	天然气	5.0～15	≤0.5%
16	一氯二氟乙烷（R142b）	6.2～18	≤0.5%
17	氯乙烯	3.6～31	≤0.2%
18	2,3,3,3-四氟丙烯	6.2～12.3	≤0.5%
19	1,1-二氯-1-氟乙烷（R141b）	5.6～17.7	≤0.5%
20	四氟乙烯	11～60	≤0.5%

续表

序号	品名	爆炸范围（体积分数）/%	动火指标
21	氟乙烷	5～10	≤0.5%
22	氟苯	1.6～9.1	≤0.2%
23	氟乙烯	2.6～21.7	≤0.2%
24	1,1-二氟乙烯（R1132a）	5.5～2.1	≤0.5%
25	1,1-二氟乙烷（R152）	3.7～18	≤0.2%

3.1.3　健康隐患的防范

氟化工生产过程中存在各类有害因素，那么应该如何降低或避免对作业人员的伤害？

职业病危害按照三级预防的原则，对可能造成职业病的各种职业性有害因素严加控制。

第一级预防又称病因预防，是从根本上消除或控制职业性有害因素对人的作用和损害，即改进生产工艺和生产设备，合理利用防护设施及个人防护用品，以减少或消除工人接触的机会。

第二级预防是进行职业健康监护，早期检测和诊断人体受到的职业性有害因素所致的健康损害，及时处理。

第三级预防是在患病以后，给予积极治疗和促进康复的措施。

3.1.3.1　设计阶段

消除职业危害因素和降低职业危害因素的浓度或强度是最理想的措施，在设计阶段采用工程防护方式，主要有：①在工艺路线选择中，原材料、辅助材料等选择应遵循无毒物质代替有毒物质，低毒物质代替高毒物质的原则，消除或减少尘、毒职业性有害因素。②对于工艺、技术和原材料达不到要求的，应根据生产工艺和粉尘、毒物特性，优化设计布局，分区域布置，可能产生严重职业性有害因素的设施远离产生一般职业性有害因素的其他设施。③采用先进技术和工艺，使用远距离操作或自动化操作，避免直接人工操作。④设备和管道应采取有效的密闭设计，结合生产工艺采取通风和净化措施，考虑检维修、分析取样等有可能排放作业的通风和抽吸。⑤生产工艺和粉尘性质可采取湿式作业的，采取湿法抑尘。当湿式作业仍不能满足卫生要求时，应采用其他通风、除尘方式。⑥在满足工艺流程要求的前提下，将高噪声设备相对集中，并采取相应的隔声、吸声、消声、减振等控制措施。⑦存在或可能产生职业病危害的生产车间、设备设置职业病危害警示标识。⑧结合生产工艺和毒物特性，在有可能发生急性职业中毒的工作场所，设置固定式有毒气体检测报警仪。⑨在有可能存在有毒物质场所要求设置喷淋冲洗设备、急救药品、应急通道和风向标等。

3.1.3.2 运行阶段

在确保工程防护措施与主体工程同时设计、施工、投产使用，“三同时”管理落实后，还需要通过建立和落实与职业健康相关的管理制度，使职业危害因素通过管理控制达到预期效果值。相对于工程防护措施是“硬”措施，管理控制就是“软”措施，管理控制是着眼于工作过程、制度和工人的行为，通过规范管理达到效果。如：①对作业人员的教育和培训，通过岗前和在岗培训可以针对性地熟知岗位中的职业性有害因素危害及防护措施，遵守操作规程，养成不在作业现场进食、涉及有毒有害物质和粉尘作业后及时清洗更换衣物等良好职业健康习惯，加强锻炼增强抵抗力。②通过对劳动者进行有针对性的定期或不定期的健康检查和连续的、动态的医学观察，记录职业接触史，建立一人一档职业健康监护档案，根据劳动者监测指标变化情况，评价劳动者健康变化与职业病危害因素的关系，可以及时发现劳动者的职业损害。职业健康检查包括上岗前、在岗期间、离岗时和应急健康检查。③通过对作业场所职业危害因素定期监测，评估工程防护措施的运行有效性，可以及时发现工程措施的漏洞或薄弱点，防止或降低职业危害因素超标。④编制与职业危害因素相关的应急预案并定期演练，确保作业人员在意外来临之际能熟练地启动应急预案，将事故危害降低到可控范围，减小或避免对人员的伤害。⑤个人防护作为补救措施的最后一道防线，是最低层级的控制措施，是其他控制措施的补充和替补。要求每一位作业人员正确佩戴个人防护用品，减少职业危害因素的接触和吸收。当个人防护被选为主要的危害控制方法时，个人防护一旦失效，则没有挽回的余地。⑥对在健康监护过程中发现的职业性健康损害的劳动者，给予明确诊断、积极的处理和治疗，以预防并发症，促进康复，延长生命，提高生命质量。

3.1.3.3 工作场所职业健康基本要求

① 工作场所职业危害因素的强度或浓度应符合国家职业卫生标准（GBZ 2.1《工作场所有害因素职业接触限值 第 1 部分：化学有害因素》规定了粉尘、化学因素、生物因素接触限值，GBZ 2.2《工作场所有害因素职业接触限值 第 2 部分：物理因素》规定了物理因素接触限值）。②有与职业病危害防护相适应的设施（如应急喷淋洗涤设施、急救药品等）。③生产布局合理，符合有害与无害作业分开原则。④有配套的

更衣间、洗浴间、孕妇休息间等卫生设施。⑤设备、工具等设施符合保护作业人员生理、心理健康的要求。⑥符合国家法律、法规、标准和其他管理制度要求。

健康隐患防范过程如图3-4。

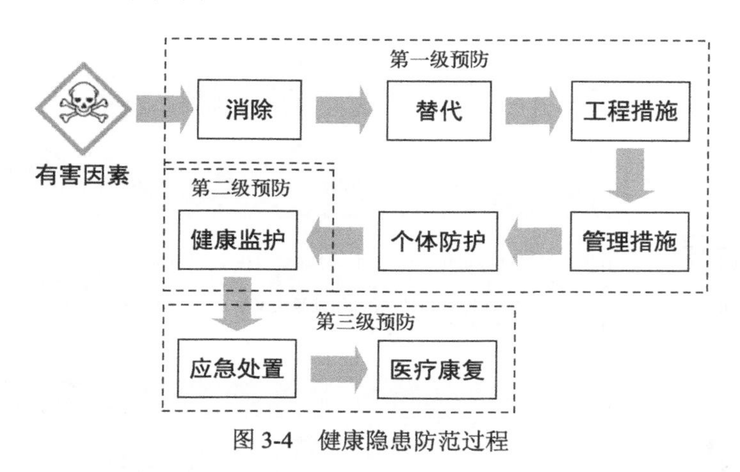

图3-4　健康隐患防范过程

3.1.3.4　岗位职业健康危害因素告知

作业人员如何知道岗位职业健康危害因素和强度？

可以通过各级岗位的“安全技术规程”“化学品安全技术说明书”等获得岗位职业健康危害因素和强度的相关知识。例如“化学品安全技术说明书”，简称SDS，又称为物质安全技术说明书（简称MSDS），提供了化学品（物质或混合物）在安全、健康和环境保护等方面的信息，“化学品安全技术说明书”分为16大项的内容（包括企业信息、成分或组成信息、危险性概述、急救措施、消防措施、泄漏应急处理、操作处置与储存、接触控制/个体防护、理化特性、稳定性和反应性、毒理学资料、生态学资料、废弃处置、运输信息、法规信息、其他信息），较完整地记录了化学品的安全技术信息，可以供岗位人员学习岗位所涉及的化学品职业健康危害和防范。

可以通过生产现场的职业危害告知卡（图3-5）、安全警示标识和职业危害因素检测公示牌（图3-6）等，利用可视化管理方式告知现场人员生产现场存在的职业健康危害、强度和防范措施。如产生粉尘的工作场所设置“注意防尘”“戴防尘口罩”“注意通风”等警示标识；对皮肤有刺激性或经皮肤吸收的粉尘工作场所还应设置“穿防护服”“戴防护手套”“戴防护眼镜”；产生含有有毒物质的混合性粉（烟）尘的工作场所应设置“戴防尘毒口罩”；有毒物品工作场所设置“禁止入内”“当心中毒”“当心有毒气体”“必须洗手”“穿防护服”“戴防毒面具”“戴防护手套”“戴防护眼镜”“注意通风”等警示标识，并标明“紧急出口”“救援电话”等警示标识；能引起职业性灼伤或腐蚀的化学品工作场所，设置“当心腐蚀”“腐蚀性”“遇湿具有腐蚀性”“当心灼伤”“穿防护服”“戴防护手套”“穿防护鞋”“戴防护眼镜”“戴防毒口罩”等警示标识。

图 3-5 职业危害告知卡示例

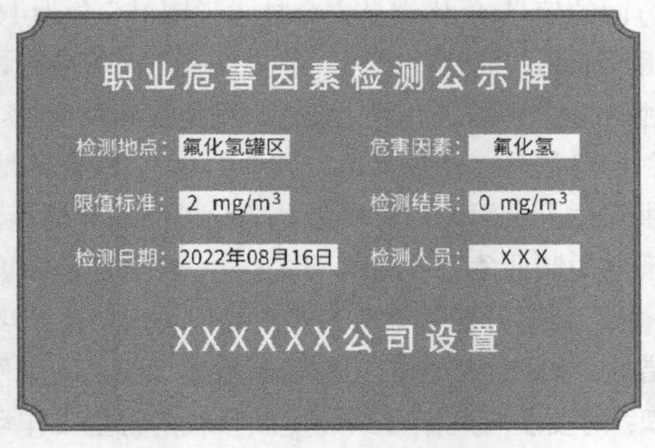

图 3-6 职业危害因素检测公示牌示例

氟化工生产装置、罐区或职业病危害事故现场，边界 30cm 处标识宽度 10cm 的职业危害警示线，见表 3-10。

表 3-10 职业危害警示线

序号	图形标识	警示语句	标识含义	设置范围和地点	说明
1	（红色）	红色警示线	将严重危害源与其他区域分隔开来	高毒物品作业场所、放射作业场所、紧邻事故危害区域周边	限佩戴相应防护用具的专业人员进入此区域；生产、储藏、运输和使用高毒物品、放射源的作业场所必须置备
2	（黄色）	黄色警示线	将一般危害源与其他区域分隔开来	一般有毒物品作业场所、紧邻事故危害区域周边	限佩戴相应防护用具的专业人员进入此区域；出入此区域的人员必须进行洗消处理；生产、储藏、运输和使用高毒物品、放射源的作业场所必须置备
3	（绿色）	绿色警示线	将救援人员与公众分隔开来	事故现场救援区域周边	患者的抢救治疗、指挥机构设在此区域内；可能发生急性中毒危害的作业场所必须置备

3.1.3.5 作业人员饮食健康

作业人员发生职业性损伤的概率和程度与作业人员身体素质相关，不良生活方式或个人习惯，如长期不合理膳食、吸烟、过量饮酒、缺乏锻炼和过度精神紧张等，都能增加职业性损害程度，作业人员要有良好的生活习惯、健康的体魄。同时，科学合理的饮食，利用饮食获得良好的营养，也能预防或降低职业危害。如：①接触有毒有害物质的人员，应该养成饮水习惯，保证摄入足量的水，以稀释毒物在机体组织和体液内的浓度，促进毒物及其代谢产物随尿液排出体外，以减轻毒物对人体的危害。②高温作业人员，由于机体大量出汗，也应补充足量的水和盐分。③接触粉尘人员，可以常吃猪血，猪血中的血浆蛋白被人体内的胃酸分解后，能产生一种解毒、清肠的分解物，这种物质能与侵入人体内的粉尘、有害金属微粒发生生化反应后从消化道排出体外。④接触噪声人员在饮食中需要补充维生素 C、B_1、B_2、B_6 等，有助于预防听觉器官损伤，减轻精神紧张和疲劳。⑤长期用眼人员需要补充维生素 A，维生素 A 不足时，将造成夜间视力的减退，维生素 A 的最佳食物来源包括动物肝脏、鸡蛋黄、鱼肝油和奶油以及富含胡萝卜素的蔬菜或水果等。

3.1.3.6 作业人员职业伤害应急处置

氟化工企业生产工艺过程种类繁多，涉及多种职业危害因素，作业人员职业伤害应急处置时，要根据企业编制的各类应急预案完成救援工作。应急救援要充分体现“以人为本”的价值观，在救援行动中先抢救受害人员，应尽一切努力将突发事件对外部环境的损害控制到最小。

以下为典型的职业伤害应急处置要点。

（1）化学性物质伤害应急处置

① 皮肤接触化学性物质灼伤：立即撤离现场，到最近的洗消站脱去被化学物质污染的衣服、鞋袜等，脱除污染的衣服时要注意套头的衣服要剪开脱掉，不要经头部脱除，帮助别人脱衣物时尽量不要碰到衣物受污染部位。立即用大量流动清水冲洗创面 15 分钟以上，碱性物质灼伤后冲洗时间应延长。然后根据所接触的化学物质用不同的溶液冲洗接触部位，如酸性化学物灼伤可用 2%～5%碳酸氢钠溶液冲洗或湿敷；碱性化学物灼伤可用 2%～3%硼酸溶液冲洗或湿敷。冲洗后创面不要任意涂搽油膏或紫药水，可用清洁（纱）布覆盖，然后送专科医院治疗。

② 化学物质溅入眼内要及时处理，用手掰开眼皮，用一定压力和流量的水冲洗 15～30min 以上，如电石、生石灰颗粒溅入眼内，应先用植物油或石蜡油棉签蘸去异物颗粒，然后用水彻底冲洗。现场冲洗直至医院急救到来。

③ 氟化氢或氢氟酸灼伤，第一时间（一分钟以内）用氟化氢专用冲洗液（如六氟灵、去氟灵等）冲洗创面，同时联系专科医院立即就医。如第一时间不能获取氟化氢专用冲洗液，就近用先大量流动清水冲洗，等获取氟化氢专用冲洗液后，再使用氟化氢专用冲洗液洗消。

④ 口服化学物质中毒人员，应尽量将尚未吸收的毒物迅速从患者胃中清除。如果中毒人员神志清醒，胃内有食物或固体毒物，可以采用催吐或洗胃方式。对腐蚀性化学物质口服中毒人员以及昏迷、惊厥、休克人员，一般不宜采用洗胃和催吐方式。对误服酸碱物质，可以服用蛋清、牛奶、豆浆等与酸结合，立即就医。氢氟酸误服人员，用水彻底漱口，让患者喝下 240～300mL 的葡萄糖酸钙溶液，以稀释胃中的物质，切勿催吐。若患者自发性呕吐，让患者身体向前以避免吸入呕吐物。反复给患者喝水。若患者即将丧失意志、已失去意识或痉挛，勿经口喂食任何东西。立即就医。

⑤ 吸入化学物质中毒人员，立即撤离污染的现场，移至上风向空气新鲜处，保持呼吸道通畅，人员禁止剧烈运动。如呼吸停止，立即进行心肺复苏术，避免口对口接触，立即就医。对于可能接触有机氟物质（如八氟异丁烯）作业环境中，同一岗位如果有两人以上同时出现感冒症状，要考虑有机氟中毒的情况。

⑥ 化学品中毒应急救援注意事项：进入污染区域救援人员，首先做好自身的个体防护，不能在没有防护装备情况下，盲目进入污染区救人，会导致事故的扩大化，发生多人伤害的事故；进入污染区域应至少 2～3 人为一组集体行动；救援人员从污染区的上风向处进入；进入污染区域后人员通信应采用手势或无线通信方式，禁止摘下防护面具通信；救援人员离开污染区应立即进行洗消，防止附着在防护服上的化学品带出污染区，造成人员伤害。

（2）人员中暑应急处置

岗位人员发现有人中暑，应当立即将中暑人员移到阴凉处，并保持周围通风；解开衣扣，用物理降温（如用冷毛巾敷其头部）等各种方法帮助身体散热，帮助其饮水和服用解暑药物，如出现晕厥情况按压人中、虎口等穴位帮助恢复意识，如呼吸停止，立即进行心肺复苏术，送医院救治。

3.1.4　高危岗位

氟化工生产过程工艺复杂，涉及繁多的危害因素。近几年氟化工企业发生的部分事故危害因素辨识结果统计分析见表3-11。图3-7为氟化工企业部分事故统计分析图。存在于储存、反应、精馏和废弃物处理等各个生产环节的大量有毒有害物质是主要危害因素。

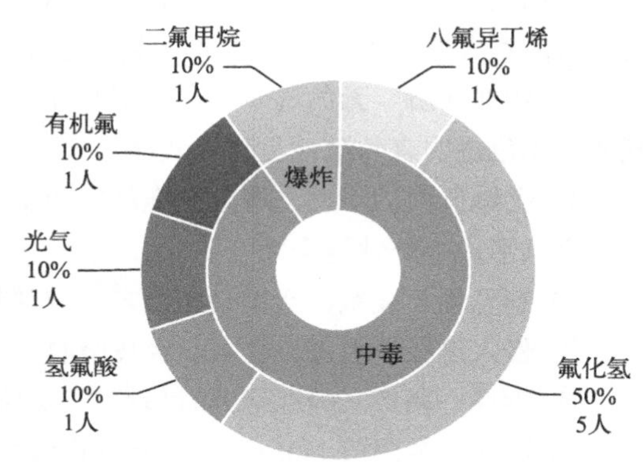

图3-7　氟化工企业部分事故统计分析图

表3-11　氟化工企业发生的部分事故统计表

序号	事故年份	事故	企业分类	事故分类	涉及物料
1	2021	浙江省衢州市某氟聚厂“1·4”有机氟中毒事故	含氟聚合物	中毒	八氟异丁烯
2	2020	浙江省衢州市某化学有限公司“2·24”中毒事故	含氟精细	中毒	氢氟酸
3	2020	江苏省南通市某科技公司“12·9”中毒事故	含氟精细	中毒	氟化氢
4	2018	江苏省南通市如皋市某化工有限公司“12·18”中毒事故	含氟精细	中毒	氟化氢
5	2017	江西省赣州市兴国县江西某化工有限公司“1·24”中毒事故	氟化氢/含氟精细	中毒	光气（原料中杂质反应）
6	2016	山东省潍坊市潍坊某化工有限公司“1·9”中毒事故	含氟精细	中毒	氟化氢
7	2013	山东省东营市广饶县某化工有限公司“10·18”中毒事故	含氟精细	中毒	氟化氢
8	2009	浙江省衢州市某公司“5·12”中毒事故	氟化氢生产	中毒	氟化氢
9	2009	浙江省金华市浙江某化工有限公司“8·18”爆炸事故	氟碳类生产	爆炸	二氟甲烷
10	1992	四川省自贡某化工厂“2·19”中毒窒息事故	氟碳类生产	中毒	有机氟

3.1.4.1 有毒有害物质

下面介绍氟化工生产过程中的典型有毒有害物质。

（1）氟化氢或氢氟酸

氟化氢作为氟化工行业的基础原料，大多数氟化工生产企业都有应用，但是由于其特有的对人体伤害的化学性质，成为氟化工生产过程中主要防范对象。

① 物理性质　无色气体，有强刺激性气味，溶于水生成氢氟酸并放出热量，氢氟酸为无色透明有刺激性臭味的液体。

② 燃爆危险　不燃，遇氢发泡剂立即燃烧。能与普通金属发生反应，放出氢气而与空气形成爆炸性混合物。

③ 禁忌物　强碱、活性金属粉末、玻璃制品（含硅的材料）。

④ 侵入途径　吸入、食入、经皮吸收。

⑤ 毒性　高毒（《高毒物品目录》卫法监发 [2003]142 号）。

⑥ 职业接触限值（OELs）最高容许浓度（MAC）（按 F 计）为 $2mg \cdot cm^{-3}$（GBZ 2.1—2019《工作场所有害因素职业接触限值 第 1 部分：化学有害因素》）。

⑦ 立即威胁生命或健康的浓度（IDLH） 30 ppm（NIOSH 关于立即威胁生命或健康的浓度文件，1994）。

⑧ 重大危险源临界量　1t（GB 18218—2018《危险化学品重大危险源辨识》表 1）。

⑨ 危险性类别　见表 3-12（《危险化学品分类信息表》，2015）。

表 3-12　氟化氢危险性类别

品名	CAS 号	危险性类别
氟化氢[无水]	7664-39-3	急性毒性-经口，类别 2* 急性毒性-经皮，类别 1 急性毒性-吸入，类别 2* 皮肤腐蚀/刺激，类别 1A 严重眼损伤/眼刺激，类别 1

⑩ GHS 象形图　见图 3-8。

急性毒性

腐蚀性

图 3-8　氟化氢 GHS 象形图

⑪ 氟化氢对人体危害过程　高渗透性的氟离子可渗入组织深部，产生液化性坏死，产生不可溶的氟化钙或氟化镁等盐类，导致低血钙及低血镁，造成细胞坏死。此外，氟离子也会与含有金属原子的酵素结合，抑制酵素的活性。估计人摄入 1.5g 氢氟酸可致立即死亡。氟化氢对人体危害过程示例见图 3-9。

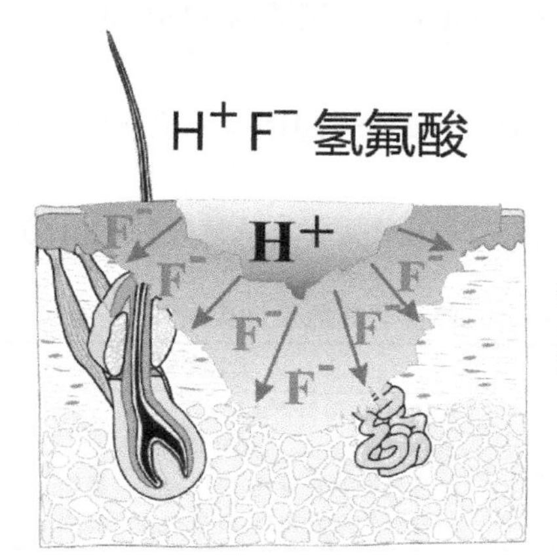

图 3-9　氟化氢对人体危害过程示例

⑫ 氢氟酸灼伤后有潜伏期　皮肤接触氟化氢或40%以上浓度氢氟酸疼痛立即发生，局部皮肤潮红，迅速转为灰白色大理石状，继而组织液化性坏死呈果酱样。

接触浓度为20%～40%氢氟酸时，可有麻木和蚁走感。初起为红斑，迅速转为绕以红晕的白色水肿或水疱，指甲部位呈灰黑色，浮动。疼痛常于接触后 2～4h 出现，逐渐加剧，2～3 天后缓解。

浓度低于 20%的氢氟酸要经过一段时间才能引起迟发性疼痛。

⑬ 一般认为以下情况为危及生命

a. 皮肤接触浓度超过 50%，体表面积超过 1%者。

b. 皮肤接触任何浓度超过体表面积 5%者。

c. 吸入氢氟酸浓度超过 60%者。

d. 食入氢氟酸者。

（2）八氟异丁烯（全氟异丁烯）

八氟异丁烯（全氟异丁烯）是含氟聚合物生产过程中的副产物，氟化工生产企业存在范围虽然不广泛，但是它对人体的伤害非常严重，且中毒后无特效解毒和拮抗药。

① 物理性质　无色气体，略带青草味。微溶于水，溶于乙醚、苯。

② 燃爆危险　不燃，无特殊燃爆特性。在空气中久置后能形成有爆炸性的过氧化物。

③ 禁忌物　强酸、强氧化剂、强还原剂。

④ 侵入途径　吸入。

⑤ 毒性　剧毒（《危险化学品目录》2015 版）。

⑥ 职业接触限值（OELs）　最高容许浓度（MAC）$0.08mg \cdot m^{-3}$（GBZ 2.1—2019《工作场所有害因素职业接触限值 第 1 部分：化学有害因素》）。

⑦ 立即威胁生命或健康的浓度（IDLH）　无数据（NIOSH 关于立即威胁生命或健康的浓度文件，1994）。

⑧ 重大危险源临界量　5t（GB 18218—2018《危险化学品重大危险源辨识》表 2）。

⑨ 危险性类别　见表 3-13（《危险化学品分类信息表》，2015）。

表 3-13　八氟异丁烯危险性类别

品名	CAS 号	危险性类别	备注
八氟异丁烯 （全氟异丁烯；1,1,3,3,3-五氟-2-三氟甲基-1-丙烯）	7664-39-3	加压气体 急性毒性-吸入，类别 1 特异性靶器官毒性-一次接触，类别 1 特异性靶器官毒性-反复接触，类别 1	剧毒

急性毒性

健康危害

图 3-10　八氟异丁烯 GHS 象形图

⑩ GHS 象形图　见图 3-10。

本品毒作用带窄，危险性大。能引起职业性急性有机氟中毒，主要引起急性肺水肿。对人的上呼吸道刺激一般不明显，吸入后可有头晕、恶心、胸闷、咳嗽等感冒样症状，但数小时后可发生急性化学性肺炎或肺水肿，甚至发生急性呼吸窘迫综合征（ARDS）。早期中毒症状不典型，故有机氟单体、裂解或热解气（物）的职业接触史极为重要，凡列为观察对象者，均应强调绝对卧床休息，减少氧耗，严密医学观察，早期应注意与普通感冒、急性扁桃体炎、急性胃肠炎相区别。

特别注意：八氟异丁烯（全氟异丁烯）只是能引起职业性急性有机氟中毒物质的一种，有机氟材料生产、加工、使用等过程中，短时吸入过量四氟乙烯、六氟丙烯等单体；二氟一氯甲烷等裂解气、残液气；聚四氟乙烯、聚全氟乙丙烯、聚三氟氯乙烯等含氟聚合物热解气，均可引起急性有机氟中毒。

有机氟单体指含氟聚合物中的某一单体，如四氟乙烯、二氟一氯甲烷、三氟氯乙烯、六氟丙烯等。

裂解气指在高温裂解制备有机氟单体时所产生的反应副产物。如用二氟一氯甲烷（F22）高温裂解制备四氟乙烯时产生的裂解气，其中组分有四氯乙烯、六氟丙烯、八氟异丁烯等 10 余种反应产物。

残液气指高温裂解制备单体后剩下的残液，在常温下为气态，内有剧毒的八氟异丁烯等。

热解气指含氟聚合物高温分解时的气态热解物，大于400℃的热解物中含剧毒的氟光气和氟化氢等。

3.1.4.2 氟化工行业中典型岗位

氟化工行业是一个大类行业，其产品种类繁多。形成了无机氟化物、氟碳化学品、含氟聚合物和含氟精细化学品（含氟电子化学品、含氟特种单体）四大类产品体系。这四大类产品体系生产过程中有通用岗位（如公用工程岗位）和专有岗位（如反应岗位），岗位不同危害因素也不同。

以下就按照无机氟化物、氟碳化学品、含氟聚合物和含氟精细化学品（含氟电子化学品、含氟特种单体）这四大类产品板块的典型生产工艺对相关岗位进行分类。

（1）公用工程岗位

各类氟化工生产都离不开配套的公用工程，如循环水岗位、冷冻岗位、压缩空气岗位、氮气岗位等。

这类岗位存在的主要危害因素见表3-14。

表3-14 公用工程岗位主要危害因素

序号	岗位	主要危害因素	来源	主要风险
1	循环水岗位	机械噪声	各类泵、风机	听力损伤
		化学性危害	水处理药剂	中毒、灼伤
		场地湿滑	循环水	跌倒或淹溺
		电	用电设备	触电
2	冷冻岗位	机械噪声	各类泵、冰机	听力损伤
		化学性危害	制冷剂、冷冻水添加剂	冻伤、中毒
		场地湿滑	冷凝水	跌倒
		电	用电设备	触电
3	压缩空气岗位	机械噪声	空压机	听力损伤
		电	用电设备	触电
4	氮气岗位	机械噪声	压缩机	听力损伤
		化学性危害	液氮	冻伤、窒息
		电	用电设备	触电

（2）无水氟化氢生产岗位

无水氟化氢生产国内外普遍采用回转炉反应、粗氟化氢精制的原则来设计无水氟化氢的工艺流程，一般选用一炉三塔（洗涤塔、脱气塔和精馏塔）流程。

液体硫酸和萤石粉反应生成气态氟化氢和固态硫酸钙，反应式如下：

$$CaF_2\text{（固）}+H_2SO_4\text{（液）}\longrightarrow 2HF\text{（气）}+CaSO_4\text{（固）}$$

无水氟化氢生产流程简图见图 3-11。

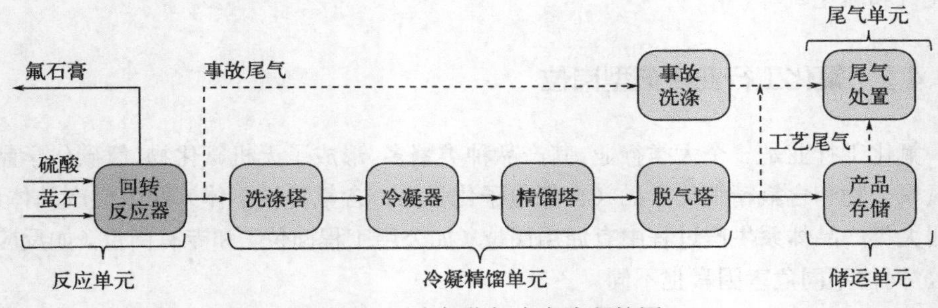

图 3-11　无水氟化氢生产流程简图

氟化氢生产装置的主要岗位有萤石干燥岗位、加料岗位、反应预洗涤岗位、冷凝精馏岗位、尾气吸收岗位、原料产品储运岗位、石膏储运装车岗位。无水氟化氢生产岗位主要危害因素见表 3-15。

表 3-15　无水氟化氢生产岗位主要危害因素

序号	主要岗位	工艺简介	涉及介质	主要风险
1	萤石干燥岗位	通过燃气燃烧产生热空气直接加热湿萤石粉，干燥萤石粉确保水分符合氟化氢生产要求	燃气、粉尘、机械噪声、高温	火灾、爆炸、中毒、灼烫、听力损伤
2	加料岗位	将干燥萤石和混合酸（98 酸/105 酸/吸收酸）分别计量，按照一定比例计量后送反应单元	98 酸/105 酸/吸收酸、粉尘、高温	灼烫、腐蚀、中毒
3	反应预洗涤岗位	将干燥萤石和混合酸（98 酸/105 酸/吸收酸）在回转反应器中反应生成粗氟化氢，粗氟化氢经过硫酸洗涤降温	燃气、98 酸/105 酸/吸收酸、氟化氢、高温	火灾、爆炸、中毒、灼烫、腐蚀
4	冷凝精馏岗位	将粗氟化氢降温冷凝为液态，再精馏提纯得到产品氟化氢	吸收酸、氟化氢	中毒、腐蚀
5	尾气吸收岗位	产生全系统负压，处置冷凝精馏单元的工艺尾气和各安全泄压、负压抽吸的事故尾气	吸收酸、氟化氢、氢氟酸、氟硅酸	中毒、腐蚀
6	原料产品储运岗位	存储氟化氢生产所需要的原料和产品，及氟化氢的灌车和卸车	98 酸/105 酸/氟化氢、氢氟酸、氟硅酸	中毒、腐蚀
7	石膏储运装车岗位	回转反应器中反应生成副产物石膏，经过降温后储存、装车外送	氢氟酸、粉尘、高温	中毒、腐蚀、灼烫

无水氟化氢生产高危岗位：反应预洗涤岗位、冷凝精馏岗位、尾气吸收岗位、原料产品储运岗位。

（3）氟碳化学品生产岗位

氟碳化学品是指含有氟原子的烃和卤代烃，主要有全氟氯烃类（CFCs）、含氢氟氯烃类（HCFCs）、含氢溴氟烃类（HBFCs）、含氢氟烃类（HFCs）、全氟烃类（PFCs）、碳氢氟类（HFO）等。

氟碳化学品生产工艺主要有液相法和气相法两种。

下面以液相法二氟一氯甲烷（HCFC22）生产为例，分析岗位主要危害因素。

三氯甲烷和氟化氢为原料，$SbCl_5$ 为催化剂，在反应器内一步生成产品二氟一氯甲烷，吸热反应，副产氯化氢、R21、R23 等。反应式如下：

$$CHCl_3+2HF \xrightarrow[T,p]{SbCl_{5-x}F_x} CHCl_2F+2HCl$$

为防止催化剂活性降低，在原料 $CHCl_3$ 槽中通入液氯，或直接在反应器中通入液氯进行活化：

$$SbCl_3+Cl_2 = SbCl_5$$

二氟一氯甲烷（HCFC22）生产流程简图见图 3-12。

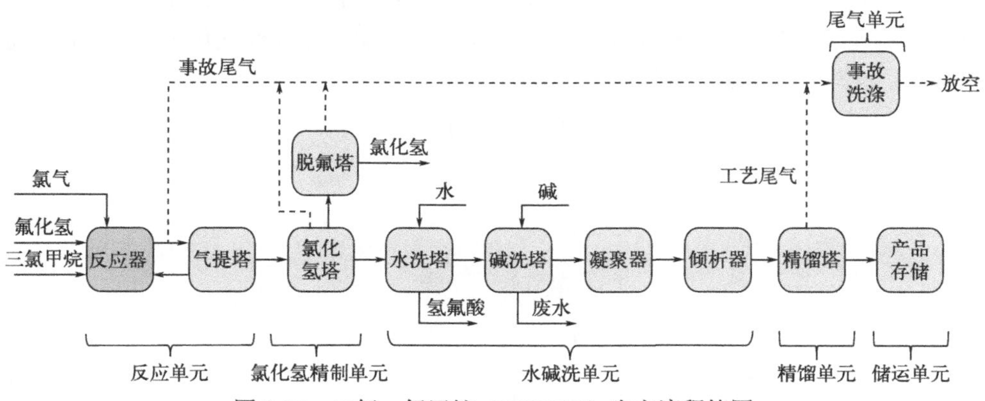

图 3-12　二氟一氯甲烷（HCFC22）生产流程简图

二氟一氯甲烷（HCFC22）生产的主要岗位有原料产品储运岗位、反应岗位、氯化氢精制岗位、水碱洗岗位、精馏岗位。二氟一氯甲烷（HCFC22）生产岗位主要危害因素见表 3-16。

表 3-16　二氟一氯甲烷（HCFC22）生产岗位主要危害因素

序号	主要岗位	工艺简介	涉及介质	主要风险
1	原料产品储运岗位	储备 HCFC22 生产所需的原辅料和产品、副产品	HCFC22、氟化氢、氢氟酸、液碱	中毒、腐蚀、灼烫、冻伤
2	反应岗位	将原料氟化氢和三氯甲烷加热后送入反应器，在催化剂五氯化锑作用下反应生成 HCFC22，且利用经过汽提塔分离催化剂、原料、粗 HCFC22 气体	HCFC22、氟化氢、五氯化锑、氯化氢、氯气	中毒、腐蚀、灼烫

续表

序号	主要岗位	工艺简介	涉及介质	主要风险
3	氯化氢精制岗位	将反应副产物氯化氢与粗 HCFC22 分离，提纯氯化氢后外送	HCFC22、氯化氢	中毒、腐蚀、灼烫
4	水碱洗岗位	将氯化氢塔釜来的含有少量氟化氢和氯化氢的粗 HCFC22，通过水洗和碱洗除去酸性杂质	HCFC22、氢氟酸、液碱	中毒、腐蚀、灼烫
5	精馏岗位	将水碱洗涤后粗 HCFC22 进一步分离提纯，得到符合质量要求的产品	HCFC22	中毒、冻伤

二氟一氯甲烷生产高危岗位：原料产品储运岗位、反应岗位、水碱洗岗位。

（4）含氟精细化学品（含氟电子化学品、含氟特种单体）生产岗位

含氟精细化学品（含氟电子化学品、含氟特种单体）生产产品品种繁多，工艺复杂。涉及的反应工艺多为间歇和半间歇反应工艺，控制要求高。现以相对简单的电解氟气生产工艺为例，分析岗位主要危害因素。

电解氟气生产工艺以无水氟化氢为原料，在电解槽中（氟化氢钾作为电解质），通过直流电解，阳极产出氟气粗品，阴极产出氢气，氟气粗品经纯化吸附后，获得高纯氟气。化学反应方程式如下：

$$2HF \xrightarrow{KHF_2} H_2+F_2$$

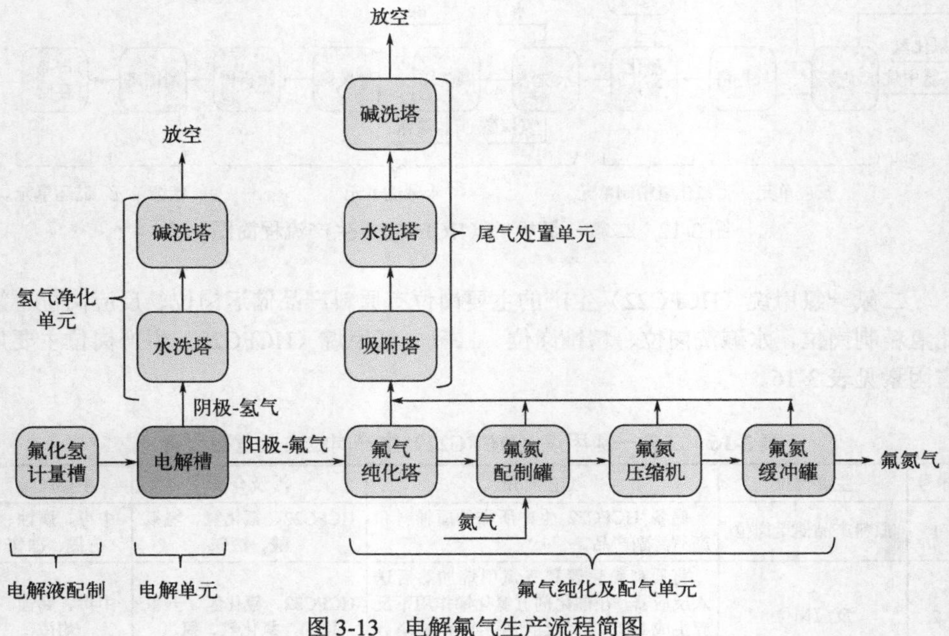

图 3-13　电解氟气生产流程简图

氟气的化学性质非常活泼，可与元素周期表中的绝大多数元素发生化学反应，生成氟化物或氧化氟化物等。氟气与金属单质、金属盐类、金属氧化物的反应大多比较激烈，生成相应的氟化物。氟气与作为结构材料的金属（如 Fe、Cu、Ni、Al、Mg）以及铁、铝、镍基合金，在常温下由于形成金属氟化物膜保护层，实际上不再与氟气反应。因此，使用氟气设备有一道非常重要的步骤，就是氟气对结构材料的金属材料表面钝化形成保护层过程。

电解氟气生产流程简图见图 3-13。

电解氟气生产装置的主要岗位有电解液配制岗位、电解岗位、氟气纯化及配气岗位、氢气净化岗位、尾气处置岗位。电解氟气生产岗位主要危害因素见表 3-17。

表 3-17 电解氟气生产岗位主要危害因素

序号	主要岗位	工艺简介	涉及介质	主要风险
1	电解液配制岗位	将固体 KF 加入电解液配制罐中，无水氟化氢（AHF）从 AHF 储罐经计量槽计量后，按比例加入电解液配制罐中，再进入预脱水槽，在低电压下进行预脱水	氟化氢、氟化钾	中毒、腐蚀、灼烫
2	电解岗位	电解液在电解槽内，通过电化学反应，分别在阴极和阳极产生氢气和氟气，阴极室出来的是氢气和 HF 的混合气体，阳极室出来的是氟气和 HF 的混合气体	氟化氢、氟气、氢气	中毒、腐蚀、灼烫、爆炸
3	氟气纯化及配气岗位	使用吸附剂将阳极出来的氟气中的 HF 吸附，后使用氮气与氟气配制工艺所需的氟氮混合气体，再经过压缩提压	氟气、氟化氢、氮气	中毒、腐蚀、灼烫、爆炸
4	氢气净化岗位	将阴极出来的氢气中的 HF 通过水碱洗涤后放空	氢气、氢氟酸、液碱	中毒、腐蚀、灼烫、爆炸
5	尾气处置岗位	来自各岗位含氟尾气经过吸附除尘，水碱洗涤后除去尾气中的氟离子，达标排放	氢氟酸、氟气、碱液	中毒、腐蚀

电解氟气生产高危岗位：电解液配制岗位、电解岗位、氟气纯化及配气岗位。

（5）含氟聚合物生产岗位

含氟聚合物通常分为合成树脂和合成橡胶两大类，聚四氟乙烯（PTFE）是含氟聚合物中最广泛、最主要的品种。下面以聚四氟乙烯（PTFE）生产为例，分析岗位主要危害因素。

聚四氟乙烯（PTFE）生产分为两个步骤：

① 第一步：二氟一氯甲烷（HCFC22）裂解生产四氟乙烯（TFE）生产工艺

R22 加热至适当温度后进入蒸汽过热炉内，与蒸汽混合进入裂解炉，发生裂解反应，生成四氟乙烯和氯化氢，同时发生的副反应生成物有六氟丙烯、八氟环丁烷和八氟异丁烯等。四氟乙烯生产过程中的热解气和残液中含有的八氟异丁烯是剧毒，需要在精馏过程分离后进行无害化处理。HCFC22 裂解反应化学方程式如下：

$$2CHClF_2 \xrightarrow[600\sim800℃]{热裂解} CF_2=CF_2+2HCl$$

四氟乙烯（TFE）生产流程简图见图3-14。

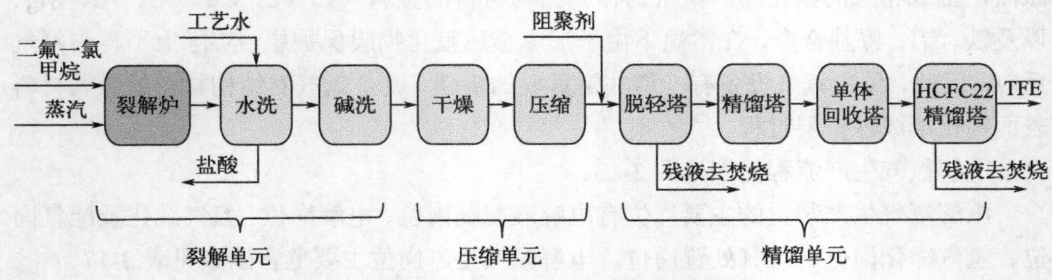

图3-14　四氟乙烯（TFE）生产流程简图

② 第二步：四氟乙烯（TFE）聚合生产聚四氟乙烯（PTFE）工艺

四氟乙烯以除盐水为分散介质，加入引发剂、乳化剂和稳定剂，在一定温度、压力和搅拌下进行聚合反应。

$$nCF_2=CF_2 \longrightarrow \lbrack CF_2-CF_2 \rbrack_n$$

聚四氟乙烯生产流程简图见图3-15。

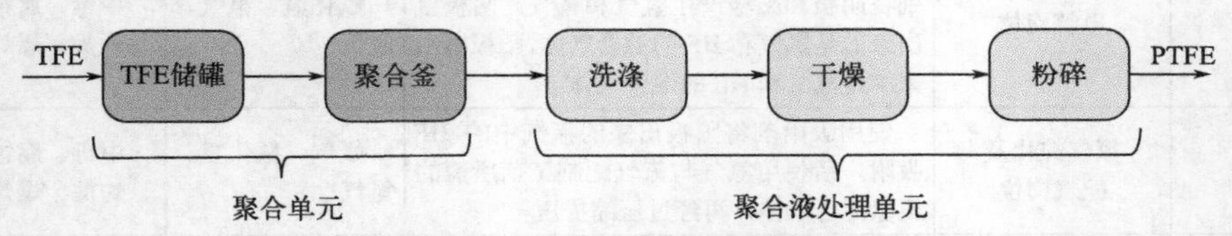

图3-15　聚四氟乙烯生产流程简图

聚四氟乙烯生产的主要岗位有裂解岗位、压缩岗位、裂解气精馏岗位、聚合岗位、聚合液处理岗位。各岗位的主要危害因素见表3-18。

表3-18　聚四氟乙烯生产岗位主要危害因素

序号	重点环节	工艺简介	涉及介质	主要风险
1	裂解岗位	HCFC22经过加热后，同蒸汽一起进入裂解反应器，在一定温度下，HCFC22裂解成TFE、HCl及其他副产物。裂解气进入冷却器吸收冷凝其中的HCl和水蒸气，再经过水洗、碱洗除去其中的HCl后进入干燥系统，除去裂解气中的水分去压缩	HCFC22、TFE、HCl、NaOH、八氟异丁烯	中毒、腐蚀、灼烫、爆炸、高温
2	压缩岗位	除酸、除水后裂解气经过压缩、中间冷却脱水后，进入精馏工序	HCFC22、TFE、八氟异丁烯	中毒、爆炸
3	裂解气精馏岗位	压缩后的裂解气进入浓缩塔，经浓缩吸收后，冷凝成液态TFE进入脱轻塔，塔顶物料去TFE净化塔回收其中的TFE和溶剂，塔釜物料去精馏塔，精馏塔顶物料为成品TFE，送聚合装置，不能回收的轻组分和塔釜残液去焚烧	HCFC22、TFE、八氟异丁烯	中毒、爆炸

续表

序号	重点环节	工艺简介	涉及介质	主要风险
4	聚合岗位	来自 TFE 储槽内的单体送聚合釜。聚合反应中用的稳定剂、分散剂和引发剂分别由计量槽加入聚合釜中	TFE、悬浮聚四氟乙烯树脂	中毒、爆炸
5	聚合液处理岗位	将聚合后的稀乳液静置分层，浓缩，调节浓度及pH值后经过滤、包装出库	悬浮聚四氟乙烯树脂	灼烫、粉尘

聚四氟乙烯生产高危岗位：裂解岗位、裂解气精馏岗位、聚合岗位。

3.1.4.3 氟化工行业典型岗位注意事项

氟化工行业典型岗位都涉及氟化氢、氢氟酸、氟气、氢气、氯气、五氯化锑、有机氟残液、四氟乙烯单体等有毒有害、易燃易爆化学品，存在较大事故风险。在日常管理中需要通过技术管理控制风险。氟化工行业典型岗位主要技术管控要求见表 3-19。

表 3-19 氟化工行业典型岗位主要技术管控要求

序号	重点岗位	主要风险	主要风险岗位	涉及行业	主要技术管控要求
1	氟化氢储存单元	中毒、腐蚀	氟化氢储槽（氟化氢钢瓶储存）	氟化氢生产	①设置液位高、低进料联锁。②设置压力高泄压保护。③氟化氢气体在线检测。④周边自动或远程控制喷淋水幕或采用整体封闭。⑤事故尾气和检修尾气吸收系统。⑥事故备槽。⑦视频监控。⑧储存量不高于储存量的 80%，每个储槽应配置两种计量方式
				氟碳化学品生产	
				含氟精细化学品生产（包括氟气制备）	
			氟化氢车辆充装（包括卸车）	氟化氢生产	①使用万向充装系统。②设置液相和气相远程控制切断阀。③设置充装气源压力超压和低压联锁保护。④氟化氢在线检测。⑤周边自动或远程控制喷淋水幕或采用整体封闭。⑥视频监控。⑦事故尾气和检修尾气吸收系统
				氟碳化学品生产	
				含氟精细化学品生产（包括氟气制备）	
2	反应单元（包括其他重点监管工艺）	火灾、爆炸、中毒、腐蚀、灼烫	反应岗位	氟化氢生产——回转反应炉	①回转反应器设置压力超压保护联锁和事故泄压吸收系统。②回转反应器前后密封端气缸压缩空气缓冲罐压力低保护联锁。③氟化氢在线检测。④原料酸比例自控和联锁。⑤燃气加热炉应设置火焰监测和熄火保护联锁设施
				氟碳化学品生产——液相反应器	①设置液位高、温度高、压力高保护联锁。②设置压力高泄压保护。③有毒和可燃气体在线检测。④周边自动或远程控制喷淋水幕。⑤视频监控。⑥事故尾气和检修尾气吸收系统

续表

序号	重点岗位	主要风险	主要风险岗位	涉及行业	主要技术管控要求
2	反应单元（包括其他重点监管工艺）	火灾、爆炸、中毒、腐蚀、灼烫	反应岗位	氟碳化学品生产——气相反应器	①设置温度高、压力高保护联锁。②设置压力高泄压保护。③有毒和可燃气体在线检测。④视频监控。⑤事故尾气和检修尾气吸收系统
				含氟精细化学品生产——间歇反应器	①设置液位高、温度高、压力高保护联锁。②设置压力高泄压保护。③有毒和可燃气体在线检测。④搅拌电流低保护联锁。⑤视频监控。⑥事故尾气和检修尾气吸收系统。⑦投料配比自动调节和保护联锁。⑧氟化剂设置不可超调的控制措施（如限流孔板等）
				含氟精细化学品生产——氟气电解槽	①设置电解槽压力、温度及液位保护联锁。②有毒和可燃气体在线检测。③视频监控。④事故尾气和检修尾气吸收系统
				含氟聚合物生产——裂解炉	①设置裂解炉温度高、温升速率高、进料压力低、流量低保护联锁。②可燃气体在线检测
				含氟聚合物生产——聚合釜	①单体计量槽应配备安全仪表。②聚合釜内温度、压力、釜内搅拌电流、聚合单体流量、引发剂加入量、聚合反应釜夹套冷却水进水阀设置联锁关系。③设立紧急停车系统。④反应超温、搅拌失效或冷却失效时，设置安全泄放系统。⑤聚合釜设置在防爆间内。⑥视频监控
3	产品精制单元	火灾、爆炸、中毒、腐蚀、灼烫、冻伤	精馏（蒸馏）岗位	氟化氢生产	①设置液位高进料联锁。②设置压力高泄压保护和塔釜热媒切断保护。③有毒气体在线检测。④事故尾气和检修尾气吸收系统
				氟碳化学品生产	①设置液位高进料保护联锁。②设置压力高泄压保护和塔釜热媒切断保护。③有毒和可燃气体在线检测。④事故尾气和检修尾气吸收系统
				含氟精细化学品生产	①设置液位高进料联锁。②设置压力高泄压保护和塔釜热媒切断保护。③有毒气体在线检测。④事故尾气和检修尾气吸收系统
				含氟聚合物生产	①定期检测精馏系统内水分、氧含量、酸度等。②设置压力高泄压保护和塔釜热媒切断保护。③设置液位高进料保护联锁。④有机氟残液密闭管理。⑤TFE 在线检测。⑥事故尾气和检修尾气吸收系统
4	尾气处理单元	火灾、爆炸、中毒、腐蚀	负压产生和事故吸收岗位	氟化氢生产	①设置回转式反应器压力与负压产生设备的自动控制。②具备独立电源和 24 小时连续运行的能力。③设备运行状态自动监控、工艺参数自动监测、排放指标连续检测。④设备分布不同配电段。⑤有毒气体在线检测

续表

序号	重点岗位	主要风险	主要风险岗位	涉及行业	主要技术管控要求
4	尾气处理单元	火灾、爆炸、中毒、腐蚀	事故吸收岗位	氟碳化学品生产	①设备运行状态自动监控、工艺参数自动监测、排放指标连续检测。②具备独立电源和24小时连续运行的能力。③设备分布不同配电段。④有毒和可燃气体在线检测
				含氟精细化学品生产	①设备运行状态自动监控、工艺参数自动监测、排放指标连续检测。②具备独立电源和24小时连续运行的能力。③设备分布不同配电段。④有毒和可燃气体在线检测
			氢气和氟气尾气处置岗位	含氟精细化学品生产（氟气制备）	①设备运行状态自动监控、工艺参数自动监测、排放指标连续检测。②具备独立电源和24小时连续运行的能力。③设备分布不同配电段。④氢气放空管道设置阻火器、灭火设施。⑤有毒和可燃气体在线检测
			有机氟尾气处置岗位	含氟聚合物生产	①有机氟残液储存、输送、醇解、焚烧密闭管理。②设备运行状态自动监控、工艺参数自动监测、排放指标连续检测。③具备独立电源和24小时连续运行的能力。④设备分布不同配电段。⑤有毒和可燃气体在线检测

在日常运行过程中，装置技术人员需要注意：①加强设备管理，依托机械完整性体系，提高设备设施的完好率，减少跑冒滴漏，降低因物料泄漏带来的安全风险。②做好设备设施的计划性检修和日常巡检保养，利用设备设施的在线动态检测工具，结合工业“互联网+”功能对设备设施的运行状态进行动态分析和预警提示。③利用各类微泄漏检测工具（如：红外热成像、工业声成像等），对泄漏早发现、早处理。④提高自动化控制水平，优化调节参数，结合一线操作人员经验，将生产装置的自动化控制向智能化控制迭代升级，降低操作人员误操作事故风险。⑤编制各类标准作业指导手册、操作规程，规范一线作业人员的作业行为，降低一线人员盲目作业风险。⑥全面辨识事故可能产生场景，并编制各级相关应急预案，特别是现场处置预案的可执行性。⑦针对预案中存在的事故风险，在工艺技术和安全设施方面，增加相应的监测和防范措施，提高事故第一时间响应处置能力。⑧依据事故应急预案配备相应的应急器材，特别是专用的工具、设备。⑨不断自我提升专业能力，使之与企业安全管理和装置管理要求相匹配。

一线作业人员需要注意：①利用各类学习平台，一线人员的操作经验分享，VR、OTC等特殊作业和DCS操作动态仿真培训，提升操作人员岗位能力，由操作人员向操作工匠发展。②作业前进行风险辨识，进入作业区域按规范使用个体防护用具。③特殊作业环节，利用各类作业票证，将作业风险辨识、安全措施落实和确认责任明确到个人，落实安全措施实施人和监护人的职责。④开展班组级应急预案演练，演练需要贴近实际，要考虑夜间、节假日等生产人员非满配时间段的应急处置能力，建立班组 A/B 角色，做到应急情况缺人岗位其他人员能及时顶替应急处置。

3.2 工艺安全

氟化工行业涉及“两重点，一重大”，具有物料危险性大、工艺过程复杂、高温高压、连续作业等特点，虽然目前在多数氟化工生产过程中均采取 DCS 操作，但是日常工作中仍然存在许多需要进行现场作业的过程与环节，要保障生产过程中的工艺安全，就必须了解相应的主要风险，对相关风险进行管控，同时规范人员操作，从而有效杜绝事故发生。

3.2.1 氟化工生产主要风险

氟化工生产过程中，安全与环保风险是需要重点管控的对象，其中安全风险可以对照 GB 6441—1986 的 20 项事故类别，主要存在的风险有火灾爆炸、化学灼烫、中毒窒息、物体打击、高处坠落等几类主要风险，而环保方面则主要存在废水、废气的超标排放。针对这几类风险，应进行重点管理和防控。

3.2.1.1 火灾爆炸

火灾爆炸是指在时间、空间上失去控制的燃烧现象，由状态变化散发大量能量。

（1）火灾

火灾的发生需要可燃物、助燃物、点火源三个必备要素，在氟化工生产过程中，主要涉及的可燃物有物料、能源、其他现场可燃材料等方面，点火源则主要集中在不规范的动火作业方面。为了杜绝火灾发生，应当采取隔绝可燃物、杜绝点火源的方式。

在隔绝可燃物方面，应当将易燃易爆物料、易在标准环境下出现反应的物质进行隔离，保障这些物料处于可控范围内，同时采取限制泄漏和泄漏后的处置措施，包括采用套管、定期对薄弱环节测厚、日常点巡检等限制泄漏的方法，并建立可燃气体报警 GDS 系统以控制可燃物料的扩散。

在杜绝点火源方面，易燃易爆场所需采取防爆设备设施，以杜绝因正常作业需要而引起的点火源。在企业工厂的非固定动火区域禁止动火作业，如需作业，则必须办理动火作业票证。在办理作业票证时，需对现场可燃气体进行分析，采取相应的安全控制措施，例如清理易燃物、确认气瓶摆放位置、乙炔气瓶的防回火装置等。

（2）爆炸

爆炸是指由于易燃易爆物质在短时间内放出巨大的能量，或有限的空间内由于压力突然释放放出巨大的能量，导致空间外部气压发生强烈变化并产生巨大的声响。在氟化工生产过程中会接触到部分高温高压设备和工段，装置若出现失控状态则会引起爆炸。除上文提到的从火灾控制方面控制爆炸外，还应当重点关注由于设备内部非正常要求的工艺控制过程的压力聚集状况，从而杜绝爆炸的发生。

在控制方面，应当重点关注在高温高压的控制点所采取的控制措施，其中主要包括超温超压联锁装置，涉及一些重点控制点也应采取 SIS 作为联锁装置的保障措施，同时对于相关设备的承压状况需进行日常检查，尤其是压力容器等特种设备的校验、检验。

3.2.1.2　化学灼烫

人体与酸、碱等化学腐蚀品接触，会导致组织细胞脱水、变性或者坏死，这就是化学灼烫。

氟化工的原料、中间体、成品中都涉及诸多化学腐蚀品，其中不但包括酸性较弱的氟化物，还包括酸性及危害程度极大的无水氟化氢。被酸液灼烫后，均会造成皮肤潮红、干燥，创面坏死。

针对化学灼烫这一可能发生的事故类型，要从多个方面进行防控，其中包括对设备、管道的日常点检以保障无泄漏事故发生，从而避免化学品外泄，同时在法兰这一薄弱环节增加防喷溅措施，保障酸液在这些薄弱环节泄漏后不会直接作用于人体。个体防护作为保障人身安全的最后一道防线，需要选用合适的防护器具，例如防酸面屏、全面具、防护服、耐酸手套、耐酸胶靴、劳保鞋等。

3.2.1.3　中毒窒息

毒物作用使血红蛋白变性或功能障碍，无法送氧，导致人体全身性或部分器官缺氧而无法正常运行，即中毒窒息现象。

氟化工生产过程中许多物料均会产生相应的蒸气，而其中最典型的要数无水氟化氢，其沸点在常温常压状态下为 19.51℃，挥发膨胀 700 倍，人员在吸入无水氟化氢气体或其他有毒、剧毒气体后会造成红细胞、相关靶器官失效，导致相应器官缺血造成局部坏死或全身性缺氧。

由于造成中毒窒息的物质一般为气体或者液体挥发成气体后使人员中毒窒息，所以采用有毒有害气体报警器是最有效的防控措施。气体扩散是需要时间的，虽然对于物质泄漏来讲，有毒有害气体报警器是事后措施，但是对于中毒窒息风险来讲，是远远先于中毒窒息之前的，能够最有效地避免人员伤亡，同时个人呼吸防护在避免人员伤亡方面是非常必要的。在防止物质泄漏方面，需要日常对设备、管道进行点检和维护，从根源上避免物质外泄造成人员中毒窒息的事故发生。在视觉感官方面，对于无水氟化氢这类泄漏后有大量白烟雾的物质，可以采取视频监控的方式，以有效杜绝人员进入泄漏区域。

3.2.1.4 物体打击

所谓物体打击是指失控的物体在惯性或者其他外力作用下运动，打击人体造成伤害。在教材中，把正常运行的设备也纳入物体打击防控的内容中，也就是说在事故类型分类中也同样考虑机械伤害的情况下，需要了解在氟化工生产过程中，存在许许多多的动设备，例如泵、风机、皮带、刮板等设备，动设备出现异常情况或者在正常运行过程中出现不当操作，则会出现零部件飞出或人员受到机械设备伤害的现象。

针对物体打击这一风险，常常采取工程技术措施来进行控制，包括电机护罩、刮板机外壳、风机防爆板等控制措施，或采取一些智能化的手段，例如人机隔离，通过远程控制操作、巡检设备来杜绝人与设备的直接接触，以达到防控物体打击的目的。安全帽、防砸劳保鞋则作为人员个体防护的最后一道屏障来保护人员自身安全。

3.2.1.5 高处坠落

高处坠落是指高处作业过程中发生坠落的风险，在化工生产过程中，由于部分仪表、阀门安装位置较高，需要借助一些平台、梯子等工具，在设备出现故障时，进行高处作业，伴随的就是高处坠落的风险。

为了避免高处坠落的风险，最常用的就是使用专业的登高作业楼梯或者建立平台护栏防止人员坠落，或者在登高作业时佩戴安全带。安全带的佩戴则需要重点关注安全带固定的锚点位置，如安全带固定的锚点位置不正确，则会导致坠落事故发生后连锁引起更严重的伤害。锚点必须选择坚固、可靠、具有一定强度的位置，尤其不能固定在化学品物料管道上，如果在使用过程中拉断化学品物料管道，管道介质泄漏，则会造成更严重的伤害。

3.2.1.6 废水、废气超标排放

在氟化工生产过程中，所涉及的废水、废气都必须经过处理达标合格后方可排放，其中废气排入大气会污染空气，这些气体最终会对大气层、人体造成直接或积蓄的伤

害，危及人体健康；废水排入江河湖海，超出大自然可净化的能力，则会导致水质变差，影响水产资源和生活用水，最终同样危及人体健康。

为杜绝废水、废气的超标排放，应当采取相应的保障和控制措施，例如通过常规性的检测来监控废水、废气的排放情况，对于异常情况应及时查找原因并进行处理。在日常生产过程中，要明确环保设施有哪些，一般来说主要是尾气吸收系统、废水处理系统、相关风机等设备，生产时必须确保环保设施处于正常运行状态。同时在现场检查过程中，同样要针对现场的跑冒滴漏现象进行处理。作为无组织排放的主要形成原因，需要重视跑冒滴漏这一现象，降低废水、废气超标排放的可能性。

3.2.2　主要工艺设备及风险管控

化工生产离不开化工生产设备，氟化工同样也有许多化工生产设备，此类设备主要涉及泄漏、腐蚀等，作为事故发生的主要因素之一，降低物的不安全状态同样重要，那么下面就来了解一下主要氟化工生产设备及相关的风险管控措施。

3.2.2.1　储罐及其风险控制措施

储罐是指用于储存液体或气体的密封容器，在氟化工生产过程中储罐通常要做到防腐、抗压、隔爆等作用，部分承压较大的储罐称为压力容器。在使用过程中，储罐主要存在泄漏和容器爆炸的风险。

氟化工所使用的储罐多为衬氟材质，对于不要求太高承压能力的储罐，多数采用 PP、PVC 或者复合材料以避免腐蚀。为防止储罐泄漏，在日常对储罐的维护和保养过程中，应当注意储槽的薄弱环节，如仪表及仪表接口、软连接、管道连接法兰、阀门等部位要按照要求进行检查，同时关注相关监测检验标识和检验标签，如有过期现象则需进行再校验。对于储罐的短节这些关键部位，则需要定期进行测厚，以保障其达到使用要求。

为防止储罐发生容器爆炸，应当清楚地了解储罐的承压能力，同时采取现场压力表或者远程压力变送器的观察方式，限制压力大小，以此来杜绝容器爆炸发生。

3.2.2.2　泵及其风险控制措施

泵是一种输送液体的机器，它以连续动力的方式或周期性地改变泵腔容积的方式赋予液体以动能，升高相应的压力，将泵内液体输送至指定位置。氟化工生产过程中常用的泵有离心泵、真空泵、气动隔膜泵等。

由于泵属于动设备的一种，同时在运行过程中泵腔、管道内存在一定的压力，所输送的物料常常具有腐蚀性、易燃易爆、高黏度等特征，所以在泵类的使用过程中，我们应当着重注意的是物体打击、火灾爆炸和化学灼烫的伤害。

为避免使用泵的过程中出现安全事故，针对泵类的风险控制要做到以下几个方面：首先，要确认泵的检维修周期和最长工时，以了解该设备的使用寿命和维护时间。泵作为化工生产过程中最主要的液体物料输送装置，常常会设置备用装置，在达到维护时间后，应当进行备用切换并对运行装置进行维护保养。其次，在使用过程中，应当每班次对泵进行逐个点检，出现异常响声或震动应及时处理，以避免设备损坏后造成人员受伤，点检过程中同样应当检查相关护罩，例如联轴器护罩、电机护罩等，从安全措施入手，降低事故发生率。

3.2.2.3 反应釜及其风险控制措施

反应釜是氟化工生产过程中化学反应的容器，具备对反应进行加热、降温、蒸发、高低速混配的功能，例如氟化钠、六氟磷酸锂的生产均需要使用到不同规格型号的反应釜。

反应釜在使用过程中存在爆炸风险，同时存在泄漏导致的化学灼烫、中毒窒息风险。在操作过程中，若出现超温、超压、超负荷使用等问题，反应釜所受应力会突然增大，最终导致爆炸发生，随后物料泄漏后出现化学灼烫、中毒窒息。

为有效控制反应釜使用过程中的风险，需要在反应釜运行过程中遵守以下几个方面的要求：首先要按照工艺操作规程进料，同时启动混料装置，在反应釜运行过程中要严格执行工艺操作规程，严禁超温、超压、超负荷运行，严格按照工艺规定的物料配比投料，均衡控制加料和升温速度，防止投料过快导致釜内剧烈反应。

3.2.3 操作安全

针对氟化工生产过程中的薄弱操作环节，需要重点关注的是与物料有直接或间接接触的作业过程，包括取样作业、装车作业和设备拆洗作业等。

3.2.3.1 取样作业

在无水氢氟酸或低沸点物料取样作业前，首先要检查样瓶，确定超纯水冰块在样瓶下限标记处，随后穿戴防化服、全面具、胶鞋等劳动防护用品，确保取样阀门外侧不存在异物或污染，连接完好，无泄漏、冒烟情况。然后开启 2 个排酸液阀门排酸液 10min，右旋开启取样器灯管开关，将冰瓶放入自动取样器中后右旋开启取样开关，观察冰瓶液位处于上限标记处时，左旋关闭取样开关并从取样器中取出样瓶，左旋关闭灯管开关，同时关闭2个排酸液阀门。

在取样作业中需要注意，作业过程中，必须两人作业，一人操作，一人监护。严禁穿戴不完整、现场环境不确认进行作业。在检查劳保用品时，必须确认防化服及胶鞋手套无漏洞，全面具气密性良好。检查样瓶时，必须确认样瓶内超纯水冰块按照规定液位达到下限标记处。注意观察取样口情况，出现取样口变形现象应及时更换取样管。

排酸、取样时取样瓶外溢主要是由于取样时未按操作规程操作，如出现这种情况则需要穿戴好防护用品，将废酸收集容器内的酸液送至污水处理站进行处理。

3.2.3.2 装车作业

作业前首先检查并穿戴防护服、全面具等劳动防护用品。检查压力表正常显示，且压力小于 0.4MPa，槽车气相、液相阀门均处于关闭状态。拆开卸压管盲板，连接泄压管道。开启车辆及储槽卸压阀门开始卸压。完成卸压后，拆开装酸管道盲板，连接装酸管道。打开车辆及储槽装酸管道阀门，通知主控室，开启装酸泵，开始装车。装酸结束后，关闭装酸泵，连接氮气管道，开启阀门使用氮气吹扫管道。完成吹扫后，关闭进酸、卸压管道阀门，拆卸连接口，并对车辆装酸、卸压管道安装盲板。车辆驶出装酸区域。

在作业过程中要着重注意以下几个方面：严禁穿戴不完整、现场环境不确认进行作业。在穿戴劳保用品时，必须确保手套无漏洞。拆卸盲板时先松螺丝，开启盲板时要朝向无人一侧开启盲板。开启装酸泵前，必须确认装酸泵出口阀门为开启状态。连接氮气管道吹扫完成后先关闭进酸管道阀门再关闭卸压管道阀门。安装盲板时要按照要求加设垫片，如垫片有损坏、缺失，使用新垫片。

在检查压力表时，压力表显示大于 0.4MPa，分析原因是储槽内存有无水易汽化的物质经运输出现膨胀。通知车辆司机将车辆驶出静置处理。拆卸盲板时发现盲板拆卸后垫片、盲板损坏，必须为车辆安装新的盲板、垫片。

3.2.3.3 设备拆洗作业（过滤器清洗作业）

对于设备拆洗作业，我们以过滤器清洗作业为例。在拆洗过滤器前，首先应当穿防护服、戴面屏等劳动防护用品，随后使用氮气置换过滤器 20min。拆卸上盖和过滤器排污盲板，取出滤袋、滤芯，检查内部情况以及筒体内部，做好记录。过滤器内部件、进出口短接清洗完成后，将新滤袋、清洗后的滤芯装入过滤器中。对过滤器进行复位、保压、试漏，保压压力 500～600kPa，保压 1h。保压试漏结束后，将过滤器压力泄至微正压 1～5kPa，然后关闭废气手动阀，卸开过滤器排污口，充氮气对空置换，对空置换期间过滤器压力保证在30～40kPa，对空置换2h，完成置换后复位。完成清理后投入使用。

需重点注意：严禁穿戴不完整、现场环境不确认进行作业。在穿戴劳保用品时，必须确保手套无漏洞。拆卸过滤器上盖时先松螺丝，开启过滤器上盖时要朝向无人一侧开启。过滤器排污阀复位后必须打盲板。

对过滤器进行保压时，压力在1h内降低1%以上，则是由于过滤器密封不严，有泄漏处，需重新密封过滤器，再次打压试漏。

3.2.4 风险评价方法

本节重点介绍化工生产过程中的风险分析与评价方法。在日常工作中，一般风险均以人的不安全行为和物的不安全状态来分析，较常见的分析人的不安全行为主要使用JHA风险评价方法，而分析物的不安全状态主要使用SCL评价方法。

3.2.4.1 作业活动分析评价方法

在作业活动分析评价方法中首先我们应当确认的是作业活动清单，即某岗位在其岗位行为中，有哪些作业活动是需要进行分析的，并制作成表列举出来，如表3-20。

表3-20 作业活动清单

×××单位作业活动清单			
序号	岗位/项目活动	作业活动	备注
1			
2			
3			
4			
5			
6			
7			
8			
9			
10			
11			
12			
13			
14			

随后针对该作业活动清单中的每一项作业活动，分析其作业步骤，每项步骤所包含的危险源和主要后果，针对这些危险源和主要后果再从工程技术、管理措施、培训教育、个体防护、应急处置五个方面分析现有的控制措施有哪些，按照评价规则（表 3-21～表 3-23）中 *D*=*LEC* 的算法来计算风险度有多少，最终根据 *D* 值来判断该作业活动的风险程度是多少（表 3-24），以此确定如何新增相应的管控措施。

表 3-21　作业活动风险可能性分析对照表

L 分数值	事故发生的可能性	*L* 分数值	事故发生的可能性
10	完全可能预料	0.5	很不可能，可能设想
6	相当可能	0.2	极不可能
3	可能，但不经常	0.1	实际不可能
1	可能性小，完全意外		

表 3-22　作业活动风险暴露频繁程度对照表

E 分数值	暴露于危险环境的频繁程度	*E* 分数值	暴露于危险环境的频繁程度
10	连续暴露	2	每月一次暴露
6	每天工作时间内暴露	1	每年几次暴露
3	每周一次，或偶然暴露	0.5	非常罕见的暴露

表 3-23　作业活动事故后果对照表

C 分数值	发生事故产生的后果	*C* 分数值	发生事故产生的后果
100	大灾难，许多人死亡	7	重伤
40	灾难，数人死亡	3	轻伤
15	非常严重，一人死亡	1	引人关注，不利于基本的安全卫生要求

表 3-24　作业活动风险程度对照表

D 值	危险程度	风险等级
＞320	不可容许的危险	重大
160～320	高度危险	较大
70～160	中度危险	一般
＜70	轻度和可容许的危险	低风险

由此我们就从整体上做出了风险度的判断及结果。针对风险评价的全过程，我们使用表格的方式来进行记录，具体内容如表 3-25。

表 3-25 作业活动危险分析评价记录表

作业活动危险分析（JHA+LEC）评价记录

单位：　　　　岗位：　　　　风险点（作业活动）名称：

序号	作业步骤	危险源或潜在事件（人、物）	主要后果	现有控制措施					L	E	C	D	评价级别	管控级别	建议新增改进措施	备注
				工程技术	管理措施	培训教育	个体防护	应急处置								
1																
2																
3																
4																
5																
6																
7																
8																
9																

3.2.4.2 设备设施检查表评价方法

在开展设备设施检查表评价时，我们应当首先列出设备设施清单，根据设备设施清单中的每台设备组织开展风险评价工作，并制作成表列举出来，如表3-26。

表3-26 设备设施清单

设备设施清单（SCL）			
序号	类别	检查项目（设备名称）	备注
1			
2			
3			
4			
5			
6			
7			
8			
9			
10			
11			
12			
13			

随后针对该设备设施清单中的每一类设备设施，分析其检查过程中的主要检查项，每个部件的正常标准如何，每项故障或非正常运行时可能产生的后果，同样要从工程技术、管理措施、培训教育、个体防护、应急处置五个方面分析现有的控制措施有哪些，按照评价规则（表3-27、表3-28）中 $R=LS$ 的算法来计算风险度，最终根据 R 值决定应采取的行动或控制措施（表3-29）。

表3-27 设备设施事故后果严重性（*S*）对照表

等级	法律、法规及其他要求	人	财产损失/万元	环境影响	停工	公司形象
5	违反法律、法规、标准	死亡	＞50	大规模，公司外	部分装置（大于2套）或设备停工	重大国际国内影响
4	潜在违反法规、标准	丧失劳动能力	＞25	公司内严重污染	2套装置或设备停工	行业内、省内影响
3	不符合上级公司或行业的安全方针、制度、规定等	截肢、骨折、听力丧失、慢性病	＞10	公司范围内中等污染	一套装置或设备停工	地区影响

续表

等级	法律、法规及其他要求	人	财产损失/万元	环境影响	停工	公司形象
2	不符合公司的安全操作规程	轻微受伤、间歇不舒服	＜10	装置范围污染	受影响不大，几乎不停工	公司及周边范围影响
1	完全符合	无伤亡	无损失	没有污染	没有停工	没有受损

表 3-28　设备设施事故发生的可能性（*L*）对照表

等级	标准
5	在现场没有采取防范、监测、保护、控制措施，或危险有害因素的发生不能被发现（没有监测系统），或在正常情况下经常发生此类事故或事件
4	危险有害因素的发生不能被发现，现场没有检测系统，也未作过任何监测，或在现场有控制措施，但未有效执行或控制措施不当，或危险有害因素常发生或在预期情况下发生
3	没有保护措施（如没有防护装置、没有个体防护用品等），或未严格按操作程序执行，或危险有害因素的发生容易被发现（现场有监测系统），或曾经做过监测，或过去曾经发生类似事故或事件，或在异常情况下发生过类似事故或事件
2	危险有害因素一旦发生能及时发现，并定期进行监测，或现场有防范控制措施并有有效执行，或过去偶尔发生危险事故或事件
1	有充分、有效的防范、控制、监测、保护措施，或员工安全卫生意识相当高，严格执行操作规程，极不可能发生事故或事件

表 3-29　风险等级判定及控制措施

R 值	等级	应采取的行动或控制措施	实施期限
20～25 红色标识	重大	在采取措施降低危害前，不能继续作业，对改进措施进行评估	立刻
15～16 橙色标识	较大	采取紧急措施降低风险，建立运行控制程序，定期检查、测量及评估	立即或近期整改
8～12 黄色标识	一般	可考虑建立目标、建立操作规程，加强培训及沟通	2 年内整改
＜6 蓝色标识	低风险	无需采取控制措施，但需要保存记录	有条件、有经费时治理

由此我们做出了设备设施风险度的判断及结果。针对风险评价的全过程，我们使用表格的方式来进行记录，具体内容如表 3-30。

表 3-30　设备设施安全检查分析评价记录表

安全检查分析（SCL+LS）评价记录

单位：　　　　类别：　　　　风险点（设备/设施）名称：

序号	检查项目	标准	不符合标准的情况	现有控制措施					*L*	*S*	*R*	评价级别	管控级别	建议新增改进措施	备注
				工程技术	管理措施	培训教育	个体防护	应急处置							
1															
2															
3															
4															

3.2.4.3　如何依据风险评价结果开展隐患排查工作

针对风险评价结果，我们可以有效梳理针对每项风险的现有控制措施有哪些，这些控制措施的存在有效避免了该风险结果的出现。所以我们在开展隐患排查工作时重点内容就是保障这些控制措施是切实有效的，也就是根据风险点，列出相应控制措施的检查方法，按照检查方法，对现有控制措施的有效性进行检查，发现控制措施失效则以隐患的方式进行记录、整改，以此达到风险提前管控的目的。

3.3　事故发生理论、处置及案例

3.3.1　事故发生的理论

事故发生理论的建立主要是通过一定的归纳，将事故的发生归结于一定的规律，采取相应的控制措施以杜绝后续事故的发生。下面我们来介绍以下几类比较常见的事故发生理论。

3.3.1.1　事故因果连锁理论

（1）海因里希事故因果连锁理论

海因里希事故因果连锁理论主要描述了事故发生主要是由于人的缺点或者环境的不良，最终造成人出现了不安全的行为或者物出现了不安全状态，最终导致事故发生，造成人员伤亡，这种理论主要是将人的影响因素放在了最高的影响位置，也就是说人的错误是造成事故发生的主要原因。

（2）现代事故因果连锁理论

现代事故因果连锁理论则是基于海因里希事故因果连锁理论，增加了管理对于事故发生的控制渠道，即所有的事故都是人造成的，但是每个人的行为、动作都是可以通过管理来约束的，从而避免错误行为的发生，最终也能够有效避免物的不安全状态，最终避免事故发生。

3.3.1.2　能量意外释放理论

能量意外释放理论则是从能量控制的角度上，表述了能量存在于一个稳定的状态或者动态平衡的状态，事故的发生是由于这些稳定状态或动态平衡状态被打破，导致能量意外释放，从而发生事故。能量意外释放后，造成的表现形式就是人体接触了超过机体组织抵抗力的某种形式的过量能量，例如烧伤、灼烫等伤害，有机体与环境的正常能量交换受到了干扰，例如中毒窒息等，能量转移造成事故。所有有机体对于每一种形式能量的作用都有一定的抵抗能力，或者说有一定的伤害阈值。也就是说，在所受到的能量作用超过该阈值的时候，人就会被伤害，出现事故。

3.3.1.3 轨迹交叉理论

轨迹交叉理论则更加偏向于强调物的因素和人的因素共同作用导致事故发生，由于管理的欠缺，物发生了不安全的状态，人出现了不安全的行为，这两种情况同时产生了起因物和肇事人，最终形成致害物和受害人，导致事故发生。轨迹交叉理论从事故模型上更加强调了交叉的情况，同时也解释清楚了事故发生的偶然性，事故发生必须具备多个条件在相同的时间下发生非正常的情况，最终才能导致事故的发生。

3.3.1.4 系统安全理论

在了解系统安全理论时，我们应当重点学习系统安全理论的几个观点，其中相对于事故致因理论，增加了对物的保障性的考虑，没有一种事物是绝对安全的，任何事物中都潜伏着危险因素，不可能根除一切危险源和危险，由于人的认识能力有限，无法完全识别出全部危险源。对于系统安全理论，分区块地确定了人、机、管理、环境对于事故发生的四个影响因素，也明确了四个影响因素是互相作用、反馈和调整的，通过辨识危险因素的方式，以采取控制措施为手段，杜绝事故发生。

3.3.2 事故处置办法

3.3.2.1 化学灼伤应急处置

在人员发生酸性化学灼伤后，应立即脱离事故现场，在脱去被化学物污染的衣裤、手套、鞋袜时，须注意保护自己的双手不再被化学物污染，创面应立即使用敌腐特灵或六氟灵冲洗，越早使用效果越好。无上述洗消液时需使用干净的布擦拭化学试剂后用碳酸氢钠或大量流动清水冲洗。如果是被无水氢氟酸烧伤则需要注意如灼伤面积大于 2%，特别是脸面部灼伤时，应边冲洗边立即静脉注射 10%葡萄糖酸钙，无条件者应立即送医院治疗。患者在送医院的途中应注意保暖（特别在冬季），应去有烧伤科的医院救治。

3.3.2.2 中毒窒息应急处置

在患者发生中毒窒息后，尽快将患者脱离事故现场，施救者应有个体防护，将患者从上风向转移至空气新鲜处后，应松解衣扣和腰带，保持呼吸道通畅，脱去患者被污染的衣裤，检查生命体征；联系救护车；必要时应施行心肺复苏或就地抢救。

需要重点注意在作业环境中，当操作人员或维修人员出现头晕不适、恶心、气喘等症状时，应立即至空气新鲜处静卧休息，松开衣领，保持呼吸道通畅，注意保暖，并马上准备车辆急送邻近医务室吸氧或送医院高压氧治疗。途中应采取有效的急救措施，并应有医务人员护送，当出现呼吸、心跳停止时，应在空气新鲜处进行心肺复苏，并立即呼叫120救护车，应尽快明确为何种毒物，根据MSDS提供的资料，了解毒物的靶器官，确定有无特殊解毒剂。施救人员在抢救中毒病人时，特别是抢救已有昏迷、神志不清的病人时，必须佩戴有效的防毒面具或正压式空气呼吸机进入事故现场进行救援，严禁盲目施救。

3.3.2.3 易挥发物质大范围泄漏应急处置

在出现易挥发物质大范围泄漏时，例如无水氢氟酸泄漏，首先应当确认自己是否有抢险救灾的职责，如无抢险救灾职责，则应当观察风向标，绕过泄露区域，向上风向逃离，佩戴好呼吸防护用品，到指定地点集合。主控人员需根据泄漏位置，进行紧急停车，并将可能发生泄漏位置的相应阀门关闭。抢险救灾人员需着A级防护服、正压式空气呼吸机进入现场，进行侦查、堵漏作业，及时通过对讲系统汇报现场情况。警戒人员要对事故范围警戒区域进行警戒，阻止无关人员进入现场。气体监测人员要实时检测空气中有毒有害物质含量。

3.3.3 各类型事故案例

3.3.3.1 火灾爆炸事故案例

湖北某化工股份有限公司“2·27”爆炸事故。2021年2月26日16时19分左右，湖北某化工股份有限公司复工复产期间，非法生产甲基硫化物发生爆炸事故，造成4人死亡、4人受伤。初步分析事故的主要原因是，事故单位进行甲基硫化物蒸馏提纯，在更换搅拌电机减速器时，未对蒸馏釜内物料进行冷却，导致釜内甲基硫化物升温，发生剧烈分解爆炸。

中石油天然气某石化分公司三苯罐区“6·2”较大爆炸火灾事故。该石化公司对

10万吨/年苯乙烯装置进行技术改造，同时对配套的三苯罐区进行检修。该石化公司与中石油某公司签订《炼油化工装置检修合同》；中石油该公司与另一公司签订《10万吨/年苯乙烯装置停工检修、技措、改造合同》，合同分包方式为劳务作业分包。6月2日13时40分，该第三方公司4名作业人员开始939#罐作业，任务为更换锈蚀严重的罐顶侧壁仪表维护小平台板。1人在罐下清扫地面，1人在维修仪表小平台铺设新花纹板，2人在罐顶进行动火作业。14时27分53秒（工厂监控视频显示时间），939#罐突然发生爆炸着火，罐体破裂，着火物料在防火堤中漫延，小罐区防火堤内形成池火。14时28分01秒、14时28分29秒、14时30分43秒，937#罐、936#罐、935#罐相继爆炸着火。

3.3.3.2 中毒窒息事故案例

河南某新能源科技有限公司“1·14”中毒事故。2021年1月14日16时20分左右，位于驻马店高新技术产业开发区的河南某新能源科技有限公司在1#水解保护剂罐进行保护剂扒出作业时，发生一起窒息事故，造成4人死亡、3人受伤，直接经济损失约1010万元。事故的直接原因是，作业人员违章作业，致使作业人员缺氧窒息晕倒，现场人员救援能力不足，组织混乱，导致事故扩大。

某化纤股份有限公司“2·27”中毒事故。2021年2月27日23时10分许，某化纤股份有限公司发生一起较大中毒事故，造成5人死亡、8人受伤，直接经济损失约829万元。事故的直接原因是，长丝八车间部分排风机停电停止运行，该车间三楼回酸高位罐酸液中逸出的硫化氢无法经排风管道排出，致硫化氢从高位罐顶部敞口处逸出，并扩散到楼梯间内。硫化氢在楼梯间内大量聚集，达到致死浓度。新原液车间工艺班班长在经楼梯间前往三楼作业岗位途中，吸入硫化氢中毒，在对其施救过程中多人中毒，导致事故扩大。

3.3.4 典型重特大事故案例

3.3.4.1 四川宜宾某科技有限公司“7·12”爆燃事故

2018年7月12日18时30分左右，四川省宜宾市江安县阳春工业园区内宜宾某科技有限公司发生一起爆燃事故，致19人死亡、12人受伤，直接经济损失4142余万元。

2018年7月12日11时30分左右，宜宾某物流公司将2t标注为原料的COD去除剂（化学成分为氯酸钠）送达宜宾恒达公司仓库。随后，公司库管员未对入库原料进行认真核实，将其作为原料丁酰胺进行了入库处理。

14 时左右，二车间副主任开具 20 袋丁酰胺领料单到库房领取咪草烟生产原料丁酰胺，库管员签字同意并发给罗吉平 33 袋“丁酰胺”（实际为氯酸钠），并要求罗吉平补开 13 袋丁酰胺领料单。

15 时 30 分左右，二车间咪草烟生产岗位的当班人员四人（均已在事故中死亡）通过升降机（物料升降机由车间当班工人自行操作）将生产原料“丁酰胺”提升到二车间三楼，而后用人工液压叉车转运至三楼 2R302 釜与北侧栏杆之间堆放。16 时左右，用于丁酰胺脱水的 2R301 釜完成转料处于空釜状态。17 时 20 分前，2R301 釜完成投料。17 时 20 分左右，2R301 釜夹套开始通蒸汽进行升温脱水作业。18 时 42 分 33 秒，正值现场交接班时间，二车间三楼 2R301 釜发生化学爆炸。爆炸导致 2R301 釜严重解体，随釜体解体冲出的高温甲苯蒸气，迅速与外部空气形成爆炸性混合物并产生二次爆炸，同时引起车间现场存放的氯酸钠、甲苯与甲醇等物料殉爆殉燃和二车间、三车间的着火燃烧，造成重大人员伤亡和财产损失。

经调查认定，该事故是一起生产安全责任事故。造成事故的直接原因是操作人员将无包装标识的氯酸钠当作丁酰胺，补充投入 2R301 釜中进行脱水操作引发爆炸着火。调查认为，事故发生还存在多个间接原因。

宜宾某公司未批先建、违法建设，非法生产，未严格落实企业安全生产主体责任，是事故发生的主要原因，对事故的发生负主要责任。引发事故的重要间接原因包括：相关合作企业违法违规，未落实安全生产主体责任；设计、施工、监理、评价、设备安装等技术服务单位未依法履行职责，违法违规进行设计、施工、监理、评价、设备安装和竣工验收；氯酸钠产供销相关单位违法违规生产、经营、储存和运输；江安县工业园区管委会和江安县委县政府坚持“发展决不能以牺牲安全为代价”的红线意识不强，没有始终绷紧安全生产这根弦，没有坚持把安全生产摆在首要位置，对安全生产工作重视不够，属地监管责任落实不力；负有安全生产监管、建设项目管理、易制爆危化品监管和招商引资职能的相关部门未认真履职，审批把关不严，监督检查不到位。

3.3.4.2　江苏响水某化工有限公司“3·21”特别重大爆炸事故

2019 年 3 月 21 日 14 时 48 分许，位于江苏省盐城市响水县生态化工园区的某化工有限公司发生特别重大爆炸事故，造成 78 人死亡，76 人重伤，640 人住院治疗，直接经济损失 19.86 亿元。

事故调查组查明，事故的直接原因是该公司旧固废库内长期违法储存的硝化废料持续积热升温导致自燃，燃烧引发爆炸。事故调查组认定，该公司无视国家环境保护和安全生产法律法规，刻意瞒报、违法储存、违法处置硝化废料，安全环保管理混乱，日常检查弄虚作假，固废仓库等工程未批先建。相关环评、安评等中介服务机构严重违法违规，出具虚假失实评价报告。

此次事故也体现了"管业务必须管安全"原则的重要性，对于危废产生的风险和危害，除了负责安全管理的部门需要着重注意外，相关生态环境部门也必须关注。

3.3.4.3 某气化厂"7·19"爆炸事故

2019年7月19日17时43分，河南省煤气集团有限责任公司某气化厂C套空分装置发生爆炸，造成15人死亡、16人重伤，直接经济损失8170万元。

造成事故的直接原因是该气化厂C套空分装置冷箱阀连接管道发生泄漏，长达23天没有处置，富氧液体泄漏至珠光砂中，冷箱超压发生剧烈喷砂，支撑框架和冷箱板低温下发生冷脆，导致冷箱倒塌，砸裂东侧液氧储槽及停放在旁边的液氧槽车油箱，液氧外泄，可燃物在液氧或富氧条件下发生爆炸。

事故的根本原因是河南能源化工集团、河南省煤气集团和该气化厂安全发展理念不牢、安全发展意识不强，重生产轻安全，停车决策机制不健全，管理层级过多，形式主义、官僚主义严重，层层研究请示，该决策不决策，从发现漏点到事故发生，历经23天时间，不按安全管理制度和操作规程停车检修，导致设备带病运行，隐患一拖再拖，从小拖大，拖至爆炸；违规生产操作，该停车不停车，设备管理不规范，备用设备不能随时启动切换，不按规定开展隐患排查，不如实上报隐患。

本次事故也给化工全行业敲响了警钟，作为一级安全标准化企业的该气化厂发生的事故，提醒了所有化工企业，安全管理不能有一丝的松懈，要不断提高过程管理，杜绝事故发生。

第 4 章

法律法规体系

4.1 主要法律法规

法律是由国家制定或认可并以国家强制力保证实施的，反映由特定物质生活条件所决定的统治阶级意志的规范体系。法律是统治阶级意志的体现。

法律是由享有立法权的立法机关行使国家立法权，依照法定程序制定、修改并颁布，并由国家强制力保证实施的基本法律和普通法律的总称。法律是法典和律法的统称，分别规定公民在社会生活中可进行的事务和不可进行的事务。

法的概念有广义和狭义之分。

广义的法是指国家按照统治阶级的利益和意志制定或者认可，并由国家强制力保证其实施的行为规范的总和。

狭义的法是指具体的法律法规，包括宪法、法律、行政法规、地方性法规、行政规章等。

4.1.1 安全生产法律体系

其体系既包括作为整个安全生产法律法规基础的宪法，也包括行政法律规范、技术性法律规范、程序性法律规范。

（1）宪法

是国家的根本法，是治国安邦的总章程，是党和人民意志的集中体现，具有最高的法律地位和法律效力。它规定了国家的根本制度和根本任务，是人们行为的基本法律准则。宪法作为国家的根本法，它是其他法律、法规赖以产生、存在、发展和变更的基础和前提条件，它是一个国家独立、完整和系统的法律体系的核心，是一个国家法律制度的基石。

（2）法律

全国人民代表大会及其常务委员会制定的法律。立法通过后，由国家主席签署主席令予以公布。其法律地位和效力次于宪法，高于行政法规、地方性法规、行政规章。

① 基础法　《中华人民共和国安全生产法》是综合规范安全生产法律制度的法律，它适用于所有生产经营单位，是我国安全生产法律体系的核心。

② 专门法律　如《中华人民共和国消防法》《中华人民共和国道路交通安全法》等，是规范某一专业领域安全生产的法律。

③ 其他法律　如《中华人民共和国劳动法》《中华人民共和国刑法》《中华人民共和国行政处罚法》等，是指安全生产专门法律以外的其他法律中涵盖有安全生产内容的法律。

④ 法律解释　是对法律中某些条文或文字的解释或限定。这些解释将涉及法律的适用问题。法律解释权属于全国人民代表大会常务委员会，其做出的法律解释同法律具有同等效力。还有一种司法解释，即由最高人民法院或最高人民检察院做出的解释，用于指导各基层法院的司法工作。

（3）行政法规

是由国务院制定的规范性文件。通过后由国务院总理签署国务院令公布。这些法规也具有全国通用性，是对法律的补充，在成熟的情况下会被补充进法律，名称通常为条例、规定、办法、决定等。其法律地位和效力次于宪法、法律。如《工伤保险条例》《危险化学品安全管理条例》等。

（4）地方性法规、自治条例和单行条例

由省、自治区、直辖市的人民代表大会及其常务委员会制定，不得与宪法、法律、行政法规相抵触，报全国人大常委会和国务院备案，地方性法规大部分称作条例，有的为法律在地方的实施细则，部分为具有法规属性的文件。如《北京市安全生产条例》等。

（5）行政规章

指国家行政机关依照行政职权所制定、发布的针对某一类事件、行为或者某一类人员的行政管理的规范性文件。行政规章分为部门规章和地方政府规章两种。如《生产安全事故应急预案管理办法》等。

（6）安全生产标准

我国的安全生产法律体系框架，除了法律、行政法规、地方性法规、行政规章外，还有法定安全生产标准。我国没有技术法规的正式用语且未将其纳入法律体系的范畴，但是国家制定的许多安全生产立法将安全生产标准作为生产经营单位必须执行的技术规范而载入法律，安全生产标准法律化是我国安全生产立法的重要趋势。

（7）法定安全生产标准主要是指强制性安全生产标准

安全生产标准可分为：

① 国家标准　安全生产国家标准是指国家标准化行政主管部门依照《中华人民共和国标准化法》制定的在全国范围内适用的安全生产技术规范。

② 行业标准　安全生产行业标准是指国务院有关部门和直属机构依照《中华人民共和国标准化法》制定的在安全生产领域内适用的安全生产技术规范。行业安全生产标准对同一安全生产事项的技术要求，可以高于国家安全生产标准但不得与其相抵触。

③ 地方标准　是由地方（省、自治区、直辖市）标准化主管机构或专业主管部门批准、发布，在某一地区范围内统一的标准。凡有国家标准、专业（部）标准的不能定地方标准。

法律效力：

法律＞安全生产法规（行政法规和地方性法规）＞安全生产行政规章＞法定安全生产标准。

4.1.2　安全生产违法行为需要承担的法律责任

① 民事责任　它是指责任主体违反安全生产法律规定造成民事损害依法而承担的民事法律责任。

② 行政责任　它是指责任主体违反安全生产法律规定，由有关人民政府和安全生产监督管理部门、公安机关依法对其实施行政处罚的法律责任。行政责任分为行政处分和行政处罚。

③ 刑事责任　它是指责任主体违反安全生产法律规定构成犯罪依法而承担的刑事法律责任。

安全生产管理是以风险辨识为基础开展的管理工作，风险辨识基准有很多，法律法规是其中非常重要的辨识基准。企业层面开展合法合规性评审，收集相关法律法规，指导企业的日常经营活动在法律法规框架内运行。一线作业人员层面依据法律法规要求，开展日常工作安全管理，控制和降低作业安全风险。

下面我们开始学习氟化工生产相关的主要法律法规。

4.1.3　《中华人民共和国安全生产法》（2021 年版）

《中华人民共和国安全生产法》是我国第一部安全生产基本法律，属于安全生产领域的综合性法律，是在党中央领导下制定的一部“生命法”，它的颁布实施，是我国安全生产法治建设的重要里程碑。

2002 年 6 月 29 日第九届全国人民代表大会常务委员会第二十八次会议通过，2002 年 11 月 1 日实施。至 2021 年 6 月 10 日经过三次修正，立法过程见图 4-1。

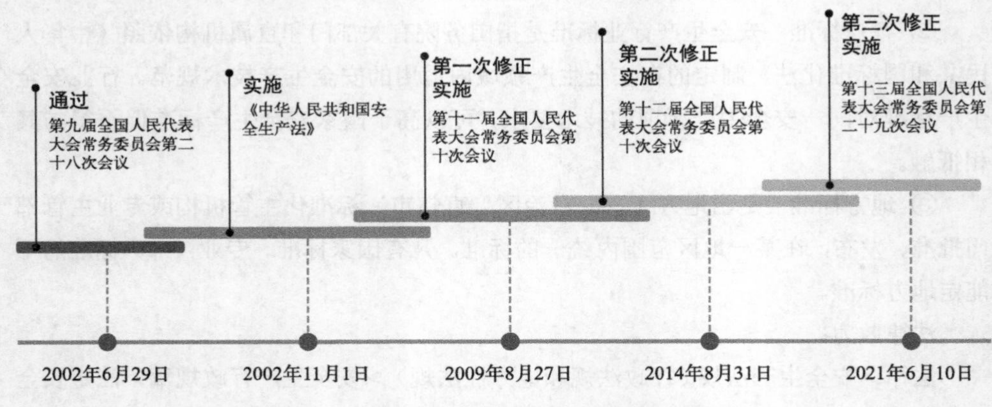

图 4-1 《中华人民共和国安全生产法》立法过程

《中华人民共和国安全生产法》全法共七章，一百一十九条。第一章总则，第二章生产经营单位的安全生产保障，第三章从业人员的安全生产权利义务，第四章安全生产的监督管理，第五章生产安全事故的应急救援与调查处理，第六章法律责任，第七章附则。

立法目的：加强安全生产工作，防止和减少生产安全事故，保障人民群众生命和财产安全，促进经济社会持续健康发展。

明确了安全生产工作的指导思想、基本理念、基本方针、原则和工作机制，提出“以人为本”“三个必须”原则。

指导思想：安全生产工作坚持中国共产党的领导。

基本理念：安全生产工作应当以人为本，坚持人民至上、生命至上，把保护人民生命安全摆在首位，树牢安全发展理念。

基本方针：坚持安全第一、预防为主、综合治理的方针。

“三个必须”原则：管行业必须管安全、管业务必须管安全、管生产经营必须管安全。

工作机制：建立生产经营单位负责、职工参与、政府监管、行业自律和社会监督的机制。

4.1.4 《中华人民共和国消防法》（2021 年版）

《中华人民共和国消防法》是我国安全生产专门法律，属于消防工作领域的专门法律，规范消防工作相关领域的要求。

《中华人民共和国消防法》于 1998 年 4 月 29 日第九届全国人民代表大会常务委员会第二次会议通过，1998 年 9 月 1 日起施行，至 2021 年 4 月 29 日经过一次修订，两次修正，立法过程见图 4-2。

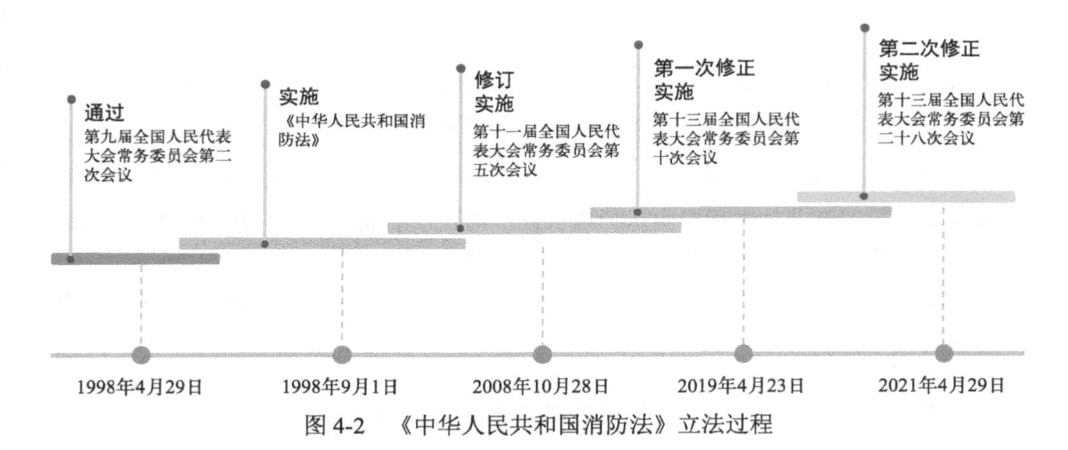

图 4-2　《中华人民共和国消防法》立法过程

《中华人民共和国消防法》全法共七章，七十四条。第一章总则，第二章火灾预防，第三章消防组织，第四章灭火救援，第五章监督检查，第六章法律责任，第七章附则。

立法目的：预防火灾和减少火灾危害，加强应急救援工作，保护人身、财产安全，维护公共安全。

基本方针：预防为主、防消结合。

工作原则：政府统一领导、部门依法监管、单位全面负责、公民积极参与。

义务：①任何单位和个人都有维护消防安全、保护消防设施、预防火灾、报告火警的义务。②任何单位和成年人都有参加有组织的灭火工作的义务。

4.1.5 《中华人民共和国职业病防治法》（2018 年版）

《中华人民共和国职业病防治法》是我国安全生产专门法律，属于职业病防治领域的专门法律，规范职业病防治工作相关领域的要求。

《中华人民共和国职业病防治法》于 2001 年 10 月 27 日第九届全国人民代表大会常务委员会第二十四次会议通过，2002 年 5 月 1 日起施行，至 2018 年 12 月 29 日经过四次修正，立法过程见图 4-3。

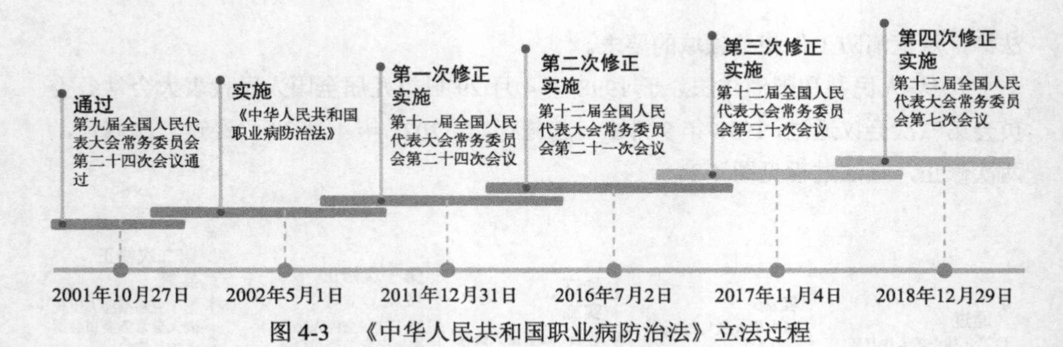

图 4-3　《中华人民共和国职业病防治法》立法过程

《中华人民共和国职业病防治法》全法共七章，八十八条。第一章总则，第二章前期预防，第三章劳动过程中的防护与管理，第四章职业病诊断与职业病病人保障，第五章监督检查，第六章法律责任，第七章附则。

立法目的：预防、控制和消除职业病危害，防治职业病，保护劳动者健康及其相关权益，促进经济社会发展。

基本方针：预防为主、防治结合。

工作机制：用人单位负责、行政机关监管、行业自律、职工参与和社会监督。

4.1.6　《氟化企业安全风险隐患排查指南（试行）》

《氟化企业安全风险隐患排查指南（试行）》是我国安全生产法律法规体系中的行政规章，由应急管理部发布关于高危细分领域安全风险专项治理行政规章，规范氟化工生产的安全管理隐患排查工作。

《氟化企业安全风险隐患排查指南（试行）》由 2021 年 4 月编制的《氟化工企业安全风险隐患排查表》修订而来，2022 年 2 月 15 日应急管理部危化监管一司下发各企业自查。2023 年 3 月 21 日应急管理部危化监管一司在 2022 年《氟化企业安全风险隐患排查指南（试行）》基础上修订下发各企业自查。编制过程见图 4-4。

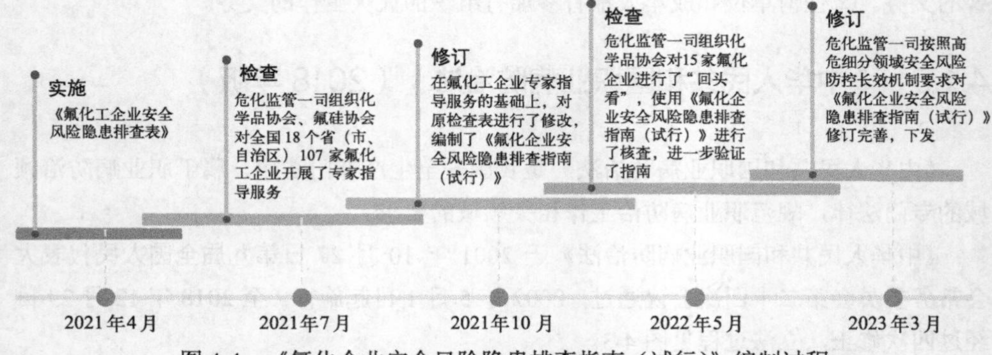

图 4-4　《氟化企业安全风险隐患排查指南（试行）》编制过程

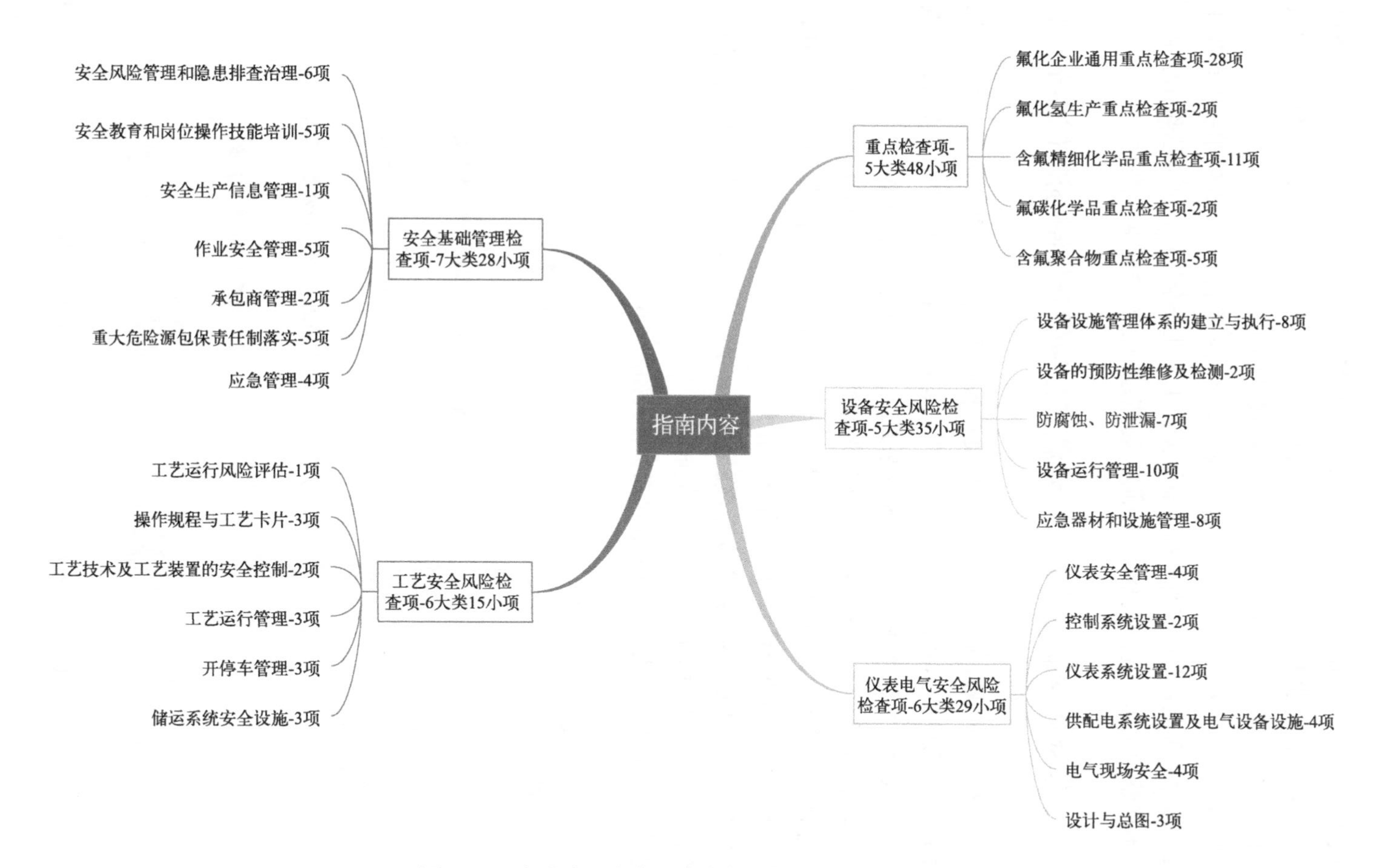

图 4-5　《氟化企业安全风险隐患排查指南（试行）》构成

《氟化企业安全风险隐患排查指南（试行）》全指南包括五大项，一百五十二条检查项。第一项氟化企业重点检查项，第二项安全基础管理，第三项工艺安全，第四项设备安全，第五项仪表电气安全。排查指南构成见图 4-5。

编制目的：①为氟化企业自行开展系统性安全风险隐患排查，提供相关排查和评估标准。②为相关监管部门指导帮扶、监管氟化工企业安全生产，结合危险化学品企业分类治理整顿工作，提高安全生产保障，防范遏制生产安全事故能力。

4.1.7 《危险化学品企业重大危险源安全包保责任制办法（试行）》

《危险化学品企业重大危险源安全包保责任制办法（试行）》是我国安全生产法律法规体系中的行政规章，由应急管理部发布关于危险化学品企业重大危险源管理行政规章，规范危险化学品企业重大危险源包保责任人安全风险防控工作。

《危险化学品企业重大危险源安全包保责任制办法（试行）》2021 年 2 月 4 日应急管理部办公厅发布实施，管理办法共五章，十六条。第一章总则，第二章包保责任，第三章管理措施，第四章监督检查，第五章附则。

编制目的：保护人民生命财产安全，强化危险化学品企业安全生产主体责任落实，细化重大安全风险管控责任，防范重特大事故。

危险化学品企业重大危险源三级包保责任人如图 4-6。

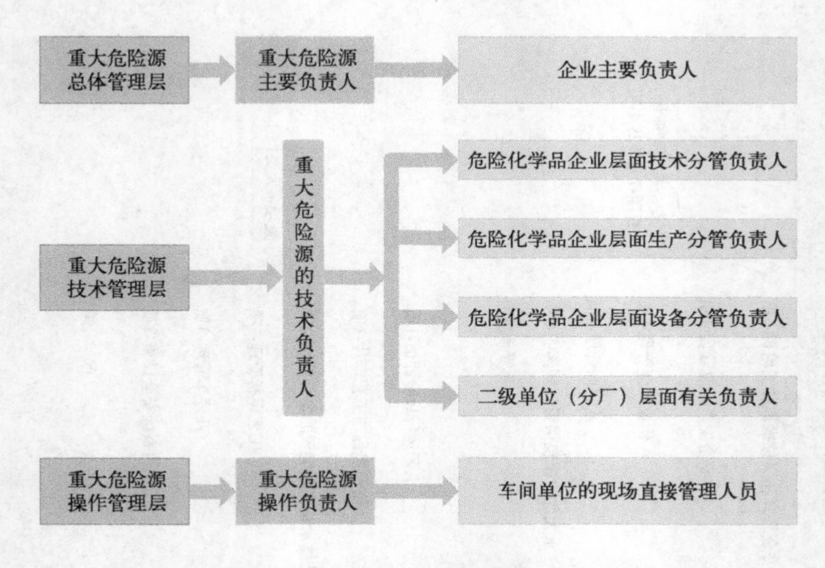

图 4-6　危险化学品企业重大危险源三级包保责任人

4.1.8　GB 18218—2018《危险化学品重大危险源辨识》

GB 18218—2018《危险化学品重大危险源辨识》是安全生产法律法规体系中的国家标准，由应急管理部提出并管理，规定了辨识危险化学品重大危险源的依据和方法。

GB 18218《危险化学品重大危险源辨识》于 2000 年 10 月 17 日发布，2001 年 6 月 1 日实施，至 2019 年 3 月 1 日经过两次修改，修改过程见图 4-7。

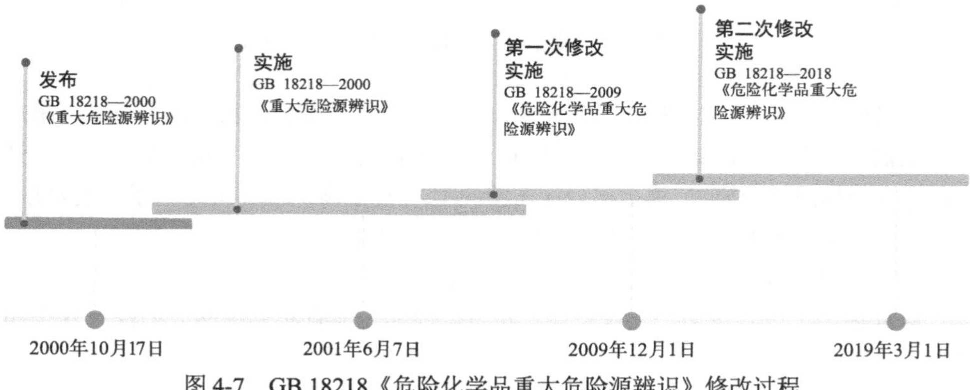

图 4-7　GB 18218《危险化学品重大危险源辨识》修改过程

GB 18218—2018《危险化学品重大危险源辨识》标准共四部分，第一部分范围，第二部分规范性引用文件，第三部分术语和定义，第四部分危险化学品重大危险源辨识。

标准规定了辨识危险化学品重大危险源的依据和方法。

标准适用于生产、储存、使用和经营危险化学品的生产经营单位。

4.1.9　GB 2894—2008《安全标志及其使用导则》

GB 2894—2008《安全标志及其使用导则》是安全生产法律法规体系中的国家标准，由应急管理部提出并管理，规定了传递安全信息的标志及其设置、使用的原则。

GB 2894《安全标志及其使用导则》于 1982 年实施，至 2009 年 10 月 1 日经过三次修订，在第三次修订过程中合并、修订了 GB 16179—1996《安全标志使用导则》和 GB 18217—2000《激光安全标志》两项标准，修改过程见图 4-8。

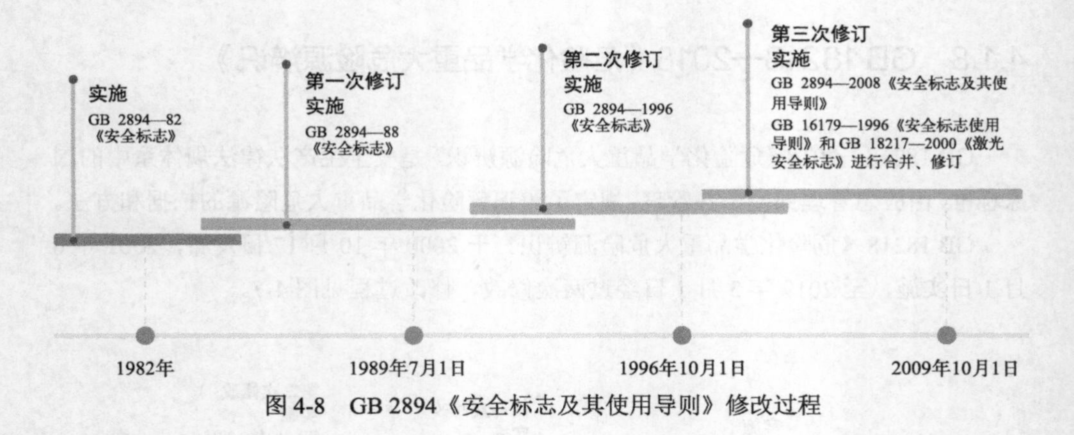

图 4-8　GB 2894《安全标志及其使用导则》修改过程

GB 2894—2008《安全标志及其使用导则》标准共十部分，第一部分范围，第二部分规范性引用文件，第三部分术语和定义，第四部分标志类型，第五部分颜色，第六部分安全标志牌的要求，第七部分标志牌的型号选用，第八部分标志牌的设置高度，第九部分安全标志牌的使用要求，第十部分检查与维修。

标准规定了传递安全信息的标志及其设置、使用原则。

标准适用于公共场所、工业企业、建筑工地和其他有必要提醒人们注意安全的场所。

4.1.10　环保排放相关法规、标准

涉及环保的排放标准主要有：

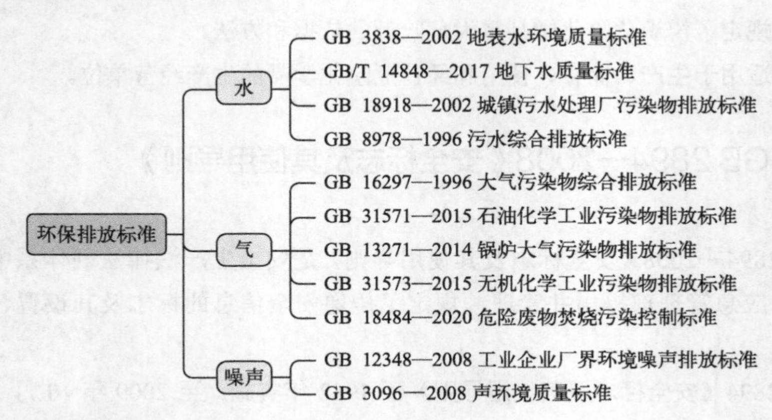

涉及全氟和多氟化合物（PFAS）法规：

2019 年 3 月 4 日生态环境部会同国家多个部委发布《关于禁止生产、流通、使

用和进出口林丹等持久性有机污染物的公告》（公告 2019 年第 10 号），自 2019 年 3 月 26 日起，禁止全氟辛基磺酸及其盐类和全氟辛基磺酰氟除可接受用途外的生产、流通、使用和进出口。《重点管控新污染物清单（2023 年版）》自 2023 年 3 月 1 日起施行。

4.2　主要法律法规解读

4.2.1　《中华人民共和国刑法》

《中华人民共和国刑法》涉及氟化工企业安全生产常见的犯罪行为有七种，分别是：①第一百三十四条第一款【重大责任事故罪】；②第一百三十四条第二款【强令、组织他人违章冒险作业罪】；③第一百三十四条之一【危险作业罪】；④第一百三十五条【重大劳动安全事故罪】；⑤第一百三十六条【危险物品肇事罪】；⑥第一百三十九条【消防责任事故罪】；⑦第一百三十九条之一【不报、谎报安全事故罪】。

（1）第一百三十四条第一款【重大责任事故罪】

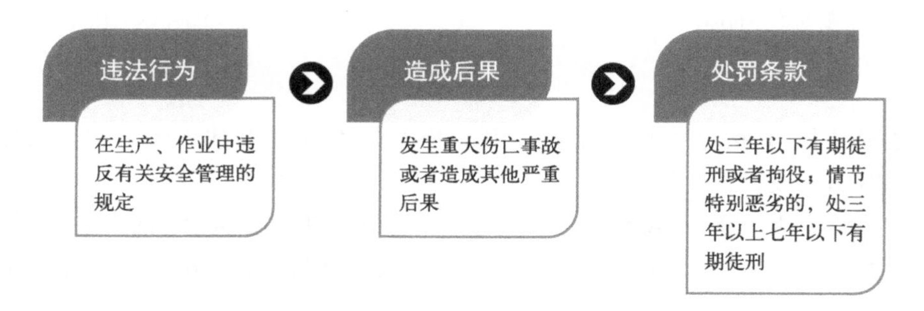

犯罪主体，包括对生产、作业负有组织、指挥或者管理职责的负责人、管理人员、实际控制人、投资人等人员，以及直接从事生产、作业的人员。

【案例 1】

某公司计划对盐酸羟胺车间 V112 储罐两根进料管进行互换，并需要进行动火作业。该工程交由余某个人承揽实施。当日 8 时 30 分许，该公司安全管理人员童某和余某到现场对动火点进行确认，并开具二级动火作业证，余某为动火作业负责人，童某为动火作业审批人。随后童某安排人员对 V112 储罐法兰口加盖遮挡物并在作业现场配备消防器材，并安排一名员工在现场监火。余某则安排三名维修人员在 V112 储罐顶进行作业。上午 9 时许，维修人员将管道与储罐之间的法兰连接后进行定位电焊。在电焊过程中，V112 储罐发生爆炸，造成二死一伤。

经调查认定，本次事故是一起生产安全责任事故。余某未对雇佣的临时作业人员落实培训教育及管理责任，未根据作业特点组织制定安全措施、消除安全隐患，未对安全条件确认即组织人员进行动火作业，其雇佣的检修人员无证进行电焊作业；童某作为公司的安全管理人员，未落实本单位危险作业的安全管理措施，未落实外来作业人员管理责任，违反《中华人民共和国安全生产法》等法律法规，对事故负有责任。依照《中华人民共和国刑法》第一百三十四条第一款、第六十七条第一款、第七十二条第一款之规定，判决如下：

余某犯重大责任事故罪，判处有期徒刑一年八个月，缓刑二年。

童某犯重大责任事故罪，判处有期徒刑一年二个月，缓刑一年六个月。

（2）第一百三十四条第二款【强令、组织他人违章冒险作业罪】

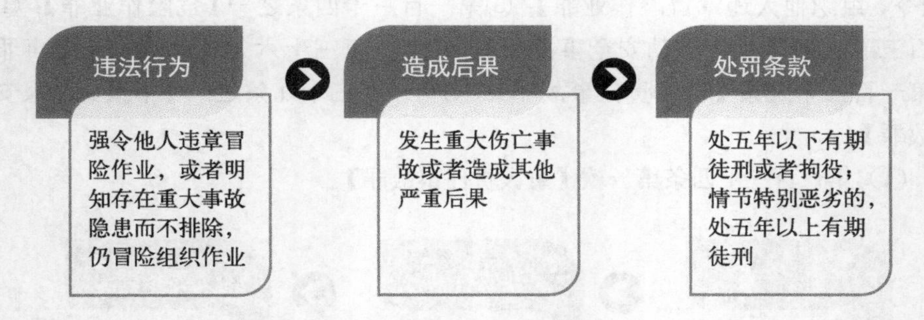

犯罪主体，包括对生产、作业负有组织、指挥或者管理职责的负责人、管理人员、实际控制人、投资人等人员。

明知存在事故隐患、继续作业存在危险，仍然违反有关安全管理的规定，实施下列行为之一的，应当认定为刑法第一百三十四条第二款规定的“强令、组织他人违章冒险作业罪”：

① 利用组织、指挥、管理职权，强制他人违章作业的；

② 采取威逼、胁迫、恐吓等手段，强制他人违章作业的；

③ 故意掩盖事故隐患，组织他人违章作业的；

④ 其他强令他人违章作业的行为。

【案例 2】

彭某雇佣雷某至某公司附近吊运树木。其间，彭某明知雷某无吊车操作证，仍让雷某操作吊车，明知被吊运树木上方有高压电线，仍强令雷某吊运树木，导致吊车臂碰到高压电线，造成现场施工人员孙某触电死亡，另一名施工人员触电受伤。

彭某犯强令他人违章冒险作业罪；雷某犯重大责任事故罪。

（3）第一百三十四条之一【危险作业罪】

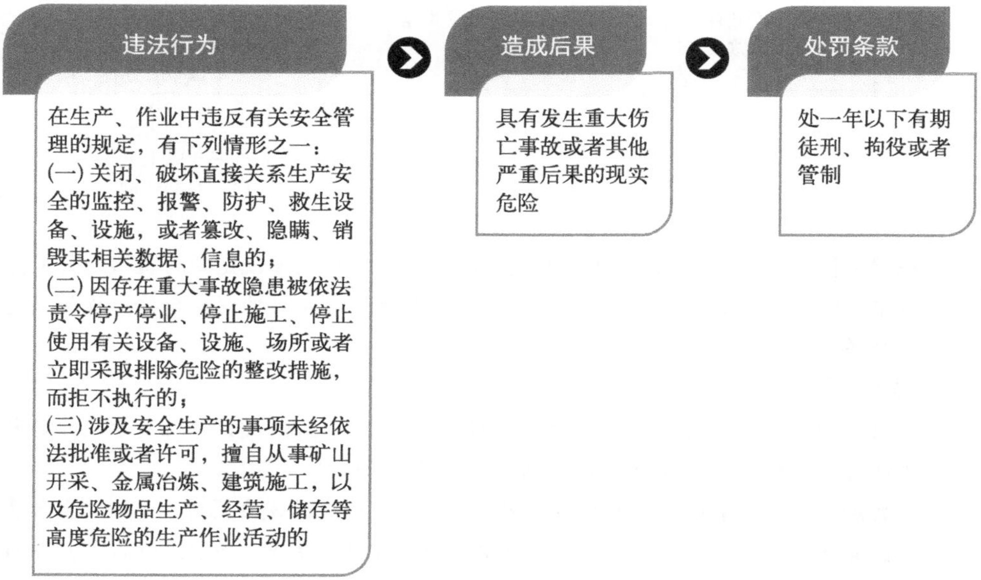

违法行为

在生产、作业中违反有关安全管理的规定，有下列情形之一：
(一) 关闭、破坏直接关系生产安全的监控、报警、防护、救生设备、设施，或者篡改、隐瞒、销毁其相关数据、信息的；
(二) 因存在重大事故隐患被依法责令停产停业、停止施工、停止使用有关设备、设施、场所或者立即采取排除危险的整改措施，而拒不执行的；
(三) 涉及安全生产的事项未经依法批准或者许可，擅自从事矿山开采、金属冶炼、建筑施工，以及危险物品生产、经营、储存等高度危险的生产作业活动的

造成后果

具有发生重大伤亡事故或者其他严重后果的现实危险

处罚条款

处一年以下有期徒刑、拘役或者管制

犯罪主体，包括对生产、作业负有组织、指挥或者管理职责的负责人、管理人员、实际控制人、投资人等人员，以及直接从事生产、作业的人员。

【案例3】

2022年5月16日至17日，某市消防救援机构对某公司进行检查时，发现该公司存在擅自停用可燃气体报警装置等影响安全生产问题，且在关闭可燃气体报警器区域内发现存放有某品牌油漆固化剂26桶、清面漆16桶等大量油漆和稀释剂。经鉴定，以上物品均系易燃液体，该公司负责人李某涉嫌违反《中华人民共和国刑法》第一百三十四条之一第一项规定。消防救援机构依法责令该公司立即整改，并将该案件线索移送公安机关处理。公安机关对该公司负责人李某涉嫌危险作业罪一案立案侦查，并将案件移送人民检察院审查起诉。人民检察院审查认为，李某在明知关闭可燃气体报警器会导致无法实时监测生产过程中释放的可燃气体浓度，安全生产存在重大隐患情况下，为节约生产成本而擅自予以关闭，具有发生重大伤亡事故或其他严重后果的现实危险。

李某构成危险作业罪，判处有期徒刑八个月。

（4）第一百三十五条【重大劳动安全事故罪】

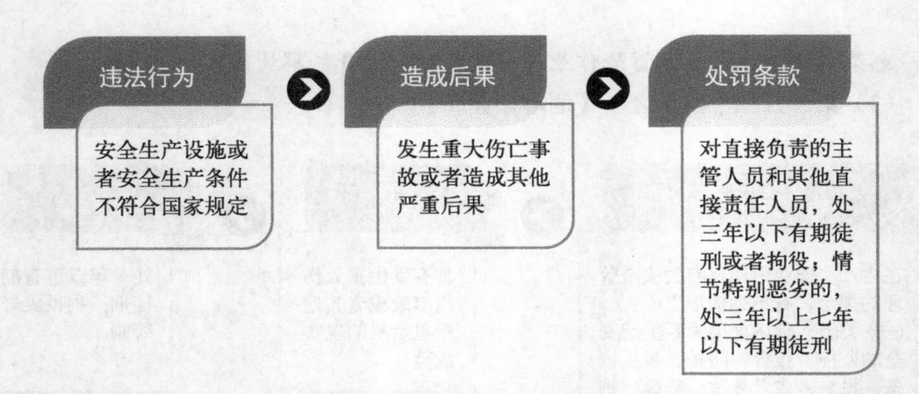

犯罪主体，对安全生产设施或者安全生产条件不符合国家规定负有直接责任的生产经营单位负责人、管理人员、实际控制人、投资人，以及其他对安全生产设施或者安全生产条件负有管理、维护职责的人员。

【案例 4】

某金属制品有限公司汽车轮毂抛光车间突然冒起一大股白色烟雾，随后汽车轮毂抛光车间发生爆炸。事故导致 146 人死亡，91 人受伤。

事故调查确定，爆炸是因金属粉尘浓度超标，遇到火源发生爆炸，是一起重大责任事故。该公司无视国家法律，违法违规组织项目建设和生产，违法违规进行厂房设计与生产工艺布局，违规进行除尘系统设计、制造、安装、改造，车间铝粉尘集聚严重，安全生产管理混乱，安全防护措施不落实，是事故发生的主要原因。公司董事长吴某、总经理林某、安全生产主管吴某分别在 4 号厂房除尘系统、生产工艺和布局及安全防护等事项上违反国家规定，严重不负责任，引发重大伤亡事故，情节特别恶劣。

公司董事长吴某、总经理林某、安全生产主管吴某 3 人均构成重大劳动安全事故罪。分别被判处 3 年至 7 年 6 个月不等的刑罚。

（5）第一百三十六条【危险物品肇事罪】

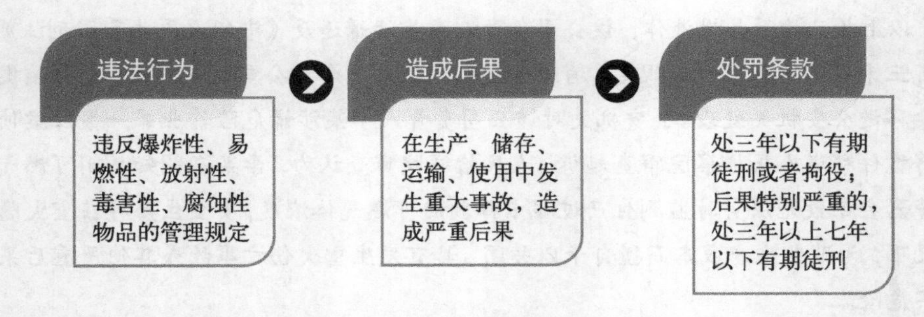

犯罪主体，主要是从事生产、保管、运输和使用危险物品的职工，但在一定情况下，也可以是任何公民。

【案例5】

叶某与祝某一起轮换驾驶重型罐式半挂车（核定载质量30000kg），装载59800kg危险化学品，从安徽省某公司出发，次日凌晨2时40分许，叶某驾驶车辆，途经320国道某路段时，在未查明道路状况以确保安全的情况下，驶入非机动车道停靠，车辆重心发生偏移，导致车辆侧翻，罐体破损，造成58000kg危险化学品泄漏。事故发生后，被告人叶某让他人报警，并在现场等候处理。泄漏的危险化学品流入与某江相连的水沟，为确保用水安全，某江下游的某市（城区）在当日12时至15时停止供应自来水。

本案事故系严重超载及驶入非机动车道停车时未查明道路情况确保安全等多种原因所致，上诉人叶某作为驾驶人，明知车辆超载，且未查明道路情况确保安全，对事故发生负全责，应当承担相应刑事责任。

叶某构成危险物品肇事罪，判处有期徒刑一年六个月。

（6）第一百三十九条【消防责任事故罪】

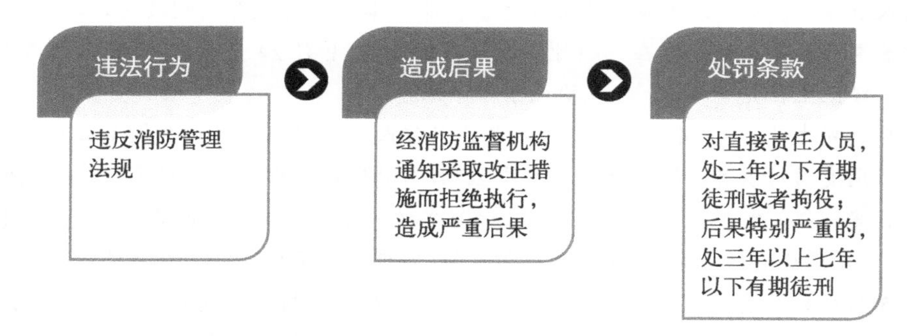

犯罪主体，包括自然人，年满十六周岁、具有刑事责任能力的人，也包括单位。

【案例6】

某公司2018至2019年间消防监督检查中，发现存在疏散通道堵塞、安全出口堵塞、疏散指示标志缺少、应急照明缺少、未设置室内消火栓、灭火器缺少、无消防审核验收备案手续等消防安全违法行为，监管部门分别三次向某公司送达责令改正通知书，责令其改正，该公司拒绝执行。2019年6月23日公司车间内发生火灾，进行初期扑救，发现未起到作用后，导致二死一伤。

事故调查确定，是一起较大生产安全责任事故。认定事故发生的间接原因为该公司安全生产主体责任不落实，消防及安全生产管理混乱，未落实国家消防和安全生产法律、法规规定，生产场所不符合各项安全技术标准，擅自投入使用，违法经营生产，存在大量安全隐患。

法定代表人、实际管理人为被告人郑某，构成消防责任事故罪，判处有期徒刑三年，缓刑五年。

（7）第一百三十九条之一【不报、谎报安全事故罪】

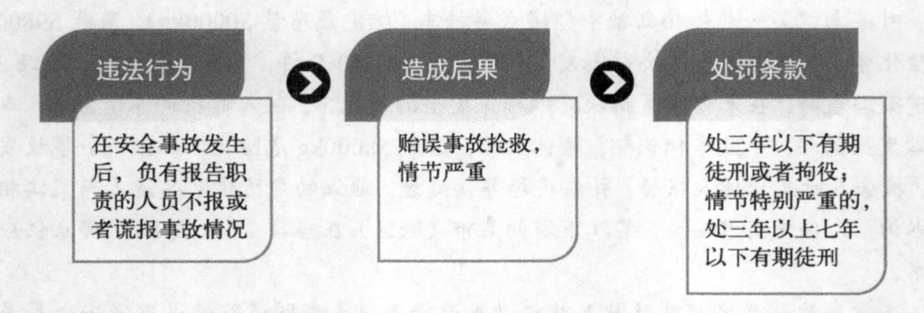

犯罪主体，负有组织、指挥或者管理职责的负责人、管理人员、实际控制人、投资人，以及其他负有报告职责的人员。

【案例7】

2020年2月20日，山西某煤业公司发生巷道顶板冒落，将正在进行钻孔作业的三名人员埋压。矿长郭某接到事故报告后，带领其他人员下井实施救援。矿长郭某、代理董事长高某未按规定在一小时内进行事故上报。2月24日至25日三名埋压人员升井，经医生在井口确认，3人均无生命体征。

事故发生后2月24日矿长郭某安排人员修改人员定位系统，关闭了工业视频，删除了调度通信录音、虹膜数据。2月25日召开煤矿管理层会议矿长郭某、代理董事长高某、安全生产技术总监南某为了瞒报事故，对伪造出入井数据、修改人员定位数据、销毁调度电话录音、删除视频监控资料、清理井下事故现场等事项进行了安排。3月5日当地政府组织对网上新闻“山西某煤业疑似瞒报三人死亡事故”进行核查，矿长郭某、代理董事长高某均否认事故发生，且继续安排煤矿有关工作人员瞒报事故。3月8日，该煤业公司调度室通过电话向市公司、区应急局上报事故，且上报的事故经过和原因与事实不符。

矿长郭某犯不报、谎报安全事故罪，判处有期徒刑二年。

代理董事长高某犯不报、谎报安全事故罪，判处有期徒刑二年，缓刑三年。

安全生产技术总监南某犯不报、谎报安全事故罪，判处有期徒刑一年六个月，缓刑二年。

✧ 在安全事故发生后，负有报告职责的人员不报或者谎报事故情况，贻误事故抢救，具有下列情形之一的，应当认定为刑法第一百三十九条之一规定的“情节严重”：

① 导致事故后果扩大，增加死亡一人以上，或者增加重伤三人以上，或者增加直接经济损失一百万元以上的；

② 实施下列行为之一，致使不能及时有效开展事故抢救的：

a. 决定不报、迟报、谎报事故情况或者指使、串通有关人员不报、迟报、谎报事故情况的；

b. 在事故抢救期间擅离职守或者逃匿的；

c. 伪造、破坏事故现场，或者转移、藏匿、毁灭遇难人员尸体，或者转移、藏匿受伤人员的；

d. 毁灭、伪造、隐匿与事故有关的图纸、记录、计算机数据等资料以及其他证据的；

e. 其他情节严重的情形。

具有下列情形之一的，应当认定为刑法第一百三十九条之一规定的“情节特别严重”：

① 导致事故后果扩大，增加死亡三人以上，或者增加重伤十人以上，或者增加直接经济损失五百万元以上的；

② 采用暴力、胁迫、命令等方式阻止他人报告事故情况，导致事故后果扩大的；

③ 其他情节特别严重的情形。

✧ 在安全事故发生后，与负有报告职责的人员串通，不报或者谎报事故情况，贻误事故抢救，情节严重的，依照刑法第一百三十九条之一的规定，以共犯论处。

✧ 在安全事故发生后，直接负责的主管人员和其他直接责任人员故意阻挠开展抢救，导致人员死亡或者重伤，或者为了逃避法律追究，对被害人进行隐藏、遗弃，致使被害人因无法得到救助而死亡或者重度残疾的，分别依照刑法第二百三十二条、第二百三十四条的规定，以故意杀人罪或者故意伤害罪定罪处罚。

✧ 最高人民法院、最高人民检察院《关于办理危害生产安全刑事案件适用法律若干问题的解释》：

具有下列情形之一的，应当认定为“造成严重后果”“发生重大伤亡事故或者造成其他严重后果”“造成重大安全事故”“发生重大伤亡事故”。

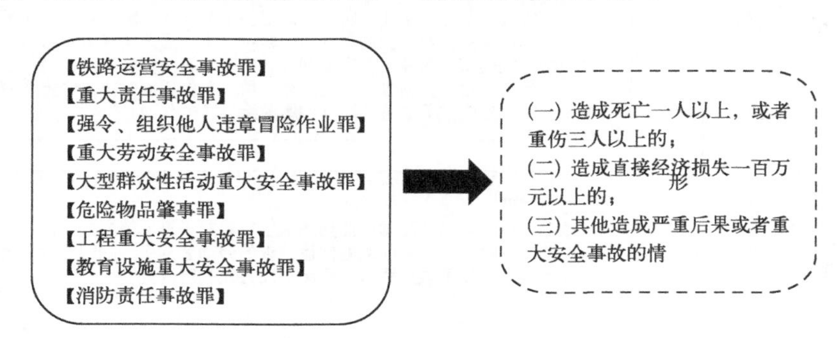

4.2.2 《中华人民共和国职业病防治法》

《中华人民共和国职业病防治法》第六章“法律责任”对违反《中华人民共和国职业病防治法》行为，可以对单位作出警告、责令限期改正、通报批评、罚款、责令立即停止违法行为、没收违法所得、责令停止产生职业病危害的作业、责令停建、关闭的处分，对个人作出降级、撤职、开除的处分，构成犯罪的，依法追究刑事责任。

以下五个案例是企业未按《中华人民共和国职业病防治法》要求开展职业危害防治工作，受到监管部门处罚的案例。这五个案例，每个违法行为看似常见，不严重，但都是企业疏于职业卫生管理的违法表现，每个案例都存在演变成为职业病、对员工健康造成损害的风险。

【案例 1】职业禁忌证人员从事所禁忌的作业

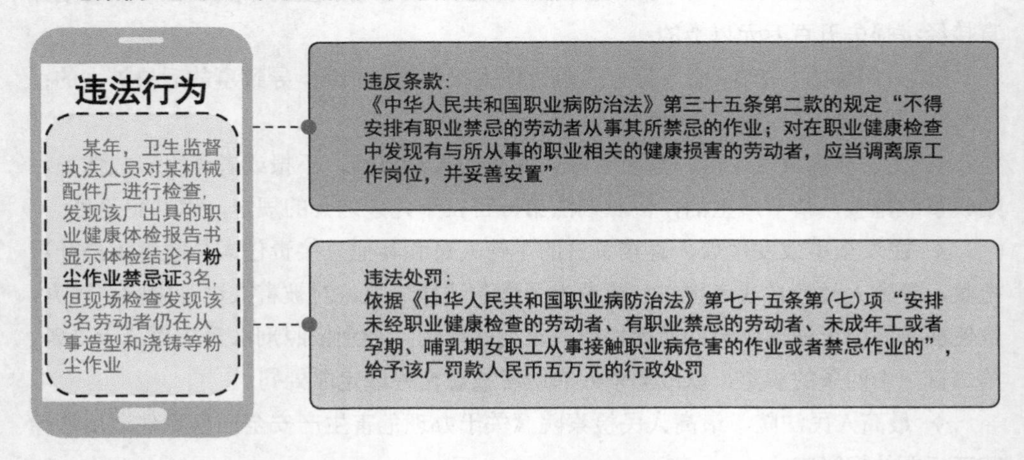

【案例 2】未经职业健康检查的劳动者从事接触职业病危害的作业

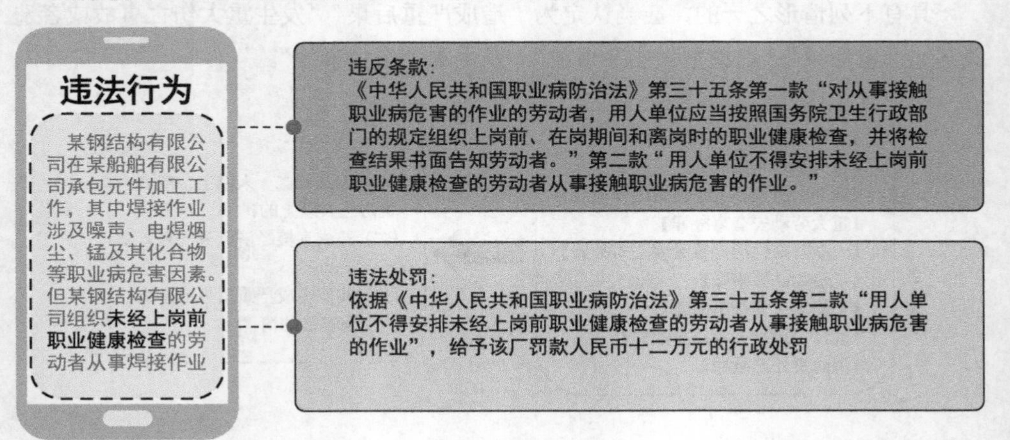

【案例 3】 未按规定上报职业病

违法行为

卫生监督执法人员在某区“职业健康管理信息系统”内发现职业病风险预警信息，提示某有限公司出现风险预警，预警内容为：职业健康检查发现疑似职业病病例1例及以上。
经进一步调查核实：该公司**未按照规定报告疑似职业病**

违反条款：
《中华人民共和国职业病防治法》第五十条的规定“用人单位和医疗卫生机构发现职业病病人或者疑似职业病病人时，应当及时向所在地卫生行政部门报告。确诊为职业病的，用人单位还应当向所在地劳动保障行政部门报告。接到报告的部门应当依法作出处理。”

违法处罚：
依据《中华人民共和国职业病防治法》第七十四条“用人单位和医疗卫生机构未按照规定报告职业病、疑似职业病的”，责令限期改正，给予该公司：1. 警告；2. 罚款人民币一千元整的行政处罚

【案例 4】 未按要求开展职业健康检查

违法行为

卫生监督执法人员在对某加油站现场检查发现，该公司已为加油工全部进行了体检，但是该体检只是**一般健康体检**，项目少，针对性不强，并没有组织安排职业健康检查

违反条款：
《中华人民共和国职业病防治法》第三十五条第一款“对从事接触职业病危害的作业的劳动者，用人单位应当按照国务院卫生行政部门的规定组织上岗前、在岗期间和离岗时的职业健康检查，并将检查结果书面告知劳动者。职业健康检查费用由用人单位承担。”

违法处罚：
依据《中华人民共和国职业病防治法》第七十一条第(四)项“未按照规定组织职业健康检查、建立职业健康监护档案或者未将检查结果书面告知劳动者的”，责令限期改正，给予：1. 警告；2. 罚款人民币五万元的行政处罚

【案例 5】 未按要求设置职业卫生公告栏

违法行为

卫生监督执法人员对某公司进行监督检查，发现该公司在醒目位置**没有设置**公布有关职业病防治的规章制度、操作规程、职业病危害事故应急救援措施的公告栏

违反条款：
《中华人民共和国职业病防治法》第二十四条第一款的规定“产生职业病危害的用人单位，应当在醒目位置设置公告栏，公布有关职业病防治的规章制度、操作规程、职业病危害事故应急救援措施和工作场所职业病危害因素检测结果。”

违法处罚：
依据《中华人民共和国职业病防治法》第七十条第(三) 项“未按照规定公布有关职业病防治的规章制度、操作规程、职业病危害事故应急救援措施的”，决定予以警告的行政处罚，同时责令限期改正违法行为

4.2.3 GB 18218—2018《危险化学品重大危险源辨识》

GB 18218—2018《危险化学品重大危险源辨识》是我国重大事故预防体系中的一项有效管控手段，通过抓“重大危险源”，来遏制较大以上危险化学品事故。

我们先明确以下几个定义。

① 危险化学品重大危险源　长期地或临时地生产、储存、使用和经营危险化学品，且危险化学品的数量等于或超过临界量的单元。

② 生产单元　危险化学品的生产、加工及使用等的装置及设施，当装置及设施之间有切断阀时，以切断阀作为分隔界线划分为独立的单元。

③ 储存单元　用于储存危险化学品的储罐或仓库组成的相对独立的区域，储罐区以罐区防火堤为界线划分为独立的单元，仓库以独立库房（独立建筑物）为界线划分为独立的单元。

④ 临界量　某种或某类危险化学品构成重大危险源所规定的最小数量。

氟化工生产过程涉及的部分危险化学品临界量见表 4-1。

表 4-1　部分危险化学品临界量

序号	危险化学品名称和说明	别名	临界量/t
1	氟		1
2	氯化氢（无水）		20
3	氯	液氯；氯气	5
4	煤气（CO、H_2、CH_4 的混合物等）		20
5	氟化氢		1
6	甲烷	天然气	50
7	氯乙烯	乙烯基氯	50
8	乙炔	电石气	1
9	碳化钙	电石	100
10	四氟乙烯		10
11	八氟异丁烯		5
12	氢氟酸		50
13	二氟化氧	一氧化二氟	1

重大危险源分级：

$$R=\alpha\left(\beta_1\frac{q_1}{Q_1}+\beta_2\frac{q_2}{Q_2}+\cdots+\beta_n\frac{q_n}{Q_n}\right)$$

式中　q——每种危险化学品实际存在（在线）量，t；

Q——与各危险化学品相对应的临界量，t；

β——与各危险化学品相对应的校正系数；

α——该危险化学品重大危险源厂区外暴露人员的校正系数。

氟化工生产过程涉及的部分危险化学品校正系数β值见表 4-2。

表 4-2　部分危险化学品校正系数β值

名称	校正系数β	名称	校正系数β
一氧化碳	2	四氟乙烯	1.5
氯化氢	3	八氟异丁烯	4
氯	4	氟	4
氟化氢	5		

根据危险化学品重大危险源的厂区边界向外扩展 500m 范围内常住人口数量，暴露人员校正系数α值见表 4-3。

表 4-3　暴露人员校正系数α值

厂外可能暴露人员数量	校正系数α	厂外可能暴露人员数量	校正系数α
100 人以上	2.0	1～29 人	1.0
50～99 人	1.5	0 人	0.5
30～49 人	1.2		

重大危险源级别和 R 值的对应关系见表 4-4。

表 4-4　重大危险源级别和 R 值的对应关系

重大危险源级别	R 值	重大危险源级别	R 值
一级	$R \geqslant 100$	三级	$10 \leqslant R < 50$
二级	$50 \leqslant R < 100$	四级	$R < 10$

【案例】

某氟碳类产品生产装置，内有氟化氢（包括装置氟化氢储槽、反应器、回流塔等）共 50t、氢氟酸（10%）（包括装置氢氟酸储槽、水洗塔、分离器等）共 25t、液氯（包括钢瓶、缓冲罐、反应器、回流塔等）共 2.5t、氯化氢（包括分离塔、回流槽等）0.5t、五氯化锑（包括反应器、回流塔等）共 25t。装置厂区边界向外扩展 500m 范围内常住人口数量 20 人。评估该装置重大危险源等级。

a. 判定是否是重大危险源。

临界量（t）：氟化氢 1，氢氟酸（10%）50，液氯 5，氯化氢 20，五氯化锑 50。

$\left(\frac{50}{1}+\frac{25}{50}+\frac{2.5}{5}+\frac{0.5}{20}+\frac{25}{50}\right)=51.525>1$ 为重大危险源

b. 评估装置重大危险源等级。

危险化学品校正系数β：氟化氢 5，氢氟酸（10%）1，液氯 4，氯化氢 3，五氯化锑 1。

暴露人员校正系数α值：取值 1.0。

$R=1.0\times\left(5\times\frac{50}{1}+1\times\frac{25}{50}+4\times\frac{2.5}{5}+3\times\frac{0.5}{20}+1\times\frac{25}{50}\right)=253.075>100$ 为一级重大危险源

4.2.4 《危险化学品企业重大危险源安全包保责任制办法（试行）》

《危险化学品企业重大危险源安全包保责任制办法（试行）》是为了防控危险化学品重大安全风险，推动企业强化落实重大危险源安全管理责任，与政府预警系统和联合检查机制形成合力，加快构建重大危险源常态化隐患排查和安全风险防控制度体系，有效防控危险化学品重大安全风险，遏制重特大事故。

明确要求危险化学品企业应当明确本企业每一处重大危险源三级责任人：

主要负责人 ⟶ 技术负责人 ⟶ 操作负责人 ⟶ 危险化学品重大危险源

总体管理　技术管理　操作管理

（1）主要负责人职责

应当由危险化学品企业的主要负责人担任。

① 组织建立重大危险源安全包保责任制，并指定对重大危险源负有安全包保责任的技术负责人、操作负责人；

② 组织制定重大危险源安全生产规章制度和操作规程，并采取有效措施保证其得到执行；

③ 组织对重大危险源的管理和对操作岗位人员进行安全技能培训；

④ 保证重大危险源安全生产所必需的安全投入；

⑤ 督促、检查重大危险源安全生产工作；

⑥ 组织制定并实施重大危险源生产安全事故应急救援预案；

⑦ 组织通过“危险化学品登记信息管理系统”填报重大危险源有关信息，保证重大危险源安全监测监控有关数据接入危险化学品安全生产风险监测预警系统。

（2）技术负责人职责

应当由危险化学品企业层面技术、生产、设备等分管负责人或者二级单位（分厂）

层面有关负责人担任。

① 组织实施重大危险源安全监测监控体系建设，完善控制措施，保证安全监测监控系统符合国家标准或者行业标准的规定；

② 组织定期对安全设施和监测监控系统进行检测、检验，并进行经常性维护、保养，保证有效、可靠运行；

③ 对于超过个人和社会可容许风险值限值标准的重大危险源，组织采取相应的降低风险措施，直至风险满足可容许风险标准要求；

④ 组织审查涉及重大危险源的外来施工单位及人员的相关资质、安全管理等情况，审查涉及重大危险源的变更管理；

⑤ 对重大危险源每季度至少组织一次针对性安全风险隐患排查，重大活动、重点时段和节假日前必须进行重大危险源安全风险隐患排查，制定管控措施和治理方案并监督落实；

⑥ 组织演练重大危险源专项应急预案和现场处置方案。

（3）操作负责人职责

应当由重大危险源生产单元、储存单元所在车间、单位的现场直接管理人员担任，例如车间主任。

① 负责督促检查各岗位严格执行重大危险源安全生产规章制度和操作规程；

② 对涉及重大危险源的特殊作业、检维修作业等进行监督检查，督促落实作业安全管控措施；

③ 每周至少组织一次重大危险源安全风险隐患排查；

④ 及时采取措施消除重大危险源事故隐患。

企业实现的管理措施如下：

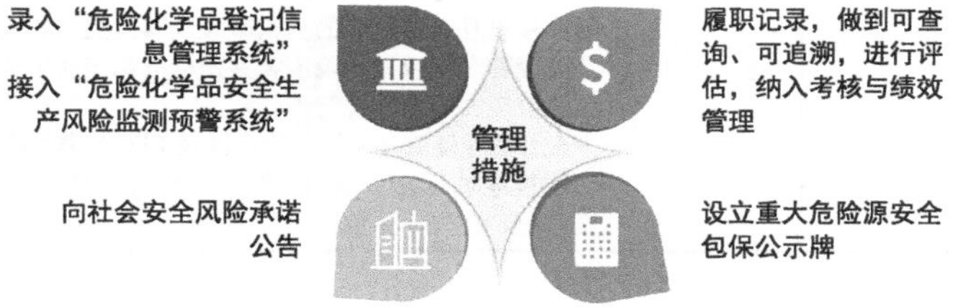

录入“危险化学品登记信息管理系统”
接入“危险化学品安全生产风险监测预警系统”
履职记录，做到可查询、可追溯，进行评估，纳入考核与绩效管理
管理措施
向社会安全风险承诺公告
设立重大危险源安全包保公示牌

4.2.5 《重点管控新污染物清单（2023 年版）》涉及的氟化工污染物

具体见表 4-5。

表 4-5 《重点管控新污染物清单（2023 年版）》涉及的氟化工污染物

编号	新污染物名称	CAS 号	主要环境风险管控措施
1	全氟辛基磺酸及其盐类和全氟辛基磺酰氟（PFOS 类）	例如： 1763-23-1 307-35-7 2795-39-3 29457-72-5 29081-56-9 70225-14-8 56773-42-3 251099-16-8	1.禁止生产。 2.禁止加工使用（以下用途除外）。 用于生产灭火泡沫药剂（该用途的豁免期至 2023 年 12 月 31 日止）。 3.将 PFOS 类用于生产灭火泡沫药剂的企业，应当依法实施强制性清洁生产审核。 4.进口或出口全氟辛基磺酸及其盐类和全氟辛基磺酰氟，应办理有毒化学品进（出）口环境管理放行通知单。自 2024 年 1 月 1 日起，禁止进出口。 5.已禁止使用的，或者所有者申报废弃的，或者有关部门依法收缴或接收且需要销毁的全氟辛基磺酸及其盐类和全氟辛基磺酰氟，根据国家危险废物名录或者危险废物鉴别标准判定属于危险废物的，应当按照危险废物实施环境管理。 6.土壤污染重点监管单位中涉及 PFOS 类生产或使用的企业，应当依法建立土壤污染隐患排查制度，保证持续有效防止有毒有害物质渗漏、流失、扬散
2	全氟辛酸及其盐类和相关化合物[1]（PFOA 类）	—	1.禁止新建全氟辛酸生产装置。 2.禁止生产、加工使用（以下用途除外）。 （1）半导体制造中的光刻或蚀刻工艺； （2）用于胶卷的摄影涂料； （3）保护工人免受危险液体造成的健康和安全风险影响的拒油拒水纺织品； （4）侵入性和可植入的医疗装置； （5）使用全氟碘辛烷生产全氟溴辛烷，用于药品生产目的； （6）为生产高性能耐腐蚀气体过滤膜、水过滤膜和医疗用布膜，工业废热交换器设备，以及能防止挥发性有机化合物和 PM2.5 颗粒泄漏的工业密封剂等产品而制造聚四氟乙烯（PTFE）和聚偏氟乙烯（PVDF）； （7）制造用于生产输电用高压电线电缆的聚全氟乙丙烯（FEP）。 3.将 PFOA 类用于上述用途生产的企业，应当依法实施强制性清洁生产审核。 4.进口或出口 PFOA 类，被纳入中国严格限制的有毒化学品名录的，应办理有毒化学品进（出）口环境管理放行通知单。 5.已禁止使用的，或者所有者申报废弃的，或者有关部门依法收缴或接收且需要销毁的全氟辛酸及其盐类和相关化合物，根据国家危险废物名录或者危险废物鉴别标准判定属于危险废物的，应当按照危险废物实施环境管理。 6.土壤污染重点监管单位中涉及 PFOA 类生产或使用的企业，应当依法建立土壤污染隐患排查制度，保证持续有效防止有毒有害物质渗漏、流失、扬散

[1] PFOA 类是指：（i）全氟辛酸（335-67-1），包括其任何支链异构体；（ii）全氟辛酸盐类；（iii）全氟辛酸相关化合物，即会降解为全氟辛酸的任何物质，包括含有直链或支链全氟基团且以其中（C_7F_{15}）C 部分作为结构要素之一的任何物质（包括盐类和聚合物）。下列化合物不列为全氟辛酸相关化合物：（i）C_8F_{17}-X，其中 X=F、Cl、Br；（ii）$CF_3[CF_2]_n$-R′涵盖的含氟聚合物，其中 R′=任何基团，$n>16$；（iii）具有≥8 个全氟化碳原子的全氟烷基羧酸和膦酸（包括其盐类、脂类、卤化物和酸酐）；（iv）具有≥9 个全氟化碳原子的全氟烷烃磺酸（包括其盐类、脂类、卤化物和酸酐）；（v）全氟辛基磺酸及其盐类和全氟辛基磺酰氟。

续表

编号	新污染物名称	CAS 号	主要环境风险管控措施
3	全氟己基磺酸及其盐类和其相关化合物[1]（PFHxS 类）	—	1.禁止生产、加工使用、进出口。 2.已禁止使用的，或者所有者申报废弃的，或者有关部门依法收缴或接收且需要销毁的全氟己基磺酸及其盐类和其相关化合物，根据国家危险废物名录或者危险废物鉴别标准判定属于危险废物的，应当按照危险废物实施环境管理
4	二氯甲烷	75-09-2	1.禁止生产含有二氯甲烷的脱漆剂。 2.依据化妆品安全技术规范，禁止将二氯甲烷用作化妆品组分。 3.依据《清洗剂挥发性有机化合物含量限值》（GB 38508），水基清洗剂、半水基清洗剂、有机溶剂清洗剂中二氯甲烷、三氯甲烷、三氯乙烯、四氯乙烯含量总和分别不得超过 0.5%、2%、20%。 4.依据《石油化学工业污染物排放标准》（GB 31571）、《合成树脂工业污染物排放标准》（GB 31572）、《化学合成类制药工业水污染物排放标准》（GB 21904）等二氯甲烷排放管控要求，实施达标排放。 5.依据《中华人民共和国大气污染防治法》，相关企业事业单位应当按照国家有关规定建设环境风险预警体系，对排放口和周边环境进行定期监测，评估环境风险，排查环境安全隐患，并采取有效措施防范环境风险。 6.依据《中华人民共和国水污染防治法》，相关企业事业单位应当对排污口和周边环境进行监测，评估环境风险，排查环境安全隐患，并公开有毒有害水污染物信息，采取有效措施防范环境风险。 7.土壤污染重点监管单位中涉及二氯甲烷生产或使用的企业，应当依法建立土壤污染隐患排查制度，保证持续有效防止有毒有害物质渗漏、流失、扬散。 8.严格执行土壤污染风险管控标准，识别和管控有关的土壤环境风险
5	三氯甲烷	67-66-3	1.禁止生产含有三氯甲烷的脱漆剂。 2.依据《清洗剂挥发性有机化合物含量限值》（GB 38508），水基清洗剂、半水基清洗剂、有机溶剂清洗剂中二氯甲烷、三氯甲烷、三氯乙烯、四氯乙烯含量总和分别不得超过 0.5%、2%、20%。 3.依据《石油化学工业污染物排放标准》（GB 31571）等三氯甲烷排放管控要求，实施达标排放。 4.依据《中华人民共和国大气污染防治法》，相关企业事业单位应当按照国家有关规定建设环境风险预警体系，对排放口和周边环境进行定期监测，评估环境风险，排查环境安全隐患，并采取有效措施防范环境风险。 5.依据《中华人民共和国水污染防治法》，相关企业事业单位应当对排污口和周边环境进行监测，评估环境风险，排查环境安全隐患，并公开有毒有害水污染物信息，采取有效措施防范环境风险。 6.土壤污染重点监管单位中涉及三氯甲烷生产或使用的企业，应当依法建立土壤污染隐患排查制度，保证持续有效防止有毒有害物质渗漏、流失、扬散

[1] PFHxS 类是指：（i）全氟己基磺酸（355-46-4），包括支链异构体；（ii）全氟己基磺酸盐类；（iii）全氟己基磺酸相关化合物，是结构成分中含有 $C_6F_{13}SO_2$ 且可能降解为全氟己基磺酸的任何物质。

参考文献

[1] GB 39800.1—2020. 个体防护装备配备规范 第 1 部分：总则.
[2] GB 39800.2—2020. 个体防护装备配备规范 第 2 部分：石油、化工、天然气.
[3] GB/T 18664—2002. 呼吸防护用品的选择、使用与维护.
[4] GBZ 2.1—2019. 工作场所有害因素职业接触限值 第 1 部分：化学有害因素.
[5] GB 24540—2009. 防护服装 酸碱类化学品防护服.
[6] BS EN ISO 374-1 2016 针对危险化学品和微生物的防护手套 第 1 部分：化学品风险的术语和性能要求.
[7] GB 2890—2022. 呼吸防护 自吸过滤式防毒面具.
[8] 中华人民共和国职业病防治法（2018 版）.
[9] 职业病分类和目录（2013 版）.
[10] 中华人民共和国安全生产法（2021 版）.
[11] 职业病危害因素分类目录（2015 版）.
[12] 高毒物品目录（2003 版）.
[13] NIOSH. 立即威胁生命或健康的浓度文件，1994.
[14] GB 18218—2018. 危险化学品重大危险源辨识.
[15] 危险化学品分类信息表（2015 版）.
[16] 危险化学品目录（2015 版）.
[17] 关于禁止生产、流通、使用和进出口林丹等持久性有机污染物的公告（公告 2019 年第 10 号）.
[18] 重点管控新污染物清单（2023 年版）.
[19] 中华人民共和国消防法（2021 版）.
[20] 中华人民共和国职业病防治法.
[21] 氟化工企业安全风险隐患排查指南（试行）.
[22] 危险化学品企业重大危险源安全包保责任制办法（试行）.
[23] GB 2894—2008.安全标志及其使用导则.